民勤县2024年省级财政林业草原项目资金青土湖湿地保护修复项目
兰州大学人文社会科学类高水平著作出版经费资助

区域生物多样性与保护管理
——以甘肃省青土湖为例

徐 辉 张世虎 著

科学出版社
北 京

内 容 简 介

本书首先对生物多样性的基本概念、理论、评估概况、特征和作用以及保护管理的重点和挑战进行了介绍。其次，以甘肃省青土湖为例，从生态环境变化的遥感识别、水生生物、陆生植物和生物多样性认知等方面对该区域生物多样性展开调查，并提出保护管理"一稳、二构、三权衡"的对策建议。本书将自然科学与社会科学结合，将自然本底调查与社会调查相结合，为提升区域生物多样性保护水平和管理决策能力提供有力支撑。

本书通过理论介绍和案例分析，为读者全面了解和保护生物多样性提供了有益的知识与策略，可作为从事生物多样性调查、评估和保护管理以及对生物多样性感兴趣的学者、生态环保和林业草业等实务工作者以及社会公众科研、教学、培训等的相关参考资料。

审图号：GS 京(2025)1098 号

图书在版编目(CIP)数据

区域生物多样性与保护管理：以甘肃省青土湖为例 / 徐辉, 张世虎著. -- 北京：科学出版社，2025.6. -- ISBN 978-7-03-081858-4

I．X176

中国国家版本馆 CIP 数据核字第 2025WU3828 号

责任编辑：李晓娟 / 责任校对：樊雅琼
责任印制：徐晓晨 / 封面设计：无极书装

科学出版社 出版
北京东黄城根北街 16 号
邮政编码：100717
http://www.sciencep.com
北京建宏印刷有限公司印刷
科学出版社发行 各地新华书店经销

*

2025 年 6 月第 一 版　开本：787×1092　1/16
2025 年 6 月第一次印刷　印张：18
字数：350 000
定价：188.00 元
(如有印装质量问题，我社负责调换)

《区域生物多样性与保护管理
——以甘肃省青土湖为例》
撰写委员会

主 笔　徐　辉　张世虎

成 员　王　太　潘建斌　冯国强　张大伟
　　　　郝媛媛　姜有恒　高　峰　孙绮萌
　　　　杜岩岩　石　晶　赵　盼

前　言

　　生物多样性作为人类赖以生存和发展的基础，正面临着前所未有的挑战。由于人类对自然资源无序的开采与利用，诸多物种被推至濒危的边缘，生物多样性受到严重威胁。因此，基于对生物多样性的相关理论基础、详尽编目、科学分类及相互关系的深刻理解，开展精准的生物多样性调查和评估工作成为实现生物多样性保护和可持续发展不可或缺的先决条件。

　　民勤县地处甘肃省河西走廊东北部，石羊河流域下游，南临武威市凉州区，西南与金昌市连接，东、西、北三面均与内蒙古自治区接壤，被巴丹吉林和腾格里两大沙漠包围，属温带大陆性干旱气候区，生态环境脆弱。如果没有民勤绿洲的存在，两大沙漠将合二为一，从而加快南下沙化进程。因此，民勤的生态守护不仅关乎一地之安危，更关系着国家生态安全全局，对河西走廊生态治理与保护、促进丝绸之路经济带绿色发展具有重要意义。

　　青土湖曾是民勤境内最大的湖泊，作为石羊河的尾闾，横亘于腾格里和巴丹吉林两大沙漠之间，阻隔着两大沙漠的合拢，保卫着民勤绿洲。近年来，民勤县通过工程压沙造林、滩地造林、封沙育林、退耕还林、下泄生态用水等综合治理措施，加大了青土湖区域生态恢复和治理力度，使青土湖区域沙化得到有效治理，生态环境质量明显改善。青土湖为许多野生动植物提供了赖以生存的栖息地，对维护生态平衡、保护生物多样性具有不可估量的价值。

　　在此基础上，本书依托区域生物多样性与保护管理的相关理论基础，开展了青土湖区域生物多样性调查评估工作。通过"本底调查，摸清家底"，从生态环境变化的遥感识别、陆生植物、水域浮游生物、湖区土壤和底栖环境条件的分析等方面，系统呈现了青土湖区域生态环境变化和生物多样性的最新进展。同时，通过生物多样性及其保护意识与群众认知的社会学调查和访谈分析这一互动过程，不仅获得了被调查者对青土湖生物多样性的主观感知，更启发管理人员捕捉认知与现实的差距。具体内容如下：

  一是遥感监测方面。随着青土湖生态输水工程的推进实施，整个研究区水域面积增加，植被面积明显扩大，生长状况明显好转，沙化和盐渍化程度均有所减轻，生态环境状况不断好转，尤以青土湖及其周边区域的变化最为明显。二是水生生物方面。共鉴定出浮游植物113种（变种），隶属于7门64属。浮游植物在数量上的优势种有9种，其中硅藻门5种、绿藻门2种、蓝藻门2种。常年优势种为膨胀桥弯藻、放射舟形藻、尖针杆藻、肘状针杆藻、转板藻和泥生颤藻。随着季节的变化，各月的优势种有所区别；浮游动物5类48种，其中原生动物16种、轮虫24种、枝角类5种、桡足类2种、节肢动物1种。浮游动物数量优势种有10种，随着季节变化，不同月份优势种也有所不同；底栖动物13种，隶属于2门13科13属，其中节肢动物10种、软体动物3种；采集到鱼类样本1126尾，结合走访调查，青土湖鱼类共有11种，隶属于3目5科11属，以鲤形目、鲤科鱼类为主，鲫、鲤、麦穗鱼为优势种，棒花鱼、大鳞副泥鳅、褐吻鰕虎鱼为常见种。鲫、麦穗鱼、棒花鱼、褐吻虾虎鱼和小黄黝鱼5种鱼类能够在青土湖水域完成生活史过程。三是陆生植物方面。共有维管植物11科25属30种，植物群落简单，形成了草原、荒漠、灌丛和草甸4个植被型组，温带荒漠草原、温带荒漠、温带灌丛和盐化草甸4个植被类型，丛生禾草荒漠草原，小半灌木荒漠草原，小乔木荒漠，半灌木、小半灌木荒漠，盐生小半灌木荒漠，盐地沙生灌丛，禾草盐化草甸7个植被亚型以及11个群系，其主要植物群系为芦苇群系和白刺群系；根据建群物种的差异，本调查区可以分为草甸区、盐化草甸区、荒漠区和梭梭人工林4个植被区域，其中，在草甸区，芦苇是绝对优势物种，在荒漠区和盐化草甸区，优势物种则是白刺；草甸区的土壤有机碳和含水量均显著高于荒漠区，土壤含水量对群落水平和物种水平都有非常显著的影响，对本区域的植物物种分布格局也产生了重要作用。四是公众认知方面。通过对人员和机构访谈得知，近年来，特别是2017年实施武威市祁连山山水林田湖生态保护修复工程青土湖修复治理项目以来，青土湖区域的植被恢复明显，动物特别是鸟类的数量明显增加，鱼类等水生生物从无到有，流沙基本得到了有效控制，生态建设与生物多样性保护成效显著。基层工作人员开展保护生物多样性工作的态度端正，种草植树积极性高，但是对生物多样性保护缺乏相关理论知识。农户十分支持湖区的生物多样性保护工作，积极性高、配合程度好，对保护成效表示满意，但对动物的熟见度和保护感知能力欠佳。这从侧面反映出开展生物多样性保护专题工作的必要性。

总体而言，青土湖区域的生物多样性保护工作取得了一定成效，为巩固保护成效，本书提出"一稳、二构、三权衡"的对策建议。"一稳"即稳定生态恢复。一是继续实行并强化生态输水，以维持来之不易的水域湿地生态系统；二是继续实行防风固沙、人工造林、自然保育等一系列生态恢复措施，以巩固和扩大已有成效；三是加快做好水资源论证，合理配置必需的生态补水，实现全流域水资源的合理分配和高效利用。"二构"即构建全方位综合监测系统和现代化决策支撑体系。构建全方位综合监测系统方面，一是借助卫星遥感技术（空）、无人机技术（天）和地面调查（地），构建青土湖生态环境"空-天-地"一体化综合监测系统，以实现区域生态环境的全方位综合监测；二是重点加强长期地面监测，选取生物多样性脆弱、胁迫等压力敏感重点区域，强化长期综合性定位检测建设，监测内容可包括气象因子、水环境因子、水生生物多样性动态，以及域内与周边植物、动物、微生物等多样性变化；三是加强湿地周边的经济社会活动及发展情况变化的持续监测等。构建现代化决策支撑体系方面，一是加强科学研究，夯实决策支撑，通过对区域生态环境的长期动态监测，摸清区域生态环境及生物多样性变化的规律、趋势、驱动因素及其作用机理和维度响应，为生态恢复活动提供基础支撑；二是加强科学指导，提升综合实效，如水生生物增殖放流对生态、生产、生活具有很好的共促作用，但现有水环境条件并不适宜增殖放流草鱼、鲢、鳙，而宜选取一些耐低氧的小型鱼类，如鲫、叶儿羌高原鳅和适量的鲇鱼；三是建立智能化决策支撑系统、引入科学化决策机制，提供专项资金和智力支持，建设"青土湖智能化决策支撑系统"，提升管理部门决策和管理人员履职的科学化能力、水平和实效，引入生态系统综合管理等先进理念和方法，开展适应性管理，及时、有针对性地制定或调试相关保护措施和行为。"三权衡"即权衡输水量、多主体和多举措。在输水量方面，要科学测算多用途用水总量，进行动态科学分配，并做好输水量需求的权衡；在多主体方面，要优化激励机制，强化基层专业人员结构合理，并鼓励社会各方力量参与生物多样性保护；在多举措方面，强化宣传教育和培训，集思广益制定科学可行的保护举措，并建立定期评估机制，巩固保护成效的持续性。

本书的边际贡献在于将自然科学与社会科学相结合，将自然本底调查与社会调查相结合，更加有利于科研和管理人员掌握青土湖区域生物多样性现状及变化趋势，深度了解工作人员、当地老百姓对青土湖生物多样性的主观感知，从而为提升该区域生物多样性保护水平和管理决策能力提供有力支撑。

本书在调研过程中得到高一公、高崇、黄思琪、王亿文、张宗艳、郭梓聪、李丹丹、姚鑫、段应晓、曹衍衍、王宇、曹鹏举、张田田、魏兴华等人的支持，在问卷录入、整理和书稿校核过程中得到范志雄、刘潍嘉、牛霞霞、刘心怡、武彦青、寇靖、郑君仪等人的支持，在此一并感谢！

由于知识和条件所限，本书难免存在诸多不足之处，敬请读者批评指正。

2025 年 1 月

目　　录

前言

第1章　生物多样性概述 ········· 1
  1.1　生物多样性的概念 ········· 1
  1.2　生物多样性的相关理论 ········· 2
  1.3　生物多样性的相关研究 ········· 6
  1.4　生物多样性评估概述 ········· 14
  本章小结 ········· 23

第2章　区域生物多样性的特征和作用 ········· 25
  2.1　区域生物多样性及其特征 ········· 25
  2.2　区域生物多样性的作用 ········· 29
  2.3　区域生物多样性保护面临的挑战 ········· 32
  本章小结 ········· 33

第3章　区域生物多样性保护管理的重点与挑战 ········· 35
  3.1　区域生物多样性保护管理的原则与目的 ········· 35
  3.2　区域生物多样性保护管理的基本原理 ········· 40
  3.3　区域生物多样性保护管理的重点 ········· 42
  3.4　区域生物多样性保护管理的挑战与趋势 ········· 44
  本章小结 ········· 48

第4章　青土湖区域概况与生态环境变化遥感监测 ········· 50
  4.1　研究区域概况 ········· 50
  4.2　研究范围和目标 ········· 52

4.3 数据来源 ······ 53
4.4 水域湿地变化情况 ······ 54
4.5 植被变化情况 ······ 55
4.6 沙漠化情况 ······ 64
4.7 盐渍化情况 ······ 69
本章小结 ······ 73

第 5 章 青土湖水生生物多样性调查 ······ 74
5.1 调查内容 ······ 74
5.2 水环境及水生生物调查方法 ······ 75
5.3 水环境现状 ······ 78
5.4 浮游植物群落现状 ······ 80
5.5 浮游动物群落现状 ······ 83
5.6 底栖动物群落现状 ······ 88
5.7 鱼类群落现状 ······ 90
5.8 研究结论 ······ 106
本章小结 ······ 107

第 6 章 青土湖陆生植物调查 ······ 108
6.1 野外调查概述 ······ 108
6.2 土壤理化性质测定 ······ 110
6.3 数据处理 ······ 110
6.4 植物种类调查 ······ 112
6.5 植物群系调查 ······ 116
6.6 不同区域的土壤理化性质 ······ 127
6.7 不同区域的植物群落特征 ······ 129
6.8 不同区域主要植物物种的特征属性 ······ 132
本章小结 ······ 136

第 7 章 青土湖生物多样性认知调查 ·········· 137
7.1 调查方案 ·········· 137
7.2 样本选择 ·········· 139
7.3 调查结果分析方法 ·········· 143
7.4 机构访谈结果 ·········· 145
7.5 结果汇总与比对-校正 ·········· 162
7.6 青土湖生物多样性研究结论 ·········· 170
7.7 青土湖生物多样性保护管理的途径 ·········· 174
本章小结 ·········· 177

参考文献 ·········· 178

附录 ·········· 190
附录 1 青土湖浮游植物名录 ·········· 190
附录 2 青土湖浮游动物名录 ·········· 197
附录 3 青土湖底栖动物名录 ·········· 199
附录 4 青土湖鱼类名录及采集信息 ·········· 201
附录 5 青土湖浮游植物图谱 ·········· 202
附录 6 青土湖浮游动物图谱 ·········· 222
附录 7 青土湖底栖生物图谱 ·········· 231
附录 8 青土湖区域维管植物名录 ·········· 234
附录 9 样方调查点信息表 ·········· 235
附录 10 样方调查表 ·········· 238
附录 11 土壤理化性质调查表 ·········· 243
附录 12 灌木样方照片 ·········· 245
附录 13 草本样方照片 ·········· 248
附录 14 部分植物照片 ·········· 252
附录 15 部分航拍照片 ·········· 256
附录 16 青土湖生物多样性动态调查（机构和农户）·········· 257

第1章 生物多样性概述

1.1 生物多样性的概念

生物多样性是动物、植物、微生物与环境形成的生态复合体以及与此相关的各种生态过程的总和（胡雄蛟等，2024）。早在1943年，Fisher和Williams在研究昆虫物种与数量之间的关系时首次引入了"species diversity"（物种多样性）的概念（孙龙等，2013）。1968年，美国野生生物学家雷蒙德·F·达斯曼（Ramond F. Dasman）首次将"biology"与"diversity"两个词汇融合，提出了"biological diversity"（生物多样性）的概念（朱红苏和邱杰，2016）。

1980年，托马斯·洛夫乔伊（Thomas Lovejoy）创造性地使用了"biodiversity"这一缩写，使得生物多样性的概念在学术界与实践领域迅速传播开来（丁祖年，2021）。1985年，罗森（W. G. Rosen）首次正式定义了"biodiversity"的缩写形式。

1988年，哈佛大学著名生物学家、生物多样性领域的先驱爱德华·威尔逊（Edward O. Wilson）出版了《生物多样性》一书，为生物多样性的研究树立了里程碑（王焕校和常学秀，2003）。1992年，在巴西里约热内卢召开的联合国环境与发展大会上，《生物多样性公约》诞生。随着该公约在各国的深入实施，生物多样性保护意识也得到了不断提升（周晋峰，2022）。

1.2 生物多样性的相关理论

1.2.1 生物多样性的层次

生物多样性是一个深刻的概念，用以描绘自然界中生命形式的多样性程度，或说是其复杂性与变异性的广度。简而言之，它涵盖了生物及其所构成系统的整体多样性与变异性。

起初，生物多样性的概念主要聚焦于对地球上所有植物、动物、真菌及微生物种类的详尽盘点。然而，随着时间的推移，这一范畴得到了极大的拓展，它不仅仅局限于"有多少种生物"的数量统计，而是深入到"同一物种内所有个体在遗传信息上的细微差异"以及"生物赖以生存的生态系统之多样化面貌"的探讨。因此，"生物多样性"这一术语现今通常涵盖了三个核心层面：遗传多样性、物种多样性以及生态系统多样性。

1.2.2 遗传多样性

遗传多样性构成了生物多样性的关键一环。McNeely 等（1990）在回答"什么是生物多样性"问题时，为遗传多样性下的定义是："遗传信息的总和，蕴藏在地球上植物、动物和微生物个体的基因中。"但在群体遗传学界，遗传多样性主要指种内群体间和群体内的遗传变异，施立明等（1993）称之为"狭义"的定义，而把 McNeely 等的定义称为广义的定义。物种以上的分类群以及种群以上的生态学系统都包括各自的遗传多样性（胡志昂和王洪新，1996）。

换言之，在广义的范畴内，遗传多样性指的是地球上所有生物所承载的遗传信息的总和，这些信息被精心储存在每个生物个体的基因序列之中。因此，遗传多样性本质上即生物遗传基因的多样性体现。每一个物种乃至每一个生物个体都蕴藏着庞大的遗传基因库，宛如一座座基因资源的宝库（gene pool）。一个物种的基因库越为丰富，其面对环境变迁时的适应能力便越强。基因的多样性不仅是生命进化历程中的基石，也是物种分化的原动力。

同样地，根据上述学者的定义，狭义上的遗传多样性特指在同一物种范畴内生物体内部遗传因子，即基因及其多样化组合的展现，这是生物多样性于物种层面的一种具体表现。它涵盖了生物种内基因的变化，这些变化不仅存在于显著不同的种群之间，也广泛存在于同一种群内部的遗传变异之中（世界资源研究所，1993）。在生物漫长的进化历程中，遗传物质的改变（或称为突变）是驱动遗传多样性产生的根本性原因。

遗传物质的变异主要呈现为两大类：一类是染色体层面的变化，涉及数目的增减与结构的调整，这类变异被命名为染色体畸变；另一类则是基因内部核苷酸序列的变动。除此之外，基因重组也是引发生物遗传变异的一个重要途径。

遗传多样性是一个多层次的概念，它在分子、细胞以及个体等多个维度上均有体现。基因突变与自然选择共同作用，使得同一物种的不同群体间展现出独特的遗传特征。同时，即便是在同一群体内部，基因多样性也普遍存在，正是这些差异塑造了形形色色的个体。在自然界中，对于大多数采用有性生殖的物种来说，种群内的个体几乎不可能拥有完全一致的基因型。种群正是由这些各具特色、遗传结构各异的个体共同构成的复杂集合。

1.2.3 物种多样性

物种构成了生物分类学的基石，其定义历来是分类学家与系统进化学家深入探讨的焦点。德裔美籍进化生物学与分类学家恩斯特·迈尔（Ernst Walter Mayr）于1953年提出，物种是指那些能够或潜在能够相互交配并维持自然种群的类群，这些类群与其他类群之间存在着生殖上的隔离。而我国学者陈世骧则在1978年给出了另一番见解，他认为物种不仅是繁殖的基本单元，由既连续又间断的种群构成，同时也是进化的单元，在生物系统树上扮演着不可或缺的角色,并且是分类学中的基本单位。

在分类学的实践中,确定一个物种需综合考量其形态学、地理分布以及遗传学特征。具体而言,一个物种应满足以下条件:首先,它具有相对稳定且一致的形态学特征,这些特征使其能够与其他物种明确区分开来;其次,它以种群的形式生活在特定的空间范围内,占据一定的地理分布区并在该区域内繁衍生息;最后,每个物种都拥有一个独特的遗传基因库,同物种内的不同个体能够交配并繁衍后代,而不同物种的个体之间则存在生殖隔离,无法交配或即使杂交也无法产生具有繁殖能力的后代。

物种多样性作为地球上动物、植物、微生物等生物种类丰富性的体现,是生物多样性在物种层面的直接反映,也是其核心组成部分,因此常被用作衡量生物多样性的一个简化指标。生物多样性涵盖了两个核心维度:一是特定区域内物种数量的多少,这被称为区域物种多样性,它直观反映了该区域的物种丰富程度;二是从生态学角度出发,考察不同物种在个体数量上的分布均匀性,这被称为生态多样性或群落物种多样性(蒋志刚和马克平,1997)。物种多样性是衡量某一地区生物资源丰富程度的重要标尺,它不仅揭示了生物与环境之间错综复杂的关系,还彰显了生物资源的丰富多样。以两个地区为例,地区 A 和地区 B 均仅包含甲、乙两个物种,但两地的物种分布却大相径庭。在地区 A,甲、乙两物种各自拥有 50 个个体,而在地区 B,甲物种占据了 99 个个体,乙物种则仅有 1 个。尽管这两个地区的物种总数相同,但地区 A 的物种分布更为均衡,因此其物种多样性水平显著高于地区 B。

在评估一个国家或地区的生物多样性丰富度时,区域物种多样性是一个至关重要的衡量标准,通常涵盖以下三个维度的测量指标(高东和何霞红,2010):

(1)物种总数。它代表在特定区域内某一特定类群所拥有的物种数量,是反映区域物种丰富程度的基础数据。

(2)物种密度。该指标通过计算单位面积内某一特定类群的物种数量,来进一步揭示生物多样性的空间分布特征。

(3) 特有种比例。它指的是在某一区域内，某一特定类群的特有种占该区域物种总数的百分比，这一比例的高低能够体现该地区生物多样性的独特性和珍稀程度。

1.2.4 生态系统多样性

生态系统（ecosystem）就是在一定空间中共同栖居着的所有生物（即生物群落）与其环境之间由于不断地进行物质循环和能量流动过程而形成的统一整体，是生命系统中重要的组织层次，是自然界的基本单位（吴甘霖，2004）。

生态系统多样性是指生物圈内生境、生物群落和生态系统的多样性以及生态系统内生境差异、生态过程变化的多样性（段晓梅，2017）。在生态系统中，各个物种之间既相互依赖又彼此制约，且生物与其周围的各种环境因子也是相互作用的。因此，生态系统的多样性离不开物种多样性，当然也就离不开不同物种所具有的遗传多样性（张步翀等，2006）。从结构上看，生态系统主要由生产者、消费者、分解者构成。生态系统的功能是使地球上的各种化学元素进行循环和维持能量在各组分之间的正常流动。生态系统的多样性主要是指地球上生态系统组成、功能的多样性以及各种生态过程的多样性，包括生境的多样性、生物群落和生态过程的多样化等多个方面。其中，生境的多样性是生态系统多样性形成的基础，生物群落的多样化可以反映生态系统类型的多样性。

生态系统多样性是物种多样性的保证。任何生物都要生活在一定的环境中，离开了适宜的环境，生物很难适应。所以只有多种多样的生态系统，才能保证这些生态系统中多种多样的生物的生存，从这个意义上来说，保护生物多样性最重要的一点就是保护生态系统的多样性（何春光等，2015）。

生态系统多样性的研究十分重要。一方面，生态系统类型多样，其物种组成、营养结构、空间分布格局及动态演替过程均呈现显著异质性；另一方面，生态系统多样性的研究又为其他水平的生物多样性研究提供有用的资料，特别是作为生物的栖息地受到保护生物学工作者的高度重视（何春光等，2015）。

1.3 生物多样性的相关研究

在生物多样性研究领域已经取得了一系列显著成果，本书将从生物多样性的形成、生物因子和非生物因子以及人类活动对生物多样性的影响等方面进行简要介绍。

1.3.1 生物多样性的形成

在探讨生物多样性的形成与维持机制这一领域，国内外学者已提出了多种假说，如突变选择、新种效应、生态位多样性假设、与生态位紧密相关的竞争假说、环境变异假说、渐次变化时间假说、干扰假说、面积假说、生产力假说等。此外，还有综合作用假说（蒋有绪，1998）、资源平衡假说（Braakhekke and Hooftman，1999），以及竞争平衡理论（Huston，1994）和中度干扰假说（Hacker and Gaines 1997；Hacker and Bertness，1999）。中度干扰假说是由美国生态学家康奈尔（J. H. Connell）等在1978年提出的一个假说，他认为中等程度的干扰频率能维持较高的物种多样性。如果干扰频率过低，少数竞争力强的物种将在群落中取得完全优势；如果干扰频率过高，只有那些生长速度快、侵占能力特强的物种才能生存下来；只有当干扰频率中等时，物种生存的机会才是最多的，群落多样性才是最高的（全国科学技术名词审定委员会，2007）。在一个生态系统中，植物群落的物种丰富度与限制性资源的数量有关。当多个资源的实际资源供给比率与植被的最佳供给比率达到平衡时，植物物种多样性最大，即资源平衡假说（Braakhekke and Hooftman，1999）。

然而，尽管这些假说丰富多样，但都尚未构建出一个完整而系统的理论体系。值得注意的是，无论是平衡理论还是非平衡理论，均在某种程度上达成了共识：在中等尺度、中等频率及中等强度的干扰条件下，生物多样性往往能达到最大化（Roberts and Gilliam，1995）。

1.3.2 生物因子对生物多样性的影响

1. 生产力与物种多样性的关系

生产力与生物多样性之间存在着一种固有的关联性，即草地物种多样性的变化主要受氮肥施用影响，而这种影响是通过改变生产力来实现的（Foster and Grass，1998）。然而，这种关联性并非绝对，它受到一系列条件的制约，如不能人为地增减物种，同时其还会因生态系统类型及其演替阶段的不同而有所差异，并且呈现出非线性的特征（蒋有绪，1998）。

生产力对生物多样性的影响可能产生不同的结果。多项研究表明，群落生产力的提升往往会导致物种多样性的下降。例如，在草地施用氮肥后，虽然生产力得到了提升，但这却有效地抑制了下层蕨类和本地种的萌发、存活与更新，进而降低了草地群落的物种多样性（Foster and Grass，1998）。同样地，高生产力环境可能会导致物种数量的减少（Wohlgemuth，1998）。类似的规律也在对湿地的研究中得到了印证，Pollock 等（1998）研究发现，在低到中等生产力水平且受中等洪水频率影响的样地中，物种多样性较高；而在低或高洪水频率及低生产力的样地中，物种多样性则较低。这些研究结果与 Huston（1994）提出的物种多样性动态平衡模型相吻合。然而，值得注意的是，在全球尺度上，生物多样性的变化趋势却与生产力正相关，即随着生产力的增加，生物多样性也相应增加（Jeffries，1997）。

关于生物多样性对生产力的影响，学术界存在着两种截然不同的声音，其中一方以 Hector 等为代表，另一方则以 Huston 等为代表，这两派观点在 *Science* 杂志上展开了激烈的辩论（Huston et al.，2000）。大多数生态学家倾向于认为，植物种类的增多将促进生态系统净第一性生产力的提升（Naeem et al.，1994，1996；Tilman et al.，1996；Tilman，1999）。著名生态学家 David Tilman，同时也是 1996 年 MacArthur 奖的获得者进一步指出，竞争模型的预测结果与实验数据均表明，植物多样性的提高必然伴随着第一性生产力的提升

(Tilman，1999)。此外，生态系统的功能组成与功能多样性也被视为影响植物生产力、氮含量以及光线穿透性的关键因素（Tilman et al.，1997）。

植物多样性与群落组成同样对生态系统的生产力和土壤氮库产生深远影响（Hooper and Vitousek，1997）。在欧洲草地的研究中发现，植物多样性的减少会导致地上生物量的降低。而当物种数量保持一定时，功能群较少的群落往往表现出较低的生产力（Hector et al.，1999）。这些发现为我们深入理解生物多样性与生产力之间的关系提供了新的视角。

2. 生物量与物种多样性的关系

物种丰富度与生物量之间的关系与环境梯度、竞争等有关。在没有人为增加或减少物种及其多度的条件下，生物量低时，物种丰富度与生物量正相关；生物量超过一定水平时，物种丰富度与生物量负相关；当取样区包含不同的小生境类型时，这种关系呈"钟"形曲线（Guo and Berry，1998）。

3. 种间关系对生物多样性的影响

在探讨种间作用对生物多样性的影响时，研究者们主要聚焦于种间协作、互惠共生、物种共存、竞争以及草食作用等方面。种间协作通过优化环境条件和促进幼年个体的生长与更新，有效降低了死亡率并促进了物种的定居或萌发（Wilson and Nisbet，1997）。此外，物种共存对于维持雨林中的物种多样性具有至关重要的作用（Okuda et al.，1997）。

Hacker 和 Gaines（1997）提出了促进种的概念，他们认为互惠和共生关系能够提高那些在高强度的自然干扰、胁迫或捕食者捕食等恶劣条件下原本难以生存的物种的存活率，从而增加群落的物种多样性。随后，他们通过精心设计的实验，在英国的一个盐沼泽群落中验证了竞争、促进作用以及环境因子对生物多样性维持的影响，并解释说，促进种是指那些能够改善环境条件、促进其他物种共存的物种。他们的研究进一步指出，在中上部潮间带，植物多样性的高水平主要得益于三个因素的共同作用：竞争优势种的缺乏、相对温和的自然条件以及促进种的存在（Hacker and Bertness，1999）。

此外，种间竞争还深刻影响着物种丰富度与生物量之间的关系（Guo and Berry，1998）。草食哺乳类动物对植物物种多样性也产生了显著的影响（Gough and Grace，1999）。Givnish（1999）则认为，在热带地区，高降水量和低降水变率的水分条件为昆虫和真菌这两类重要的植物天敌提供了理想的生存环境，而这些天敌通过直接增加密度降低植物的死亡率，进而促进了树种多样性的增加。

Penfold 和 Lamb（1999）则研究了补偿性死亡在维持物种多样性中的作用，他们发现，在亚热带雨林群落中，两个最优势种的补偿性死亡可以防止其他物种被排斥，然而这一机制尚不足以解释绝大多数物种之间的共存现象。

4. 土壤微生物对生物多样性的影响

众多研究已经揭示，土壤微生物在决定植物多样性方面扮演着至关重要的角色。特别是土壤中的病原体，对维持植物群落中的物种多样性具有显著影响（Mills and Bever，1998）。以美国东部为例，当草原植物感染了真菌与内生菌共生体后，其物种多样性出现了减少的现象，然而，这些草原的总生产力并未发生明显变化（Clay and Holah，1999）。

1.3.3 非生物因子对生物多样性的影响

1. 干扰、空间异质性等与生物多样性的关系

干扰和空间异质性被广泛认为是植物群落中调控物种多样性的两大核心要素（Groombridge，1992；Ricklefs and Schluter，1993；Huston，1994；Roberts and Gilliam，1995；蒋有绪，1998）。干扰阻止单一或少数物种在竞争中占据主导地位，在维持物种多样性方面发挥着关键作用，这一观点得到了众多理论的支持（Roberts and Gilliam，1995）。具体而言，小尺度且中等频率的干扰能够促进温带和热带森林的物种多样性增加（Brokaw and Scheiner，1989；

Moloney and Levin, 1996; Busing and White, 1997）。在热带森林中，经历灾难性干扰后，树种多样性会随着时间的推移而逐渐恢复并增加（Terborgh et al., 1996; Aplet et al., 1998; Givnish, 1999）。

自然或人为干扰（如伐木）通过改变生境异质性、打破种间竞争平衡以及创造特殊生境，进而影响物种多样性（Denslow, 1995）。以尼加拉瓜 Joan 飓风导致的树倒为例，这一自然现象实际上降低了竞争优势，从而有助于维持雨林的物种多样性（Vandermeer et al., 1996）。在自然干扰中，树倒、火烧、洪水等因素对生物多样性的影响引起了生态学家的广泛关注。无论是在温带林还是在热带林，林隙及其动态在生物多样性的形成与维持过程中都扮演着重要角色（Denslow, 1995; Duivenvoorden, 1996; Vandermeer et al., 1996; Busing and White, 1997; Pollock et al., 1998; Hubbell et al., 1999; 臧润国等, 1999; Gough and Grace, 1999）。

Hubbell 等（1999）基于长达 13 年、对超过 1200 个林隙的研究，提出了一个假说，即树木死亡所形成的林隙干扰对热带森林物种多样性的维持起着主导作用（Hubbell et al., 1999）。Smith 等则从分子水平出发，认为群落交错区对于热带雨林生物多样性的形成具有重大意义（Smith et al., 1997; Enserink, 1997）。这些不同的研究视角为我们深入理解生物多样性的复杂机制提供了丰富的素材。

洪水对植物物种多样性具有显著影响（Pollock et al., 1998; Gough and Grace, 1999）。Pollock 等（1998）的研究揭示了一个有趣的现象：在阿拉斯加的某个湿地群落中，那些受到中等频率洪水影响且洪水空间变化率较高的样地，展现出较高的物种多样性。相反，那些经历频繁、罕见或长期洪水但洪水空间变化较小的样地，其物种多样性则相对较低。这一发现强调，干扰在极小空间尺度上的变化足以显著改变其对物种多样性的影响。

景观的斑块大小及其空间分布模式对生物多样性的分布格局具有重要影响（Harrison, 1997）。Brosofske 等（1999）的研究深入探讨了植物种分布与景观结构特征之间的关系，发现在不同尺度下，众多植物种的分布与明确的景观斑块、道路等结构特征紧密相关。此外，他们还指出，在不同的空间分辨率下，景观特征与植物多样性指数之间的关系呈现出差异性，特别是在景观尺度上，道路对植物多样性具有显著影响。

在北美寒温带针叶林地区，植物多样性的分布格局同样受到生态学过程及其空间配置的共同作用（Qian et al.，1998）。值得注意的是，森林景观的破碎化现象会导致生物多样性的减少（Aldrich and Hamrick，1998）。Wahlberg 等（1996）通过应用模型，成功地模拟并预测了景观破碎化对物种濒危状态的影响，为生物多样性保护提供了重要参考。

遗传上相互隔离的种群构成了生物多样性不可或缺的一部分，它们的多样性随着生境的丧失而逐年减少，仅在热带森林中，每年就有大约 1600 万种的种群面临灭绝的风险（Hughes et al.，1997）。美国濒危物种数量的不断攀升，很大程度上归因于重要生境的持续破坏。为应对这一挑战，美国地方和联邦政府推出了"生境保护计划"，旨在通过保护濒危物种来维护生物多样性（Shilling，1997；Mann and Plummer，1997）。此外，林冠的高度与树种多样性之间存在着密切的关联（Duivenvoorden，1996）。

2. 气候因子与生物多样性的关系

Whittaker（1986）指出，生物多样性似乎呈现出从极地和高山气候区域向热带低地气候区域递增的趋势；而在温带地区，则呈现出从海洋性气候的内陆区域向大陆性气候区域递增的趋势。物种多度的长期变化深受其对环境波动敏感性的影响，以及由种间相互作用所引发的环境波动幅度的制约（Ives et al.，1999）。因此，气温、水分等因子及其时空变化对生物多样性的影响极为显著（蒋有绪，1998）。

在山地雨林中，植物的组成与多样性随着海拔的变化而呈现出明显的差异（Aiba and Kitayama，1999；安树青等，1999；王峥峰等，1999）。特别是在中、高降水量的地区，树种多样性往往随着海拔的升高而降低（Lieberman et al.，1996；Aplet et al.，1998），这主要是由于气温和降水等生态因子随海拔的变化而有所差异。Wohlgemuth（1998）认为，温差的大小对区域物种多样性具有最大的影响。

在大陆范围内，温带地区的树种数量与实际蒸散量（AET）密切相关（Currie and Paquin, 1987; Adams and Woodward, 1989; O'Brien et al., 2000）。AET 还被视为影响净第一性生产力的生态因子的综合指标（Rohde, 1992）。在热带森林中，树种多样性随着降水量的增加而增加，而随着降水变率的增加而降低（Clinebell et al., 1995; Aplet et al., 1998; Givnish, 1999）。此外，降水的空间变化对植物物种的分布也产生了深远的影响（Kadmon and Danin, 1990）。

然而，Bongers 等（1999）在对西非热带森林 12 个树种的多度与水分因子的关系进行研究后，认为年平均降水量并不是决定西非森林树种分布的最关键因子，而年最小降水量对区域物种多样性的影响却相当显著（Wohlgemuth, 1998）。此外，Satersdal 等（1998）还深入探讨了全球气候变化对 Fennoscandia 地区维管植物物种丰富度的影响。

3. 土壤因子与生物多样性的关系

土壤类型及其理化特性对生物多样性的影响力不容忽视（Harrison, 1997; Wohlgemuth, 1998; Clark et al., 1998; Hacker and Bertness, 1999; Gough and Grace, 1999）。此外，成土母质同样对生物多样性产生影响（Aiba and Kitayama, 1999）。例如，火山活动所形成的岩屑堆就对热带雨林的多样性和结构产生了显著影响（Webb and Fa'aumu, 1999）。

在热带地区，当降水量相对一致时，树种多样性往往随着土壤肥力的提升而增加（Clinebell et al., 1995; Givnish, 1999; Hutchinson et al., 1999）。然而，人工施肥的效果却并非总是如此。例如，短期内施用氮肥会对草地植物多样性产生较大影响，导致物种多样性降低；同时，地被层的增加也会显著减少物种多样性（Foster and Grass, 1998）。Collins 等（1998）的实验也进一步证实了这一点，他们发现施用氮肥会降低北美草原的物种多样性。

Hutchinson 等（1999）对美国东部次生橡树林林下维管植物的种类组成和丰富度进行了定量研究，并分析了其与土壤等环境因子的关系。研究结果显示，林下物种组成与土壤水分（估测值）、氮矿化率、硝化率和土壤 pH 等密切相关；在区域尺度上，植物区系的变化与土壤水分、硝化作用、pH 和 PO_4^- 等因子相关；物种丰富度与氮矿化率和氮硝化率正相关，而与乔木的胸高断面积负相关；蕨类植物的丰富度与氮硝化率强烈正相关。值得注意的是，在干旱贫瘠的样方中，林下树种丰富度反而最高。物种丰富度与氮矿化率的强相关关系揭示了地下过程与地上生物多样性之间的紧密联系。

Sollins（1998）的实验进一步证实了土壤组成（如 P、Al、K、Ca、Mg 等元素）与土壤持水力对热带雨林物种组成的影响。具体而言，土壤 Ca 水平对草本植物多样性具有显著影响（Harrison，1999）。在婆罗洲地区，树种多样性则随着土壤 P 和 Mg 水平的增加而降低（Givnish，1999）。此外，在热带雨林中，树木属的丰富度与生境的不适宜性（或称为环境胁迫）密切相关（Duivenvoorden，1996）。

4. 火与生物多样性的关系

火灾对生物多样性的影响极为显著。Collins 等（1998）在天然草场开展的实验揭示了一个事实：火烧会导致生物多样性的降低。针对这一现象，Richards 等（1999）则进一步探讨了如何通过合理优化火烧策略来维持群落的多样性。

1.3.4 人类活动对生物多样性的影响

诸多人类活动对物种多样性造成了深远的影响，而这些变化又反过来塑造了生态系统的结构和功能（Chapin III et al.，1997）。例如，在北美草原，放牧或刈割活动在结合火烧和施用氮肥的情况下，能够有效维持物种多样性（Collins et al.，1998）。然而，伐木对生物多样性的影响则显得较为复杂。虽然择伐会严重破坏热带雨林的结构，但出人意料的是，它能维持雨林较高的树种多样性（Cannon et al.，1998）。然而，在 Appalachians 地区的落叶阔叶林中，伐木活动导致林下稀有草本植物数量的减少，同时，林下地被层种群也因无法适应微气候的变化而进一步衰退（Meier et al.，1995）。此外，全球范围内广泛存在的人工河流堤岸严重阻碍了陆地与水生生境之间的能量交换，进而可能导致生物多样性和生产力的下降（Sugden，2001）。

为了维持植物物种多样性，最有效的策略之一是在林业经营中保持并培育资源与环境在时间和空间上的多样性（Halpern and Spies，1995）。Gilliam等（1995）深入研究了森林经营活动（如皆伐）对植物生物多样性的影响。同时，许多生态学家对局地多样性与区域多样性之间的关系，特别是区域和历史过程在局地多样性形成中所扮演的角色表现出浓厚的兴趣，并围绕这些议题展开激烈的讨论（McPeek，1996；Caley and Schiluter，1997；Caley，1997；Francis and Currie，1998；蒋有绪，1998；Huston，1999）。在利用化石、花粉等材料研究群落起源方面，Davis等（1998）对铁杉硬木林起源的研究具有里程碑式的意义。

1.4 生物多样性评估概述

1.4.1 评估内容

从生物多样性的层次出发，可以将生物多样性评估的内容分为以下三点。

（1）遗传多样性评估：评估物种内部遗传变异的程度和分布，关注物种内部基因的变化和多样性，以及这些变化对物种适应环境的能力的影响。

（2）物种多样性评估：评估物种丰富度、物种功能多样性、物种重要性、物种受威胁程度、外来物种入侵度以及威胁因子等。统计和分析区域内物种的数量、种类和分布，了解物种的丰富度和独特性。

（3）生态系统多样性评估：通过评估生境多样性、生态过程多样性以及生态系统服务的价值等，来研究不同生态系统类型（如森林、湿地、草原等）的数量、结构和功能，以及它们之间的相互关系和稳定性。

傅伯杰等（2017）在生物多样性指标体系的构建中，着重考虑了国际生物多样性评估的主流指标与其在中国的实际应用能力，构建了包括压力、状态

（包括趋势，状态的变化方向即趋势）和响应三大类指标的生物多样性评估指标体系，其中压力指标包括气候变化、污染、氮沉降、生物入侵、城市化和景观破碎化六项主题指标；状态和趋势指标包括物种的丰富度、珍稀性、特有性、物候等六项主题指标；响应指标包括自然保护区建设和可持续经营两项主题指标。

1.4.2 评估标准

2012 年，为贯彻《中华人民共和国环境保护法》，规范生物多样性评价指标和方法，掌握并了解全国和各地生物多样性的现状、空间分布及变化趋势，明确全国和各地生物多样性保护重点，整体上提高我国生物多样性保护的管理能力，我国生态环境部编制了《区域生物多样性评价标准》（HJ 623—2011）。在下文中将依据该标准具体内容对野生动物和维管植物、外来入侵物种的信息采集以及相关调查数据的统计处理进行介绍。

1. 野生动物和维管植物

野生动物和维管植物的数据按表 1-1 的格式采集。外来入侵物种不在统计范围内，但外来物种中的非外来入侵物种应纳入统计范围。城市建成区里的外来植物，如果在建成区外有野生分布，则纳入统计范围；如果没有，则不纳入统计范围。

表 1-1　野生动物和维管植物数据采集表

物种信息						分布信息		
序号	学名	中文名	中文别名	受威胁程度	是否中国特有	县1	县2	县3 …
1								
2								
3								
…								

2. 外来入侵物种

外来入侵物种的数据按表 1-2 的格式采集。外来入侵物种包括外来入侵动物和外来入侵植物。外来物种入侵度按式（1-1）计算。

表 1-2　外来入侵物种信息采集表

物种信息				分布信息			
序号	学名	中文名	中文别名	县1	县2	县3	…
1							
2							
3							
…							

$$E_\mathrm{I} = N_\mathrm{I} / (N_\mathrm{V} + N_\mathrm{P}) \tag{1-1}$$

式中，E_I 为外来物种入侵度；N_I 为被评价区域内外来入侵物种数；N_V 为被评价区域内野生动物的种数；N_P 为被评价区域内野生维管植物的种数。

3. 物种特有性

物种特有性按式（1-2）计算。

$$E_\mathrm{D} = \frac{\dfrac{N_\mathrm{EV}}{635} + \dfrac{N_\mathrm{EP}}{3662}}{2} \tag{1-2}$$

式中，E_D 为物种特有性；N_EV 为被评价区域内中国特有的野生动物的种数；N_EP 为被评价区域内中国特有的野生维管植物的种数；635 为一个县中野生动物种数的参考最大值；3662 为一个县中野生维管植物种数的参考最大值。

4. 受威胁物种的丰富度

受威胁物种的丰富度按式（1-3）计算。

$$R_\mathrm{T} = \frac{\dfrac{N_\mathrm{TV}}{635} + \dfrac{N_\mathrm{TP}}{3662}}{2} \tag{1-3}$$

式中，R_T 为受威胁物种的丰富度；N_{TV} 为被评价区域内受威胁的野生动物的种数；N_{TP} 为被评价区域内受威胁的野生维管植物的种数。

5. 评价指标的归一化处理

归一化后的评价指标＝归一化前的评价指标×归一化系数

其中，归一化系数＝$100/A_{最大}$。$A_{最大}$ 为被计算指标归一化处理前的最大值。各指标的参考最大值见表1-3。

表1-3 相关评价指标的参考最大值

评价指标	参考最大值
野生维管植物丰富度	3662
野生动物丰富度	635
生态系统类型多样性	124
物种特有性	0.3070
受威胁物种的丰富度	0.1572
外来物种入侵度	0.1441

6. 指标权重

各评价指标的权重见表1-4。

表1-4 各评价指标的权重

评价指标	权重
野生维管植物丰富度	0.20
野生动物丰富度	0.20
生态系统类型多样性	0.20
物种特有性	0.20
受威胁物种的丰富度	0.10
外来物种入侵度	0.10

7. 生物多样性指数计算方法

生物多样性指数按式（1-4）计算。

$$BI = R'_V \times 0.2 + R'_P \times 0.2 + D'_E \times 0.2 + E'_D \times 0.2 + R'_T \times 0.1 + (100 - E'_I) \times 0.1 \quad (1\text{-}4)$$

式中，BI 为生物多样性指数；R'_V 为归一化后的野生动物丰富度；R'_P 为归一化后的野生维管植物丰富度；D'_E 为归一化后的生态系统类型多样性；E'_D 为归一化后的物种特有性；R'_T 为归一化后的受威胁物种的丰富度；E'_I 为归一化后的外来物种入侵度。

8. 生物多样性状况的分级

根据生物多样性指数（BI），将生物多样性状况分为四级：高、中、一般和低（表 1-5）。

表 1-5　生物多样性状况的分级标准

生物多样性等级	生物多样性指数	生物多样性状况
高	BI≥60	物种高度丰富，特有属、种多，生态系统丰富多样
中	30≤BI<60	物种较丰富，特有属、种较多，生态系统类型较多，局部地区生物多样性高度丰富
一般	20≤BI<30	物种较少，特有属、种不多，局部地区生物多样性较丰富，但生物多样性总体水平一般
低	BI<20	物种贫乏，生态系统类型单一、脆弱，生物多样性极低

1.4.3　评估方法

在生物多样性评估领域，指标评估、模型模拟与情景分析是三种常用的方法（曹铭昌等，2013），它们各具特色，互为补充。指标评估法侧重于揭示变化的本质与趋势，即探究什么正在发生变化以及这些变化的具体走向。模型模拟法则深入探究变化背后的原因，解答为何会发生这些变化。而情景分析法则聚焦于未来的行动选择与策略制定，它提出问题并设定假设，如未来社会经济的发展趋势及政府可能采取的政策，以指导我们如何应对未来的挑战。

在实际应用中，这三种方法往往紧密相连，共同应对生物多样性评估中的复杂问题。情景分析法首先提出问题或设定假设，为后续分析奠定基础。接着,模型模拟法在这些假设条件下进行深入分析,预测生物多样性将如何变化,并揭示其背后的原因。最后,指标评估法将模型的分析结果以直观的方式呈现出来,清晰地展示哪些因素正在发生变化以及这些变化的具体趋势。通过这样的协同作用,我们能够更全面地理解生物多样性的现状、预测其未来变化,并制定出有效的保护策略。

1. 指标评估

指标是通过标准化方法构建的可测量参数,用于系统反映监测对象的状态特征与发展趋势,广泛应用于各类环境和资源监测活动中。它们不仅能够追踪环境状况的变化,分析环境变化的驱动力,还能够为政策制定和决策制定提供有力支持,并评估政策响应的有效性。指标的作用可以细化为三个方面:一是追踪项目执行效果,实现结果导向的管理;二是区分不同的科学假设,推动科学探索;三是识别可行的政策选项,辅助决策分析(Failing and Gregory,2003)。然而,无论指标的分类如何,其设计和开发都应紧密围绕监测和评估目标,确保结果真实反映所关注问题的变化趋势,并与政策和管理决策紧密相连,能够对政策变动作出响应,为政策制定和管理决策提供有价值的决策信息(Mace and Baille,2007;Walpole et al.,2009)。

生物多样性指标在监测生物多样性现状、变化趋势及威胁因素,以及评估生物多样性保护政策执行效果方面发挥着至关重要的作用。生物多样性具有多层次、复杂且广泛的属性特征,包括但不限于物种丰富度、物种特有性、生态多样性、结构与功能多样性、生态系统服务功能和内在价值等。一个理想的生物多样性指标应全面覆盖生物多样性的各个层次及所有属性特征。然而,在实际操作中,受数据可获取性、科学可靠性、成本效益、时空尺度等因素的制约,并非所有属性特征都能转化为生物多样性指标,也并非所有生物多样性指标都能有效反映生物多样性的变化(Mace and Baille,2007;Walpole et al.,2009)。为了科学有效地评估生物多样性,一个成功的生物多样性指标应满足以下标准(Mace and Baille,2007;UNEP-WCMC,2009;Jones et al.,2011):

(1)代表性原则至关重要。鉴于生物多样性涵盖众多属性特征,评估指标无法一一囊括，因此所选取的指标必须具备高度的代表性和典型性。这些指标应能够精确地映射出生物多样性的当前状况、变化趋势以及所面临的威胁因素，从而为政策制定者提供坚实可靠的科学依据。

（2）科学客观性是评估结果的基石。为确保评估的准确性和客观性，所选指标必须建立在坚实的科学理论基础之上，并依托于可靠且可验证的数据来源。

（3）实用性导向。在生物多样性评估中，指标的选择应紧密围绕生物多样性管理和决策的实际需求，确保具备高度的实用性。这既是生物多样性评估的初衷，也是其最终的目的所在。

（4）可操作性原则。所选指标应具备较高的成本效益，即监测成本应在可接受范围内，并且在当前的社会经济环境和科技发展水平下，这些指标应当是易于获取且便于操作的。

（5）易理解性原则。所选指标应简洁明了，易于为社会公众所理解接受。同时，通过简短培训，专家和管理者即可掌握如何运用这些生物多样性指标进行评估。

尽管全球范围内已存在众多用于衡量生物多样性状态、所受压力及人类应对措施的指标，但大多数指标仅聚焦于生物多样性的某一特定属性，难以全面反映其整体变化，更无法综合评估全球 2010 年目标的实现情况。鉴于这一现状，在《生物多样性公约》（CBD）第六次缔约方大会上，特别制定了全球 2010 年目标评估指标框架。该框架涵盖了 7 个核心领域，并设定了 22 个全球性关键指标，不仅涉及生物多样性的各个组成部分，还融入了人文、社会和经济方面的考量，同时，对生物多样性的威胁因素和社会响应措施给予了高度重视。目前，这一指标框架已被广泛应用于欧盟、英国、中国等区域或国家的生物多样性评估指标体系构建中（EEA，2007；DEFRA，2011；中国环境保护部，2009；Xu et al.，2009）。

然而，该框架在实际运用过程中面临诸多挑战。例如，各指标间的因果关联尚不够紧密，缺乏逻辑连贯性和整体性，部分指标因缺乏充分的理论和数据支撑，尚未得到发展或仍处于发展阶段。针对这些问题，《生物多样性公约》

在制定全球2020年目标指标框架时，将依据指标的代表性、可操作性以及数据的可获取性，进一步精简指标数量，将其控制在10~15个，并要求这些指标与主要目标和次要目标紧密相关。同时，《生物多样性公约》还计划按照"压力—状态—响应—惠益"的概念模型，对现有评估指标框架进行完善，将指标重新划分为以下四类：①压力指标，用于反映威胁生物多样性的主要因素的变化情况；②状态指标，用于反映生物多样性及其组成部分的现状与变化趋势；③响应指标，用于评估保护政策或措施的实施效果；④惠益指标，用于反映生物多样性产品和服务的现状与变化（UNEP-WCMC，2009；2010 BIP，2010）。

2. 模型模拟

模型是对复杂现实的一种简化抽象，借助统计和计算技术来描绘系统整体、特定现象及其演变过程。基于坚实科学理论构建的模型，能够助力我们探究人类活动、环境变化与生物多样性之间的内在联系，并解答全球或区域政策如何影响生物多样性及生态系统产品和服务的问题（IEEP et al.，2009）。

从理论与方法的角度审视，生物多样性模型种类繁多，可根据不同标准进行分类。例如，依据生态学过程和机制涵盖的多少，模型可分为现象学（或经验性）模型和过程（或机理性）模型；依据涉及的生态学组织层次，可分为物种分布模型、种群动态模型和生态系统模型等；依据关注主题的不同，则可分为社会经济模型、生物物理模型、土地利用变化模型、气候变化模型以及综合评估模型等。随着空间信息处理技术，如地理信息系统（GIS）的迅猛发展，根据模型与空间信息处理技术结合的紧密程度，模型又可被划分为非空间模型、半空间模型和空间显式模型。

尽管上述模型分类有助于我们理解模型的多样性，但在实际应用中，模型的运用往往涉及多种类型的整合。这种整合基于原因-响应链上关键要素间的相互关系，通过确定模型间的接口，将不同类型的模型有机地连接起来。在全球生物多样性评估领域，一个典型的例子是全球环境综合评估模型（IMAGE）与全球生物多样性评估模型（GLOBIO）的整合（曹铭昌等，2013）。

IMAGE 模型主要用于分析和确定生物多样性变化的原因或驱动力。它由一系列相互关联的综合模型组成，涵盖了社会经济系统（如人口增长、经济、能源供需、农业需求和贸易等）、地球系统（如大气-海洋循环、生物地球化学循环和植被动态等）以及全球环境变化（如土地利用变化、气候变化和氮沉降等）的相关领域（IMAGE-Team，2001；MNP，2006）。

而 GLOBIO 模型则专注于分析和确定环境驱动力对生物多样性的影响。它将 IMAGE 模型计算得出的环境驱动力作为输入，通过计算原生物种多度指数（MSA）来反映全球环境变化对生物多样性的影响程度以及生物多样性的丧失状况（Alkemade et al.，2009；曹铭昌等，2013）。

通过这两个模型的整合，我们可以回答以下问题：一是过去、现在和未来人类活动引发的环境变化对生物多样性的影响及其重要性；二是在不同未来情景下生物多样性的变化趋势；三是决策者采取的政策响应措施可能对生物多样性产生的潜在影响及后果（Alkemade et al.，2009）。

3. 情景分析

情景分析是一种过程，旨在通过分析系统未来的潜在发展路径，设计出一系列可识别、合理且富有想象力的未来情景选项。这一过程的目的是转变人们当前的思维模式，进而提升决策质量（Chermack and Lynham，2002）。在实践操作中，它依赖于对系统中利益相关者认知的收集，以此为基础分析系统的驱动力，并对系统未来不确定的特征进行创造性构想（Peterson et al.，2003）。与传统预测方法不同，情景分析并非致力于对单一结果的精确预测，而是基于系统中的不确定性，提供一套可能的未来情景框架。

情景分析方法可分为基线趋势情景、描述性情景和探索性情景三类（Börjeson et al.，2006）。基线趋势情景假设当前趋势将持续发展，旨在回答"将会发生什么"的问题；描述性情景则描绘了一个可预见的未来或设定的未来发展目标（例如，到2030年将生物多样性丧失速率降低到某一水平），并探索实现这些目标的可能路径，解答"我们如何到达"的疑问；探索性情景则用于预测不同政策选择对未来发展的潜在影响，主要回答"我们的终点可能在哪里"的问题。作为研究未来不确定性的重要方法论，情景分析早期主要应用于大型企业和公司的远景规划（Porter et al., 1985；Vanderheijden, 1996）。

1995 年，在壳牌公司和瑞典斯德哥尔摩环境研究所的支持下，全球情景分析工作组（Global Scenario Group, GSG）正式成立，专注于全球情景模式的研究（曹铭昌等，2013）。其主要任务是识别推动社会向可持续未来转变所需的政策、行动和选择，为全球环境和可持续发展评估提供未来社会发展情景模式。

在联合国政府间气候变化专门委员会（Intergovernmental Panel on Climate Change, IPCC）2000 年出版的《排放情景特别报告》（Special Report on Emissions Scenarios, SRES）中，基于 GSG 情景模式，设计了不同社会经济发展情景下的温室气体排放情况（Nakicenovic et al., 2000）。例如，千年生态系统评估（MA）则制定了四种探讨生态系统和人类福祉未来可能的世界经济社会情景（全球协同、实力秩序、适应组合和技术乐园），并结合全球模型，对不同尺度的生物多样性和生态系统服务变化进行了定量评估（MA，2005）。

本 章 小 结

生物多样性涵盖了生物及其与周围环境相互作用形成的复杂生态复合体，以及这些相互作用中涉及的各种生态过程和功能的总和。生物多样性通常被划分为遗传多样性、物种多样性、生态系统多样性三个层次。

生物多样性形成的科学原理涉及多个方面，在分子水平上，蛋白质多样性和基因多样性是生物多样性的基石，它们通过编码不同的生物特性和功能，为生物适应环境提供了丰富的遗传资源。在遗传水平上，基因突变和基因重组作为生物进化的两大驱动力，不断产生新的遗传变异。在进化水平上，自然选择和遗传变异则是生物多样性的筛选机制，通过环境的筛选作用，保留了适应环境的个体和特征，从而推动了生物多样性的演化。而在生态水平上，环境差异和物种相互作用共同塑造了生态系统的多样性和稳定性，不同物种间的竞争、共生和捕食等关系以及它们对环境的适应和反馈，共同维系着生态系统的平衡和多样性。

在评估生物多样性时通常采用多种方法来确保评估的全面性和准确性。指标评估法通过选取一系列具有代表性的指标对生物多样性进行量化评估。模型模拟法则利用数学模型和计算机技术对生物多样性的动态变化进行模拟和预测。情景分析法则是基于不同的假设和条件，对生物多样性可能面临的未来情景进行分析和评估。

第 2 章 区域生物多样性的特征和作用

2.1 区域生物多样性及其特征

区域生物多样性是指特定地理区域内生物的多样性,同样由遗传多样性、物种多样性和生态系统多样性三个层次组成。遗传多样性是指生物体内决定性状的遗传因子及其组合的多样性。物种多样性是生物多样性在物种上的表现形式,也是生物多样性的关键,它既体现了生物之间及环境之间的复杂关系,又体现了生物资源的丰富性。生态系统多样性是指生物圈内生境、生物群落和生态过程的多样性。一个区域的生物多样性特征是由各自的气候条件、地形、能量可用性、地理隔离、物种适应性、灾害污染和人类活动等多种因素共同决定的。以下按照不同区域,分别阐述其生物多样性的特征。

2.1.1 热带地区

热带地区,尤其是热带雨林,具有较高的生物多样性。热带地区物种形成的速度通常高于其他地区,这与热带地区的气候和丰富的生态位有关。热带地区形成了独特的生物地理环境,栖息地的隔离和面积限制了物种的分布,但对物种形成有正面影响,促进了物种的特化和适应,从而形成了独特的生态位。

气候孤立性向两极方向减弱,在热带地区具有很高的变异性。在气候条件下,一个物种的种群随着其最适宜的气候条件而分散、扩大、收缩和分裂其地理分布。在空间上不相关的气候条件下,种群的隔离增加了异地物种形成事件和由远距离分散引起的创始物种形成事件的机会。因此，在地球表面具有孤立和更大范围的气候条件会降低物种灭绝率，促进异域物种形成和庇护独立进化的生物区系（Coelho et al.，2023）。物种形成和灭绝的高比率可能维持了高水平的物种丰富度（Mittelbach et al.，2007）。

热带地区的季节性变化较小，气候条件相对稳定，拥有较充足的光照、水分和土壤养分，有助于物种的持续繁衍，植物生长迅速，因此热带生态系统具有很高的初级生产力，从而支持了大量的食物链和食物网，进而使得物种之间的相互作用非常复杂，包括捕食者与猎物、寄生关系、共生关系等。这些复杂的生态关系有助于维持生态系统的稳定性和多样性（Bairey et al.，2016）。

热带生态系统提供了一系列重要的生态服务，包括碳储存、水源涵养、土壤保持、生物控制等。尽管热带生态系统具有高度的多样性和复杂性，但它们也易受到环境变化和人类活动，包括森林砍伐、农业扩张、城市化、气候变化和过度开发等的影响。

2.1.2　温带地区

与热带地区相比，温带地区的物种多样性较低。部分原因是较低的年平均温度和较短的生长季节限制了生物的生长和繁殖，在区域尺度上，气候和能量供应有可能限制了特定区域所能维持的物种数量。然而，在全球范围内，多样性模式可能受物种起源、灭绝和扩散动态的制约。因此，与其他气候相比，持续存在时间更长、覆盖面积更大的热带气候可能是多样性的发动机，而较低的年平均温度和较短的生长季节的温带地区能量更少、物种共存的资源更少，可能在生物多样性方面受到限制。

温带地区有明显的四季变化，植物和动物的生长与繁殖受到温度和日照的限制。这对生物的生命周期、繁殖和迁徙模式有重要影响。许多物种经历了适应性进化，以应对季节性的环境变化，如温带森林中常见的落叶植物，它们在冬季落叶以减少水分蒸发和保持能量，这是对低温和光照减少的适应。还有些物种会根据季节变化进行迁徙或进入休眠状态。

特定地理区域内的优势种也会影响该区域的生物多样性。温带森林多为外生菌根植物，热带森林多为内生菌根植物。外生菌根植物由于受到菌根真菌的保护程度比内生菌根植物更高，所以显示出更弱的负密度制约效应。因此，外生菌根植物往往比内生菌根植物具有更高的多度，外生菌根植物的比重升高会降低群落内的植物多样性（Jiang et al., 2020, 2021）。

温带地区是全球农业的主要区域，农业活动对生物多样性有显著影响，包括栖息地破坏和物种入侵。同时，城市化和工业化导致栖息地破碎化和环境污染，也对温带地区的生物多样性构成了威胁。

2.1.3 寒带地区

寒带地区冬季漫长而寒冷，夏季短暂且凉爽，气候条件不稳定，生长季节非常有限。由于低温和长时间的冻结期，寒带地区的初级生产力较低。这限制了食物链的复杂性和物种多样性。

寒带地区的物种多样性相对较低，但存在一些特有种。例如，北极地区有大约 200 种维管植物，大多数是特有种（Chapin et al., 2005）。南极的海洋生态系统拥有独特的生物群落，如南极磷虾（*Euphausia superba*）和南极鳕鱼（*Dissostichus mawsoni*），它们是南极食物链中的关键物种（Clarke and Johnston, 2003）。

寒带地区的植物群落结构相对简单，主要由草本植物、苔藓、地衣和少数灌木组成，乔木非常罕见。许多寒带生物表现出季节性的生理和行为变化，如迁徙、冬眠或休眠，以应对极端的季节性环境变化。寒带生态系统对气候变化和人类活动非常敏感，如全球变暖导致的冰川融化和海冰减少。

2.1.4 特定生态系统地区

旱区生态系统是地球上最脆弱和对气候变化最敏感的陆地生态系统之一。

其特殊的自然地理条件和气候孕育了丰富而独特的对干旱、盐碱、高温、低温和强太阳辐射的逆境适应的物种。旱区植物群落通常由木本植物、多年生草本植物、一年生草本植物和短命植物四大类生活型植物组成。在低干旱区域（降水量>238mm），草本植物为优势种，随着干旱程度的增加，物种丰富度相对缓慢地降低，且主要受降水量和土壤养分的共同调节。在高干旱区域（降水量<238mm），木本植物为优势种，随着干旱程度的增加，物种丰富度呈现出相对快速的下降趋势，且主要受气候变量，尤其是年降水量的调节（Yao et al.，2024）。

相比湿润和半湿润地区，干旱区生态系统结构简单、脆弱，生物多样性受外来种入侵更为严重。人口增长、农业用地和城市化的快速扩张，造成水资源利用透支，也造成干旱生态系统退化和物种消失。最典型的实例是咸海危机，农田扩张和大量引水灌溉导致目前90%以上的湖面消失，咸海已蜕变成为阿拉尔库姆沙漠，湿地生物多样性几乎消失殆尽（吴森等，2023）。

珊瑚礁分布面积占全球海域面积不足0.25%，却养育了全球约32%的海洋生物，被誉为"海洋中的热带雨林（Gilbert，2023）。珊瑚礁生态系统是全球初级生产力最高的生态系统之一，生物多样性最为丰富，且物种丰富度随深度的增加而减少（Pinheiro et al.，2023）。

珊瑚礁对环境变化非常敏感，如温度、酸度、光照和营养盐的变化。气候变化，尤其是全球变暖、海洋酸化对珊瑚礁构成了严重威胁，导致珊瑚白化和生态系统退化。而人类活动也影响珊瑚礁生态系统物种多样性的维持，如大型年长鱼类在种群的季节性繁殖和维护群落稳定性上起主导作用，对所处的生态系统有更强的适应性，更有利于物种多样性的维持。而人类的捕捞活动造成的渔业诱导进化导致鱼类资源向小型化、繁殖力下降的趋势发展，不利于群落稳定（于道德等，2021）。

2.1.5 山区和沿海地区

高山地区占据世界25%的陆地面积，却拥有全球87%的物种。山地尽管地理空间狭小，在气候上却有着很大的变异性，山顶气候的日变化比较剧烈，但季节性变化却与纬度变化相似，因此山区的日变化幅度可能大于季节变化。在复杂的山区，相邻高山的阴影也会使相似的山麓之间形成巨大差异。此外，侵蚀与干燥的气候也可能对物种迁徙产生一定障碍，气压和氧气等随着海拔的升高而锐减，同时也增加了物种的选择与适应压力。山区复杂的微气候创造出许多适合物种生存但又互相隔离的斑块，减少了基因交流，促进了异域物种形成。此外，沿海地区是海洋生态系统与陆地生态系统的交汇处，包括海岸带、河口、海湾、滩涂、海草床、红树林等。这些区域通常生物多样性丰富，因为它们提供了多样的栖息地和食物来源。红树林是沿海地区的重要生态系统，既是多种鸟类觅食、繁殖的场所，也是潮间带多种贝类、甲壳类等生物的栖息、繁衍之地。沿海湿地是候鸟迁徙的重要停歇地和越冬地，支持着丰富的水鸟和海鸟。

潮汐作用对沿海生态系统的水文和盐度条件产生显著影响，形成了特殊的生物群落，如特定的土壤微生物和底栖动物。

沿海地区大多暴露在外，其生物多样性和所提供的生态系统服务易受到海平面上升、极端气候事件和人类活动的影响（Davies et al., 2023），如海平面上升会导致沿海盐沼受到侵蚀，这些盐沼是许多鱼类和甲壳类动物的重要栖息地。风暴可以摧毁红树林，破坏珊瑚礁，改变沿海湿地的地形，导致物种栖息地丧失和生物多样性下降。

2.2　区域生物多样性的作用

区域生物多样性不仅是物种的集合，还反映了物种与其生存环境之间复杂的相互作用。此外，区域生物多样性在维持生态系统稳定、创造科学研究价值和提高社会经济效益等方面发挥着重要作用。当前全球气候变化剧烈，物种分布与物种相互作用发生变化，环境压力加剧，区域生物多样性受到影响。如何应对全球变化与挑战，制定有效的保护策略是目前的难题。

2.2.1 生态平衡与环境保护

区域生物多样性对维持生态系统稳定有重要作用。多样化的生态系统能更好地抵御环境变化和干扰，如气候变化和栖息地破坏。研究表明，生物多样性较高的地区往往对土地利用变化和气候影响表现出更强的恢复力，因为即使在一些物种消失的情况下，多样化的物种也能发挥各种生态作用，维持生态系统的功能（Newbold et al., 2020；Newbold, 2018），即功能冗余。Bellwood 等在 2003 年就讨论过功能冗余的概念，其在高多样性系统中尤为重要。在这种系统中，一个物种的消失可能不会严重影响生态系统的功能，因为还有其他物种可以替代它的作用。相反，在面临环境压力的生态系统中，缺乏功能冗余会导致脆弱性增加和恢复力降低（Thomsen et al., 2017）。

另外，区域生物多样性在生态系统功能和服务中也不可或缺。生物多样性可增强生态系统多功能性，如养分循环、初级生产和对环境变化的适应能力。Wagg 等（2014）发现，土壤生物多样性影响养分保持和有机物分解，从而维持生态系统的生产力。生态系统服务包括供给服务（如食物和原材料）、调节服务（如气候调节和洪水控制）和文化服务（如美学效益）（Anderson et al., 2009；Egoh et al., 2010）。生物多样性丧失则会导致生态系统功能组成发生重大变化，最终影响生态系统服务，如粮食生产和水调节（Allan et al., 2015）。而生态系统服务对人类福祉至关重要，开展有效的环境保护工作迫在眉睫。

区域生物多样性对维持生态平衡至关重要，因此有效的环境保护策略必须将生态系统服务管理与生物多样性保护相结合。具体而言，应科学评估当前生态系统服务功能和生物多样性状况，在此基础上优化生态保护的空间布局。同时，通过提升土地利用规划和资源管理效率，实现人类社区与自然生态系统的协调发展（Egoh et al., 2010；Cuesta et al., 2017）。值得注意的是，生态系统服务的空间分布往往与生物多样性较高的区域不一致，这凸显了同时解决这两方面问题的针对性保护工作的必要性（Cheng et al., 2022；Chaudhary et al., 2015）。此外，环境保护的社会政治背景也十分重要，不同地区的治理结构和利益相关者的利益可能各不相同，从而影响保护结果（Moreira et al., 2019；Seddon et al., 2010）。然而，数据的缺乏阻碍了保护工作的开展。世界自然保护联盟（IUCN）红色名录上的大部分物种缺乏关于其种群数量和分布的充足数据（Hochkirch et al., 2021），无法开展有效的环境保护策略。Schmeller 等（2015）强调有必要开展全球陆地物种监测计划，以更好地了解生物多样性的变化趋势和受到的威胁。

2.2.2 科学研究与教育资源

生物多样性包含地球上所有生物种类及其遗传变异和生态系统的复杂性，为自然科学教育提供了丰富的内容。不同区域的生物多样性保护和利用方式的研究可以帮助人们理解生态系统的运作方式，以及人类活动对自然环境的影响。人类活动给生物多样性保护带来了不小挑战，生物多样性热点地区中仅有一小部分不受人类压力的影响（Venter et al., 2016）。而与沿海栖息地相比，受到较小的人为压力影响的开阔海洋生态系统却存在较高的生物多样性风险，这强调了我们需要制定有针对性的生物多样性保护战略（O'Hara et al., 2019）。国际生物多样性计划发布的方案中明确提出生物多样性科学的9个关键科学问题/重要研究方向（赵士洞和郝占庆，1996），问题的解决均需要生物多样性本底数据以及长期的生物多样性观测数据作为支撑（Chen et al., 2019；van Klink et al., 2020）。通过区域生物多样性调查，可以获得较为完整的区域生物多样性本底数据，明确区域生物多样性种类、分布、受威胁状况以及保护现状，可以为探讨生物多样性分布格局和维持机理研究提供基础（肖能文等，2022）。区域生物多样性研究涉及生物学、地理学、社会学、经济学等多个学科，可以帮助人们理解生态系统的运作方式，以及人类活动对自然环境的影响，为自然科学教育提供丰富的内容。

2.2.3 经济价值和社会福祉

区域生物多样性提供生态系统服务，具有重大的经济价值，与社会福祉之间关系深远。它对农业生产力和粮食安全至关重要。高多样性的农业生态系统更具稳定性，能够适应不断变化的环境条件。面对气候变化，这种稳定性尤为重要，可以减少受到环境干扰的影响。研究表明，保持作物基因库的多样性可以保证产量，减少对化学投入的依赖（Frison et al., 2011）。并且，生物多样性高的地区可促进生态旅游，尤其是在依赖自然资源开展经济活动的农村地区，也可为当地社区提供可持续的收入来源，同时促进环境管理（Vipat and Bharucha, 2014）。生物多样性带来的经济效益往往被低估，因为许多估值技术主要关注直接经济产出，而忽视了与生物多样性相关的内在价值和文化价值（Chang et al., 2016）。

高多样性的生态系统有助于人类健康和生活质量。生物多样性可为从各种动植物中提取药物提供资源，从而促进公众健康（Wood et al., 2014）。保护生物多样性还可降低人畜共患病的风险，较高的生物多样性可通过提供各种宿主来稀释病原体的传播潜力，从而降低某些传染病的流行率，即"稀释效应"（Civitello et al., 2015）。此外，生物多样性丰富的地区与改善心理健康和提高社会福祉有关。与自然接触可减轻压力、改善情绪、促进体育锻炼，从而促进公众健康（Romanelli et al., 2014）。因此，将生物多样性保护纳入城市规划和公共卫生战略，可为社区福祉带来显著益处（Keune et al., 2013）。

2.3 区域生物多样性保护面临的挑战

随着人类活动和全球气候变化的加剧，全球性物种灭绝的速度正在加快。尽管在1992年巴西里约热内卢召开的联合国环境与发展大会上，153个国家签署了《保护生物多样性公约》，然而，收集的数据显示，截至2010年，全球尺度生物多样性丧失仍在继续，且速度有增加的趋势（Butchart et al., 2010），生物多样性正面临着前所未有的威胁（王林园等，2024）。系统属性随着时间波动是其自然特性之一，即使在环境因子不变的情况下，这种波动性依然存在。波动性加剧（稳定性下降）说明系统受到的压力增大，将会增加物种灭绝的风险（Cottingham et al.，2001），甚至使生态系统提供产品和调节气候等功能彻底丧失。那么该如何应对全球变化与挑战，制定合理的区域生物多样性的保护策略呢？

我们需要采取多方面的方法将保护战略、社区参与和可持续管理结合起来。首先，让当地社区参与保护工作。Kaleka 和 Bali（2021）强调，土著社区通常掌握着当地生态系统的宝贵知识，可在保护战略中发挥关键作用。通过促进社区参与并制定与当地需求和实践相一致的保护措施，可以创造出既有利于生物多样性又有利于人类生计的双赢解决方案。其次，需要扩大保护区和改善管理方法。保护区在生态系统服务方面十分重要，如淡水供应，这关系着人类的用水安全（Harrison et al.，2016）。扩大保护区的覆盖范围，改善现有保护区的管理以提高其有效性，可更好地保护生物多样性（Gray et al.，2016）。再次，解决非保护区的生物多样性问题。虽然保护区至关重要，但生物多样性的很大一部分存在于这些区域之外。Avigliano 等（2019）主张采用多学科方法来应对非保护区的生物多样性受到的威胁，这样可增强农业和城市景观连通性、推广可持续的土地使用方法等。最后，利用技术和研究促进保护至关重要。遥感和地理空间分析可为监测生物多样性和评估栖息地变化提供宝贵数据（Thieme et al.，2020）。在环境监测中应用生物标记有助于跟踪生态系统的健康状况，并确定需要进行保护干预的区域（Lionetto et al.，2021）。通过利用科学研究和技术工具，可以更有效地确定和评估保护策略的目标。

本 章 小 结

区域生物多样性是指某一特定地理空间范围内生物种类的丰富程度及其变异性的总和。这一特征并非孤立存在，而是深深植根于该区域独特的气候条件、地形地貌、能量流动的可利用性、地理隔离造成的物种分布差异、物种对环境的适应策略、自然灾害与环境污染的影响，以及人类社会经济活动的深刻烙印之中。这些因素相互作用，共同塑造了区域生物多样性的独特面貌。

此外，区域生物多样性不仅仅是一个物种清单上的简单罗列，更是一个动态平衡、错综复杂的生态系统网络，揭示了物种与其赖以生存的自然环境之间微妙而深刻的相互作用关系。区域生物多样性的价值体现在多个维度上。首先，它是维护生态系统稳定性的基石，通过物种间的相互制约与平衡，确保了自然环境的自我调节能力，为地球上的生命提供了持续而稳定的生存条件。其次，区域生物多样性是科学研究的宝贵资源，推动了人类对自然界认知的不断深化。最后，区域生物多样性还蕴含着巨大的社会经济效益，如生态旅游、药用植物资源、农作物遗传改良等，直接关联到人类社会的可持续发展和福祉提升。

第 3 章 区域生物多样性保护管理的重点与挑战

3.1 区域生物多样性保护管理的原则与目的

在地球的广阔生态系统中，生物多样性作为生命的基础和自然界的宝贵财富，不仅支撑着地球上的万千生命，也维系着生态系统的平衡与稳定。然而，随着人类社会的快速发展和资源的过度开发，生物多样性正面临着前所未有的威胁，许多物种正濒临灭绝，生态系统功能也在逐渐退化（王林园等，2024）。因此，区域生物多样性保护管理显得尤为重要，它旨在通过一系列科学合理的原则与措施，保护并恢复生物多样性，确保生态系统的健康和可持续发展。区域生物多样性保护管理的原则是指导我们如何有效地进行保护工作的行动指南，这些原则基于生态学的基本原理，结合人类社会发展的实际需求，旨在实现生物多样性的长期保存和合理利用。同时，区域生物多样性保护管理的目的也十分明确，即通过保护生物多样性，维护生态系统的完整性和稳定性，为人类社会的可持续发展提供坚实的生态基础。参考肖雪（2022）、罗剑华（2008）、董帅（2024）等的研究，区域生物多样性保护管理的原则如下。

3.1.1 区域生物多样性保护管理的原则

1. 优先保护原则

优先保护原则强调在任何情况下生物多样性的保护都应被置于首要位置，

这是确保生物多样性和生态系统完整性不受损害的根本保障（周毅，2015）。这一原则深刻体现了我们对自然生态的尊重与保护，以及对未来可持续发展的深远考虑。在实践层面，优先保护原则要求在制定政策、规划项目和开展各类活动时，必须将生物多样性的保护需求作为首要考量因素。这意味着，在经济发展与生态保护之间寻求平衡时，必须坚决避免以牺牲生物多样性为代价的短视行为。相反，应积极探索和实践绿色、低碳、可持续的发展模式，确保人类活动在促进经济发展的同时，也能有效保护和提升生物多样性。此外，为了切实落实优先保护原则，还需要建立严格而有效的监管机制。这一机制应涵盖生物多样性保护的各个方面，包括但不限于对可能威胁生物多样性的行为进行及时监测、评估和预警。通过这样的监管机制，可以确保生物多样性保护工作的有序进行，从而有效维护生态系统的稳定与繁荣。同时，优先保护原则还强调加强国际合作与交流，共同应对生物多样性保护面临的全球性挑战。通过分享经验、技术、资源和信息，我们可以携手构建更加完善的生物多样性保护体系，为地球家园的可持续发展贡献力量。

2. 科学规划原则

科学规划原则在区域生物多样性保护管理中明确要求我们在开展生物多样性保护工作之前，必须依据科学原理和专业知识，进行深入细致的研究与分析，从而制定出科学合理、切实可行的生物多样性保护规划。这一规划不仅需要明确保护的具体目标、任务和措施，还需要制定出详实具体的保护行动计划和实施方案，确保每一步工作都能有条不紊地推进。同时，为了检验保护工作的成效，科学规划原则还强调建立有效的监测和评估机制，通过定期或不定期的监测与评估，及时调整和优化保护策略，确保保护工作的针对性和有效性。科学规划原则的实施，不仅有利于提高保护资源的利用效率，还能有效避免盲目行动和资源浪费，为区域生物多样性的长期保护提供坚实的科学支撑。

3. 统筹协调原则

统筹协调原则在区域生物多样性保护管理中同样具有不可替代的作用。它强调，在推进生物多样性保护工作的过程中，必须加强各部门、各区域之间的统筹协调，打破部门壁垒和地域限制，形成强大的合力。为了实现这一目标，需要建立跨部门、跨区域的协作机制，加强信息共享和资源整合，确保各方能够紧密配合、协同作战。同时，统筹协调原则还要求在保护工作中充分协调各方利益，寻求共识，确保保护工作的顺利推进。通过统筹协调，可以实现保护工作的协同推进和资源共享，避免重复劳动和资源浪费，提高保护工作的整体效能。

4. 自然恢复原则

自然恢复原则倡导在区域生物多样性保护管理中，应充分尊重自然规律，鼓励和支持生物多样性的自然恢复。为了实现这一目标，我们可以采取恢复性种植、生态修复等措施，改善生态环境，为生物多样性的恢复提供有利的条件。自然恢复原则的实施，不仅有助于恢复受损的生态系统，提高生态系统的稳定性和恢复力，还能为生物多样性的长期保护提供有力支持。通过自然恢复，可以逐步恢复生态系统的原始面貌，为生物多样性的繁衍和生存创造更加优越的环境条件。

5. 损害担责原则

损害担责原则在区域生物多样性保护管理中具有强大的威慑力。它明确要求，在保护生物多样性的过程中，必须明确生物多样性损害的责任主体，对造成生物多样性损害的行为进行严格的追责和惩罚。为了实现这一目标，需要建立严格的法律责任制度，对违法破坏生物多样性的行为进行严厉打击和惩处，确保法律的权威性和严肃性。同时，损害担责原则还强调建立生态损害赔偿机制，对受损的生态环境进行及时有效的修复和补偿。通过损害担责原则的实施，可以有效遏制破坏生物多样性的行为，增强公众的环保意识和法律意识，推动生物多样性保护工作的深入开展。

6. 公众参与原则

公众参与原则在区域生物多样性保护管理中扮演着至关重要的角色。它着重强调，为了更有效地推进生物多样性保护工作，必须广泛动员并鼓励公众的积极参与，以此提升公众的环保意识和参与度。这一原则的实施涵盖多个层面。首先，加强生物多样性保护知识的宣传和教育是核心。通过多渠道、多形式的宣传教育活动，如举办讲座、研讨会、展览，以及利用新媒体平台发布科普信息等，可以有效提高公众对生物多样性保护重要性的认识和理解。这不仅能够增强公众的环保意识，还能够促使他们更加自觉地参与到生物多样性保护的实践中来。其次，建立公众参与机制是确保公众有效参与的关键。这包括在生物多样性保护的决策、监督和实施过程中，充分听取和吸纳公众的意见和建议。通过设立公众咨询热线、开展问卷调查、组织公众参与听证会等方式，可以搭建起政府与公众之间的沟通桥梁，使公众能够直接参与到生物多样性保护工作的规划和执行中，从而增强工作的透明度和公信力。此外，开展生物多样性保护的志愿服务和公益活动也是推动公众参与的重要途径。通过组织植树造林、野生动物救助、生态修复等志愿服务活动，以及发起公益募捐、环保倡议等公益活动，可以激发公众的环保热情和行动能力，引导他们以实际行动为生物多样性保护贡献力量。

3.1.2 区域生物多样性保护管理的目的

1. 维护生态系统平衡

区域生物多样性保护管理的首要目的是维护生态系统的平衡。生态系统是由生物群落和无机环境相互作用而形成的复杂系统，具有自我调节、自我修复和自我维持的能力（孙一帆等，2024）。然而，当生物多样性受到严重破坏时，生态系统的平衡将受到威胁，导致生态系统功能的下降和生态危机的发生。因此，通过区域生物多样性保护管理，可以保护生态系统的关键物种和生态过程，维护生态系统的稳定性和恢复力，确保生态系统的正常功能和长期可持续性。

2. 促进可持续发展

区域生物多样性保护管理的另一个重要目的是促进可持续发展。可持续发展是指在满足当前人类需求的同时，不损害未来人类满足其需求的能力。生物多样性是可持续发展的重要基础，它为人类提供了丰富的自然资源和生活环境，支撑了人类的经济、社会和文化发展。然而，当生物多样性受到破坏时，人类的经济、社会和文化发展将受到严重影响。因此，通过区域生物多样性保护管理，可以保护和合理利用生物多样性资源，促进经济、社会和文化的可持续发展。

3. 提高人类生活质量

区域生物多样性保护管理还有助于提高人类的生活质量。生物多样性为人类提供了丰富的自然资源和生活环境，包括食物、药物、燃料、水资源等。这些资源对于人类的生存和发展至关重要。然而，当生物多样性受到破坏时，人类的资源供应将受到威胁，导致生活质量下降。因此，通过区域生物多样性保护管理，可以保护和恢复生物多样性资源，提高人类的生活质量。

4. 增强生态安全意识

区域生物多样性保护管理还有助于增强生态安全意识。生态安全是指生态系统在面对各种内外因素干扰时，能够保持其结构和功能的相对稳定，确保生态系统的健康和安全。然而，当生物多样性受到破坏时，生态系统的结构和功能将受到威胁，导致生态安全风险的增加。因此，通过区域生物多样性保护管理，可以加强生态系统的监测和评估，及时发现和应对生态安全风险，增强生态安全意识，确保人类社会的安全和稳定。

5. 推动国际合作与交流

区域生物多样性保护管理还有助于推动国际合作与交流。生物多样性是全球性的共同财富，需要各国共同努力来保护。通过区域生物多样性保护管理，可以加强国际合作与交流，共同分享保护经验和技术成果，推动全球生物多样性保护事业的发展。同时，区域生物多样性保护管理还可以加强与其他国家和地区的合作与交流，共同应对全球生物多样性面临的威胁和挑战。

3.2 区域生物多样性保护管理的基本原理

区域生物多样性保护管理的基本原理涉及多个方面，这些原理共同构成了生物多样性保护的理论基础，并指导着具体的保护实践。以下是对这些基本原理的详细阐述。

1. 生态系统功能与稳定性原理

生态系统的功能和稳定性是生物多样性保护的基础。生态系统功能指的是各种生物在一个生态系统中的互动关系，包括生态系统的能量流、物质循环、生物群落结构以及生态系统产生的各种物质和服务（叶平，2014）。这些功能对于生态系统的稳定性至关重要。稳定性则是指生态系统在不受外界干扰的情况下能维持其自身结构和功能的能力。生物多样性的维持和恢复需要依靠生态系统的功能和稳定性。因此，保护生物多样性需要确保生态系统的正常功能和稳定性，避免过度开发和污染等对生态系统的正常功能和稳定性造成破坏。

2. 层次性结构原理

生态系统具有层次性结构，包括生物的种群、生物动力学、生态学过程和生态系统的产物等多个层次。这些层次相互作用，共同构成了生态系统的复杂性。层次性结构为生物多样性保护提供了理论基础。保护生态系统的不同层次，可以通过不同的方法来实现生物多样性的保护。例如，通过保护种群来维护基因水平的多样性，通过维护生态系统过程来保护生态系统水平的多样性，以及通过维护生态系统过程和产物来兼顾生物群落水平的多样性。

3. 影响因素分析与控制原理

分析影响生态系统稳定性和功能的因素是生物多样性保护的重要步骤。通过对这些因素的分析，可以对生态系统特定的干扰作出反应，并制定相应的保护措施。例如，土地利用情况和废水排放情况对当地的水生生态系统有很大的影响，需要通过科学的方法来评估这些因素的影响，并采取措施来减轻有害的影响，从而保护生态系统的稳定性和功能。

4. 多样性评估反馈原理

多样性评估是评估生物多样性的一种方法。通过评估生态系统中物种的丰富程度、物种组成和性质等因素，可以得出生态系统中生物多样性的情况。多样性评估的结果可以用来制定保护策略、监测生物多样性的变化、制定管理计划和调整相关政策等。

5. 共同管理与协作原理

在生态系统管理和恢复中，应重视共同管理、参与和协作的原则。这包括协调各方利益，确保生态系统的可持续发展。通过政府、企业、社区和公众的共同参与和协作，可以更有效地保护生物多样性，促进生态系统的恢复和可持续发展。

6. 就地保护与迁地保护相结合原理

就地保护是指在原地对生物多样性进行保护，如建立自然保护区、风景名胜区等。迁地保护则是将生物多样性组成部分移到它们自然生境之外进行保护，如建立植物园、动物园、基因库等。这两种保护方式各有优缺点，应根据具体情况选择适当的保护方式，并尽可能将两种方式相结合，以提供更全面的保护。

3.3 区域生物多样性保护管理的重点

1. 栖息地保护与恢复

栖息地是生物生存和繁衍的基础，因此保护栖息地是生物多样性保护的首要任务。这包括保护森林、湿地、草原、海洋等各类生态系统。对于受到威胁的栖息地，应采取积极的恢复和重建措施（刘汉梁，2023），如退耕还林、还草、还湿，以及治理水土流失和沙漠化等。同时，要建立和完善自然保护区体系，通过划定特定区域，限制人类活动的干扰，为野生动植物提供安全的生存空间。此外，加强对保护区的管理和监测，确保其有效性，并在保护区周边建立缓冲区，以减少人类活动对保护区的影响。

2. 物种保护

物种灭绝是生物多样性丧失的最严重形式，因此遏制物种灭绝的趋势至关重要。加强对濒危物种的保护，包括开展濒危物种的调查和监测，了解其种群数量、分布范围和生存状况，制定针对性的保护计划。对于珍稀濒危物种，应采取人工繁育和放归等措施，增加其种群数量。同时，加强对非法捕猎、采集和贸易的打击力度，严格执法，杜绝此类违法行为。此外，加强公众教育，提高人们对濒危物种保护的意识，减少对濒危物种及其制品的需求。

3. 应对气候变化

气候变化对生物多样性产生了深远的影响，因此，在生物多样性保护中必须积极应对气候变化。这包括减少温室气体排放、推动能源转型、发展可再生能源、提高能源利用效率。同时，加强对气候变化适应能力的研究，制定适应策略，帮助生物物种和生态系统适应气候变化。例如，通过调整保护地的管理措施，为物种迁移提供通道，促进物种在气候变化下的生存和繁衍。

4. 污染治理与防控

污染是生物多样性的重要威胁之一，包括水污染、大气污染、土壤污染等。因此，严格执行环境法规，加强对工业企业的污染排放监管，确保其达标排放至关重要。同时，推广清洁生产技术，减少污染物的产生，并加强对农业面源污染的治理，合理使用农药和化肥，减少其对土壤和水体的污染。此外，加强对城市垃圾和污水的处理，减少其对周边生态环境的影响。

5. 可持续利用

生物多样性的可持续利用是实现保护与发展双赢的关键。在保护生物多样性的前提下，合理开发利用生物资源，促进经济发展。例如，发展生态农业，推广绿色种植和养殖技术，减少对化学农药和化肥的依赖，保护农田生态系统的生物多样性。同时，发展生态旅游，让人们在欣赏自然美景的同时，增强对生物多样性的保护意识。合理开发利用野生动植物资源，确保其利用不超过其再生能力，实现可持续发展。

6. 科学研究与监测

科学研究和监测是生物多样性保护的重要支撑。通过开展科学研究，深入了解生物多样性的形成机制、生态功能和变化规律，为保护决策提供科学依据。加强对生物多样性的监测，建立监测网络，及时掌握生物多样性的动态变化情况。利用现代信息技术，如卫星遥感、基因检测等手段，提高监测的精度和效率。此外，加强国际合作，共享科学研究成果和监测数据，共同应对生物多样性保护的挑战。

7. 公众教育与参与

公众是生物多样性保护的重要力量。通过开展宣传教育活动，利用各种媒体渠道，向公众普及生物多样性的知识和保护的重要性（张鹏，2023）。加强学校教育，将生物多样性保护纳入课程体系，培养青少年的保护意识。鼓励公众参与生物多样性保护行动，如志愿者活动、社区保护项目等，形成全社会共同参与保护的良好氛围。

3.4 区域生物多样性保护管理的挑战与趋势

生物多样性保护之路任重而道远。未来的生物多样性保护管理都将面临更为复杂的挑战。因此，我们必须不断创新和发展保护管理策略，积极适应未来环境的变化，并妥善应对人类社会发展所带来的各种影响，以确保生物多样性的可持续发展。

3.4.1 区域生物多样性保护管理的挑战

区域生物多样性保护管理正面临着一系列复杂且多维度的挑战。在自然因素方面，生态系统本身就存在着脆弱性和不稳定性，如极端气候事件、地质灾害以及疾病传播等，这些因素都会对生物多样性造成直接或间接的破坏。同时，生物多样性的保护还受到诸多人为因素的影响，如过度开发、城市化进程、环境污染以及非法捕猎等，这些行为不仅直接威胁到物种的生存，还会破坏整个生态系统的平衡（史娜娜等，2019）。

更为复杂的是，在全球化的背景下，生物多样性的保护管理变得更加困难。跨国界的生物入侵现象日益严重，不同地区的物种在未经控制的情况下相互传播，对当地生态系统构成威胁。此外，国际贸易的繁荣也加剧了珍稀物种的非法交易，使得保护生物多样性变得更加复杂和紧迫。因此，区域生物多样性保护管理需要综合考虑自然和人为因素，并在全球化的背景下寻求有效的解决方案。

1. 自然因素

自然生态系统本身具有一定的脆弱性，这种脆弱性使得生态系统容易受到外部因素的干扰和破坏。例如，极端气候事件，如洪水、干旱和飓风等，这些自然灾害往往导致生态系统结构和功能的急剧变化。洪水可能冲毁生物的栖息地，干旱则可能导致水源枯竭，影响生物的生存。同时，地质灾害，如地震和火山爆发，也可能对生物多样性造成毁灭性的打击。这些自然灾害不仅直接威胁到物种的生存，还可能破坏生态系统内部的平衡关系，进而影响生物多样性的稳定。

此外，物种的适应性限制也是生物多样性保护面临的一个重要挑战。随着全球气候变暖等环境变化的加剧，许多物种可能无法快速适应新的环境条件。特别是那些生活在特定生态位或对环境条件要求较高的物种，它们可能因无法适应新的环境而面临种群数量下降甚至灭绝的风险。这种适应性限制不仅影响单个物种的生存，还可能对整个生态系统产生连锁反应，进而影响生物多样性的整体稳定。

生态位竞争与捕食关系也是影响生物多样性的重要因素。在生态系统中，不同物种之间存在着复杂的竞争和捕食关系。当某些物种数量增加或减少时，这种平衡关系可能被打破，进而对整个生态系统产生连锁反应。例如，当某种捕食者数量激增时，它可能会大量捕食某种猎物，导致该猎物数量急剧下降，进而影响其他依赖该猎物的物种的生存。这种连锁反应可能最终导致生物多样性的减少和生态系统的失衡。

2. 人为因素

人类活动对生物多样性的威胁不容忽视。栖息地破坏与转换是人类活动导致生物多样性丧失的主要原因之一。随着农业扩张、城市建设、采矿等活动的不断进行，大量的自然栖息地被破坏和转换成人类活动的场所。这种破坏不仅减少了物种的生存空间，还阻碍了它们之间的生态联系，使得许多物种面临灭绝的风险。

过度开发与利用也是对生物多样性构成严重威胁的人为因素之一。对生物资源的过度开发和利用，如过度捕捞、狩猎、采集等，不仅导致资源枯竭，还破坏生态系统的平衡和稳定。例如，过度捕捞可能导致某些鱼类数量急剧下降，进而影响整个海洋生态系统的平衡。同时，过度狩猎和采集也可能导致某些珍稀物种的灭绝,从而破坏生物多样性的完整性。

污染与废弃物排放也是影响生物多样性的重要人为因素。工业污染、农业面源污染、生活污水和废弃物排放等都可能对生物多样性构成严重威胁。这些污染物质可能直接毒害生物体,导致生物死亡或畸形。同时,污染物质也可能通过改变环境条件间接影响生物多样性的稳定,如改变水质、土壤质量等,进而影响生物的生存和繁衍。

3. 全球化背景下的生物多样性威胁

全球化促进了物种的交流和传播,但同时也带来了外来物种入侵的风险。外来物种可能通过竞争、捕食或传播疾病等方式对本地生物多样性造成威胁。例如,某些外来植物可能通过竞争养分和光照等资源来抑制本地植物的生长,导致本地植物种群数量下降甚至灭绝。同时,外来物种还可能携带新的病原体或寄生虫,对本地生物构成威胁。

国际贸易与生物安全也是全球化背景下生物多样性面临的重要挑战。随着国际贸易的不断发展,生物产品的流通也日益频繁。然而,不规范的贸易活动可能导致生物安全问题的发生。例如,携带病原体的生物产品可能通过国际贸易跨境传播,导致疾病的扩散和生物多样性的破坏。因此,加强国际贸易中的生物安全监管成为保护生物多样性的重要任务之一。

全球气候变化对生物多样性构成了严峻挑战。尽管国际社会已经采取了一系列措施来应对气候变化,但全球治理的复杂性和不确定性使得这一挑战仍然难以完全克服。因此,加强国际合作,共同应对气候变化对生物多样性的威胁,成为保护生物多样性的重要途径之一。同时,也需要加强科学研究和技术创新,提高生物多样性的保护和管理水平,以应对全球化背景下生物多样性面临的种种挑战。

3.4.2 区域生物多样性保护管理的未来趋势

针对区域生物多样性保护管理所面临的种种挑战,我们必须不断创新和发展，以适应未来环境的变化和人类社会的发展需求。在这个过程中，新的理念和方法、可持续发展与绿色经济背景，以及应对气候变化的策略将成为推动生物多样性保护管理进步的关键（董众祥和赵小平，2018）。

1. 生物多样性保护管理的新理念与新方法

生态系统服务概念的应用，为我们提供了一个全新的视角来审视生物多样性保护管理。生物多样性不仅仅是自然界的一部分，更是生态系统服务的重要组成部分。通过评估和保护生态系统服务，我们可以更好地维护生物多样性，提升公众对其价值的认识，并促进生物多样性的可持续利用。这种理念的转变，将有助于推动生物多样性保护管理从被动保护向主动利用的转变。

基于自然的解决方案，则强调利用自然的力量来恢复和保护生物多样性。例如，通过恢复湿地、森林等生态系统，我们可以提高其自我恢复能力和生物多样性水平。这种方案不仅符合自然规律，而且成本较低，效果显著，是未来生物多样性保护管理的重要方向。智能化管理技术的运用，将为生物多样性保护管理带来革命性的变革。通过遥感技术、大数据分析等现代科技手段，我们可以更准确地监测和管理生物多样性。这些技术不仅可以提高监测的准确性和效率，还可以为制定更有效的保护策略提供数据支持，使生物多样性保护管理更加科学化和精细化。

2. 可持续发展与绿色经济背景下的生物多样性保护管理

绿色经济模式的推广，为生物多样性保护管理提供了新的动力。将生物多样性保护纳入绿色经济模式中，通过发展绿色产业、推广循环经济等方式，我们可以实现经济发展与生物多样性保护的良性循环。这种模式的推广，将有助于形成生物多样性保护与经济发展相互促进的良好局面。生态补偿机制的建立，则是对因经济发展而受损的生物多样性的一种有效弥补。通过政府补贴、市场交易等方式，我们可以为生物多样性保护提供经济激励，促进生态保护和经济发展的协调统一。这种机制的建立，将有助于平衡经济发展与生物多样性保护之间的关系，实现双赢的目标。公众参与与环保教育也是生物多样性保护管理不可或缺的一部分。通过加强公众对生物多样性保护的认识和参与度，我们可以培养公众的环保意识，形成全社会共同保护生物多样性的良好氛围。这种参与和教育的力量，将为生物多样性保护管理提供源源不断的动力和支持。

3. 应对气候变化的生物多样性保护管理策略

适应性管理策略的实施，是应对气候变化对生物多样性影响的有效手段。根据气候变化的影响和趋势，我们可以调整生物多样性保护策略和管理措施，如调整保护区的位置和范围来适应物种迁移的趋势。这种策略的实施将有助于减少气候变化对生物多样性的负面影响，保护生态系统的稳定性和可持续性。碳汇与生物多样性保护的结合，则是应对气候变化的另一种创新策略。通过保护和恢复森林、湿地等生态系统，我们可以吸收和储存二氧化碳，同时提高生物多样性水平。这种策略的实施，不仅有助于减缓气候变化的速度，还可以为生物多样性保护提供额外的动力和支持（张平平等，2022）。国际合作与全球治理的加强，也是应对气候变化对生物多样性威胁的重要途径。通过参与国际协议、分享保护经验和技术成果等方式，我们可以共同应对气候变化对生物多样性的挑战，推动全球生物多样性保护事业的发展。这种合作和治理的加强，将有助于形成全球性的生物多样性保护网络，为生物多样性的长期保护提供有力保障。

本 章 小 结

生物多样性保护管理在实践过程中需严格遵循六大核心原则，在具体实施上需聚焦于七大重点任务。区域生物多样性保护管理的最终目标是维护生态系统的平衡与稳定。在确保自然资源的可持续利用、促进经济社会的绿色发展和提高人类的生活质量的同时，通过增强全社会的生态安全意识，形成人与自然和谐共生的良好氛围。推动国际合作与交流也是不可或缺的一环，共同应对全球性生物多样性危机，分享成功经验，携手构建地球生命共同体。

此外，本章还探讨了区域生物多样性保护管理所面临的挑战与未来趋势，揭示了这一领域复杂且多维度的特性。在自然因素方面,我们认识到生态系统的脆弱性和不稳定性是生物多样性保护的一大难题。极端气候事件、地质灾害以及疾病传播等自然因素,对生物多样性构成了直接或间接的威胁。这些自然灾害不仅可能导致物种数量的急剧减少,还可能破坏生态系统内部的平衡关系,进而影响生物多样性的整体稳定。同时,物种的适应性限制、生态位竞争与捕食关系等也加剧了生物多样性的保护难度。为了有效应对这些挑战,我们需要不断创新和发展保护管理的理念与方法,加强国际合作与全球治理,推动生物多样性保护事业的持续发展。同时,也需要提高公众对生物多样性保护的认识和参与度,形成全社会共同保护生物多样性的良好氛围,为生物多样性的长期保护提供有力保障,为人类的可持续发展奠定坚实基础。

第4章 青土湖区域概况与生态环境变化遥感监测

4.1 研究区域概况

民勤县地处甘肃省河西走廊东北部,石羊河流域下游,南依武威市凉州区,西毗镍都金昌市,东北和西北面与内蒙古阿拉善左、右旗相接,东西长206km,南北宽156km,总面积15900km²,常住人口173900人。境内最低海拔1298m,最高海拔1936m,平均海拔1400m,主要包括沙漠、低山丘陵和平原三种基本地貌,东、西、北三面被腾格里和巴丹吉林两大沙漠包围,属温带大陆性干旱气候区,四季分明,多年平均气温8.8℃,极端最低气温-29.5℃,极端最高气温41.7℃。平均气温年较差31.8℃,平均气温日较差14.3℃,年平均降水量113.2mm,年平均降水日数79天,年平均相对湿度44%。民勤县生态环境脆弱,生态地位十分重要,其生态保护关系国家生态安全的全局,河西走廊的生态治理与保护对于促进丝绸之路经济带绿色发展具有重要意义。

青土湖位于民勤县境内,地理位置为103°24′E~103°42′E、39°16′N~39°2′N,面积42366hm²,是石羊河的尾闾(图4-1)。西汉时期,民勤县境内有水域面积400000hm²,最大水深超过60m,水域面积仅次于青海湖,史称潴野泽。隋唐时期演变为东海和西海两块水域,面积达130000hm²。明清时称青土湖,水域面积40000hm²。1924年以来,青土湖再无较大洪水汇入。中华人民共和国成立初期,青土湖水域面积仍有7000hm²。20世纪50年代末,红崖山水库的修建,使青土湖的补水遭到了毁灭性的破坏,加之这一阶段人口急剧增加,青土湖越来越多的土地被开荒,地下水被大量开采,从而使当地的地下

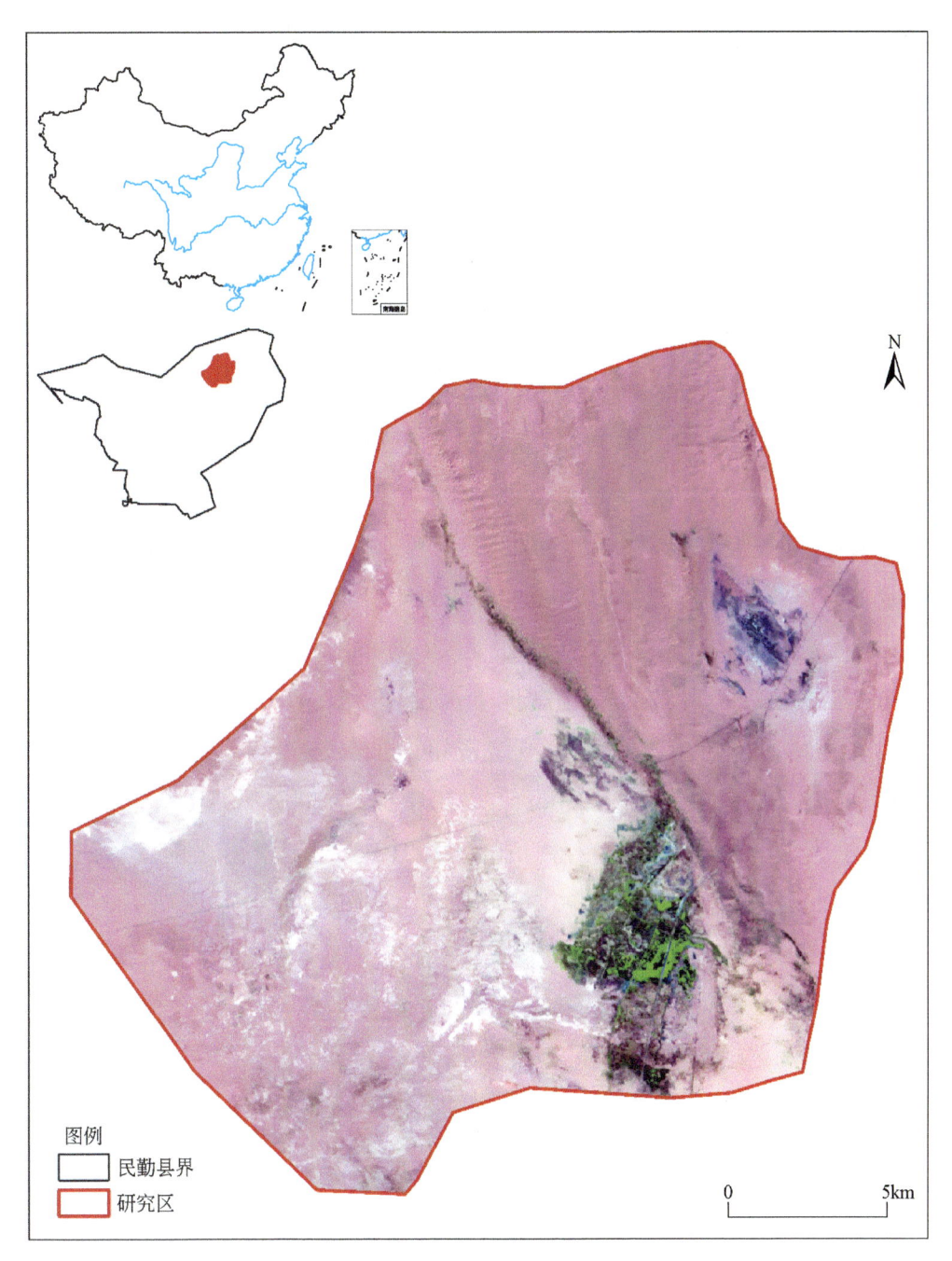

图 4-1 研究区地理位置

水系遭到了空前的破坏,青土湖的生态环境急剧恶化,至 1959 年湖水完全干涸。70 年代国家出版的 1∶5 万地形图上已没有"青土湖"这一名称。水干风起，流沙肆虐，在青土湖地区形成长达13km的风沙线，成为民勤绿洲北部最大的风沙口，巴丹吉林沙漠和腾格里沙漠在青土湖呈合围之势。流沙每年以8~10m的速度向绿洲逼近，严重威胁了邻近乡镇的人居环境和工农业生产，给当地群众造成了无法估量的损失。

2006年，石羊河流域重点治理应急项目先期启动实施。2007年底，总投资47.49亿元的《石羊河流域重点治理规划》经国务院批准实施，拉开了石羊河全流域生态治理的序幕。石羊河流域重点治理以来，民勤县综合运用压沙造林、下泄生态用水等治理措施，加大青土湖区域生态恢复和治理力度，使青土湖区域沙化得到有效治理，有效阻隔了巴丹吉林和腾格里两大沙漠的合拢。自2010年9月开始，由政府主导，西营河引水至民勤蔡旗的西营河专用输水渠工程完工，以渠道输送的形式向青土湖注入生态用水（Chunyu et al., 2019），干涸51年之久的青土湖形成了300hm²的水面。2017年，蔡旗断面过水量达3.94亿m³，青土湖已形成人工季节性水面2660hm²，北部湖区形成旱区湿地10600hm²。截至2020年底，青土湖地下水位埋深2.91m，较2007年累计回升1.11m。青土湖区域芦苇等旱湿生植物逐年增加，连片封育面积达到了13300多公顷，植被覆盖度由2007年前的5%~20%提高到40%以上。青土湖区域的植被得到了明显的改善（潘若云和黄峰，2021），实现了由之前的沙进人退到现在的绿进沙退的转变。

4.2　研究范围和目标

研究范围包括青土湖水域、旱区湿地、外围生态治理区、天然沙生植被区，以及腾格里沙漠、巴丹吉林沙漠部分流沙区。

为了解青土湖区域水生生物、湿地及部分外围荒漠区的陆生植被分布现状、特点及发展趋势，本书有针对性地提出生物多样性保护管理的相关措施，确定青土湖区域生物多样性保护工作的重点和方向，以更有效地推动民勤生态保护工作"常态化""正规化"建设，实现人与自然和谐相处。

4.3 数据来源

根据研究需要，以 2010 年为起始年，5 年为间隔，运用遥感技术监测 2010~2020 年青土湖区域的生态环境变化情况。根据研究区域大小和数据的可获取性，选用 Landsat 系列卫星影像数据作为数据源，空间分辨率为 30m，以 7~8 月植被生长旺季时期的影像表征研究区的生态环境状况。2010 年、2015 年和 2020 年 3 个不同时期的 Landsat 遥感影像（下载自 USGS，http://glovis.usgs.gov/）信息见表 4-1，其经过辐射定标、大气校正、影像裁剪等预处理操作后，用于青土湖生态输水 10 年来的水体、植被、土壤沙化和土壤盐渍化的遥感反演研究。

表 4-1　2010~2020 年遥感影像数据信息

年份	数据源	条带号	影像获取日期	云量/%	质量等级	备注
2010	Landsat 5 TM	131033	2011/7/18	5.00	9	2010 年没有合适影像，用 2011 年的替代；2020 年云层覆盖区在研究区之外，不影响研究
2015	Landsat 8 OLI	131033	2015/8/14	0.00	9	
2020	Landsat 8 OLI	131033	2020/8/27	36.49	9	

研究区 3 个不同时期的 Landsat 卫星影像见图 4-2。

图 4-2　2010 年、2015 年和 2020 年青土湖区域 Landsat 卫星影像

4.4 水域湿地变化情况

采用改进后的归一化水体指数（modified normalized difference water index，MNDWI）来反演研究区水域湿地的状况（乔丹玉等，2021）。其计算公式为

$$\text{MNDWI} = \frac{\rho_{\text{gre}} - \rho_{\text{swirl}}}{\rho_{\text{gre}} + \rho_{\text{swirl}}}$$

式中，ρ_{gre} 和 ρ_{swirl} 分别为 Landsat 影像的绿光波段和短波红外 1 波段。

2010~2020 年青土湖 Landsat 卫星影像及水域变化（图 4-3）表明，随着青土湖生态输水工程的逐步实施，青土湖水域面积先增大后减小，由 2010 年的 783hm² 增大到 2015 年的 3276hm²，至 2020 年水域面积为 1827hm²。

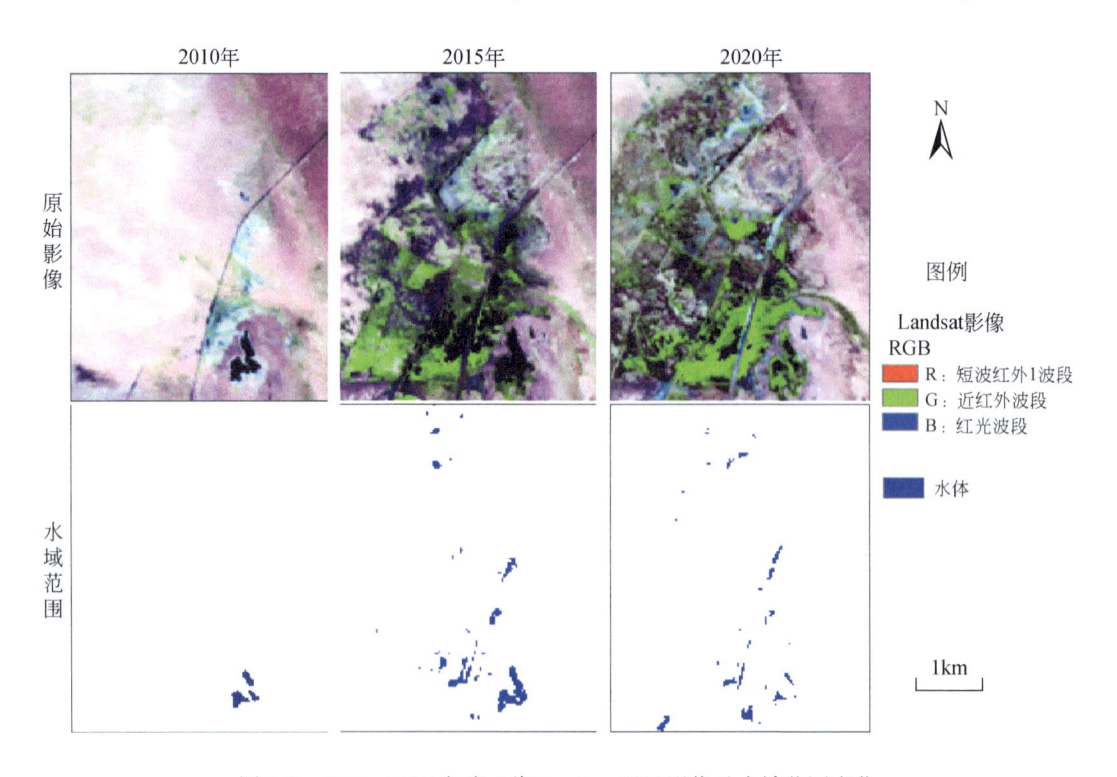

图 4-3 2010~2020 年青土湖 Landsat 卫星影像及水域范围变化

变化检测结果（图 4-4）表明，青土湖 2015 年的水域范围较 2010 年增加面积为 2520hm²，减少面积为 45hm²；2020 年水域范围较 2015 年增加面积为

1089hm², 减少面积为 2475hm²; 从整个研究时段来看, 2020 年水域范围较 2010 年增加面积为 1638hm², 减少面积为 549hm²。

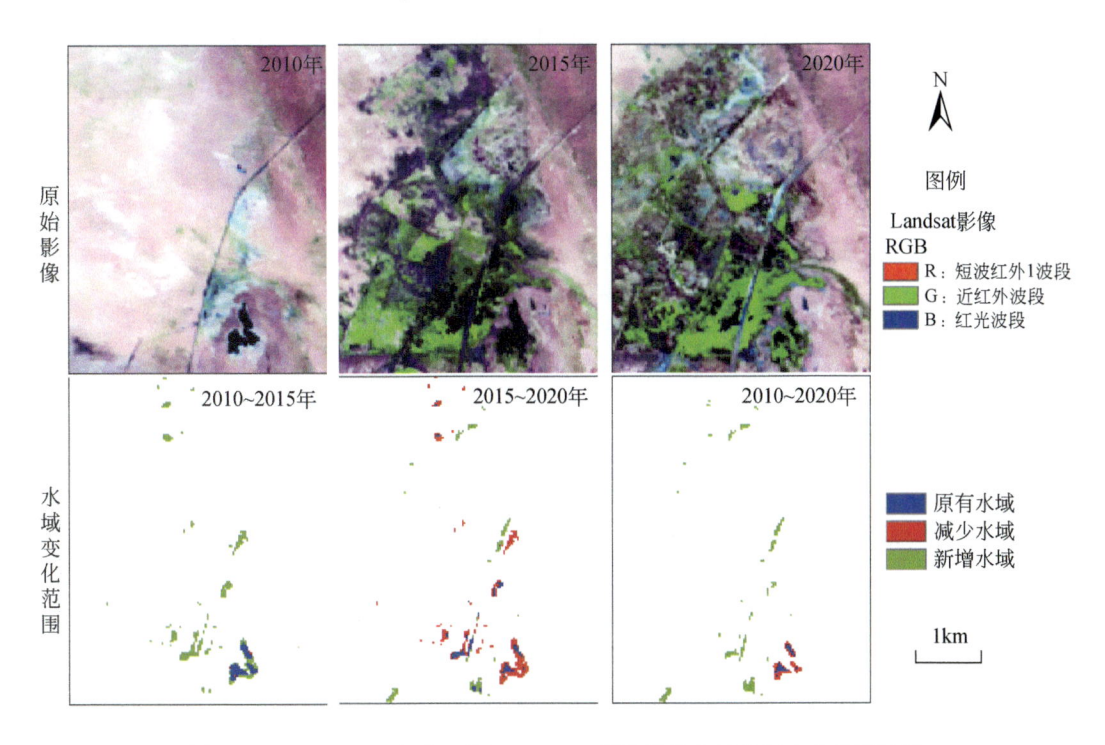

图 4-4　2010～2020 年青土湖 Landsat 卫星影像及水域范围变化检测结果

4.5　植被变化情况

4.5.1　植被覆被

采用归一化植被指数（normalized difference vegetation index，NDVI）来反演研究区植被覆被的状况（贾云飞等，2022）。NDVI 是植被生长状态和植被覆盖度的最佳指示因子（甘春英等，2011），其计算公式为

$$\mathrm{NDVI} = \frac{\rho_{\mathrm{nir}} - \rho_{\mathrm{red}}}{\rho_{\mathrm{nir}} + \rho_{\mathrm{red}}}$$

式中，ρ_{nir} 和 ρ_{red} 分别为 Landsat 影像近红外波段和红光波段的地表反射率。NDVI 值域范围 [-1, 1]，NDVI<0 表示地面覆盖为云、水、雪等；NDVI = 0 表示有岩石或裸土等；NDVI>0 表示有植被覆盖，且其值随植被覆盖度增大而增大。

NDVI 反演结果如图 4-5 所示。

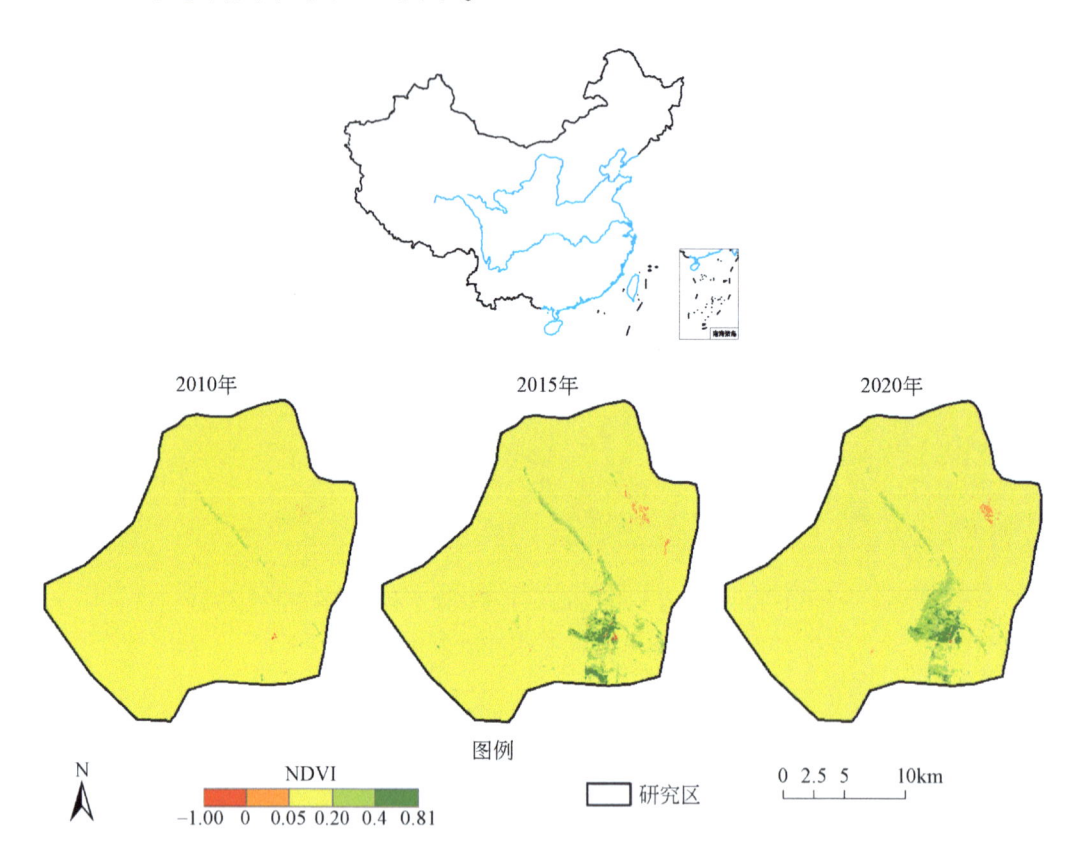

图 4-5　2010~2020 年青土湖地表植被 NDVI 空间分布

2010 年、2015 年和 2020 年三个时期的 NDVI 均值分别为 0.087、0.100 和 0.101（图 4-6），整个研究区植被覆盖逐渐变好。

根据研究区的生态环境状况和植被特征，将研究区的 NDVI 划分为 5 个等级，分别代表无植被区（-1.00<NDVI≤0.00）、极低植被区（0.00<NDVI≤0.05）、低植被区（0.05<NDVI≤0.20）、中植被区（0.20<NDVI≤0.40）和高植被区（0.40<NDVI≤0.81），各级别面积占比见表 4-2，说明随着青土湖生态

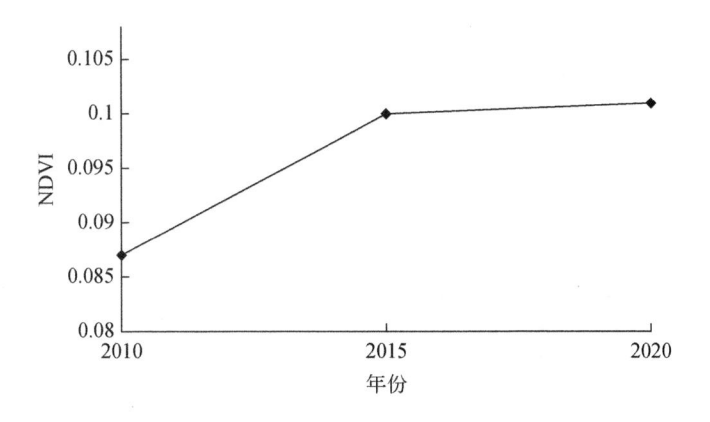

图 4-6　2010~2020 年研究区平均 NDVI

输水工程的推进实施,研究区无植被区面积先增大后减小,低植被区面积逐渐减小而高植被区面积逐渐增大。

表 4-2　三个时期植被 NDVI 面积占比　　　　　　　　　　（单位:%）

NDVI	2010 年	2015 年	2020 年
$-1.00<\text{NDVI}\leqslant 0.00$	0.02	0.04	0.01
$0.00<\text{NDVI}\leqslant 0.05$	0.03	0.27	0.22
$0.05<\text{NDVI}\leqslant 0.20$	99.66	96.01	95.63
$0.20<\text{NDVI}\leqslant 0.40$	0.29	2.81	3.25
$0.40<\text{NDVI}\leqslant 0.81$	0.00	0.87	0.89

采用趋势线分析法(trend line analysis)来模拟植被 NDVI 在空间上的变化趋势。趋势线分析法又叫线性倾向估计法(linear propensity estimation),是用最小二乘法估计评估参数在时间序列上的上升或下降趋势、空间分布格局变化以及在某些时刻出现的转折或突变情况的一种方法(李登科等,2010)。该方法可以有效模拟逐个像元的变化趋势(宋怡和马明国,2008;戴声佩等,2010),从而反映不同时期植被 NDVI 在空间上的变化特征。其计算公式为

$$\theta_{\text{slope}} = \frac{n \times \sum_{j=1}^{n} j \times \text{NDVI}_j - \sum_{j=1}^{n} j \sum_{j=1}^{n} \text{NDVI}_j}{n \times \sum_{j=1}^{n} j^2 - (\sum_{j=1}^{n} j)^2}$$

式中，θ_{slope} 为趋势线的斜率；n 为监测累计年数；NDVI_j 为第 j 年各像元的 NDVI 值。正值表示 NDVI 在该时期的变化趋势是增加的，即植被 NDVI 趋于好转；反之，负值则表示变化趋势是减小的，即植被 NDVI 变差。为了更好地判断整个研究区域植被覆盖的动态变化趋势，根据 θ_{slope} 值的大小，将 NDVI 变化趋势划分为严重退化、中度退化、轻微退化、基本稳定、轻微改善、中度改善和明显改善 7 种类型（表 4-3）进行分析。

表 4-3 植被 NDVI 变化趋势等级标准

等级	名称	分类标准
Ⅰ	严重退化	≤ -0.100
Ⅱ	中度退化	-0.100 ~ -0.050
Ⅲ	轻微退化	-0.050 ~ -0.010
Ⅳ	基本稳定	-0.010 ~ 0.010
Ⅴ	轻微改善	0.010 ~ 0.050
Ⅵ	中度改善	0.050 ~ 0.100
Ⅶ	明显改善	>0.100

2010~2015 年、2015~2020 年和 2010~2020 年三个时段 NDVI 变化趋势的空间分布如图 4-7 所示。

统计各变化趋势面积占比（表 4-4）发现，2010~2015 年，绝大多数区域保持基本稳定，面积占 60.79%；轻微改善面积超过研究区 1/5，为 22.38%；轻微退化面积约占 1/10，主要在研究区外围；中度改善和明显改善面积相当，均在 3% 左右，主要分布在青土湖水域湿地周围；严重退化和中度退化面积均小于 0.05%，主要是指青土湖水域区域。2015~2020 年，基本稳定面积略有增加，达到 61.73%；轻微改善面积减少了 6.66%，为 15.72%，与 2010~2015 年不同，该时段轻微改善的地方主要分布在研究区北部和东北部的林业工程治理区（图 4-8）；明显改善和中度改善面积均有所减少，面积均不足 1.50%，依然在青土湖周边区域；轻微退化面积有所增加，达到 17.19%，主要分布在青土湖湿地东西两侧，对比 2011~2015 年 NDVI 变化趋势空间分布，发现该区域恰好是第一时段轻微改善的区域；中度退化（1.95%）和严重退

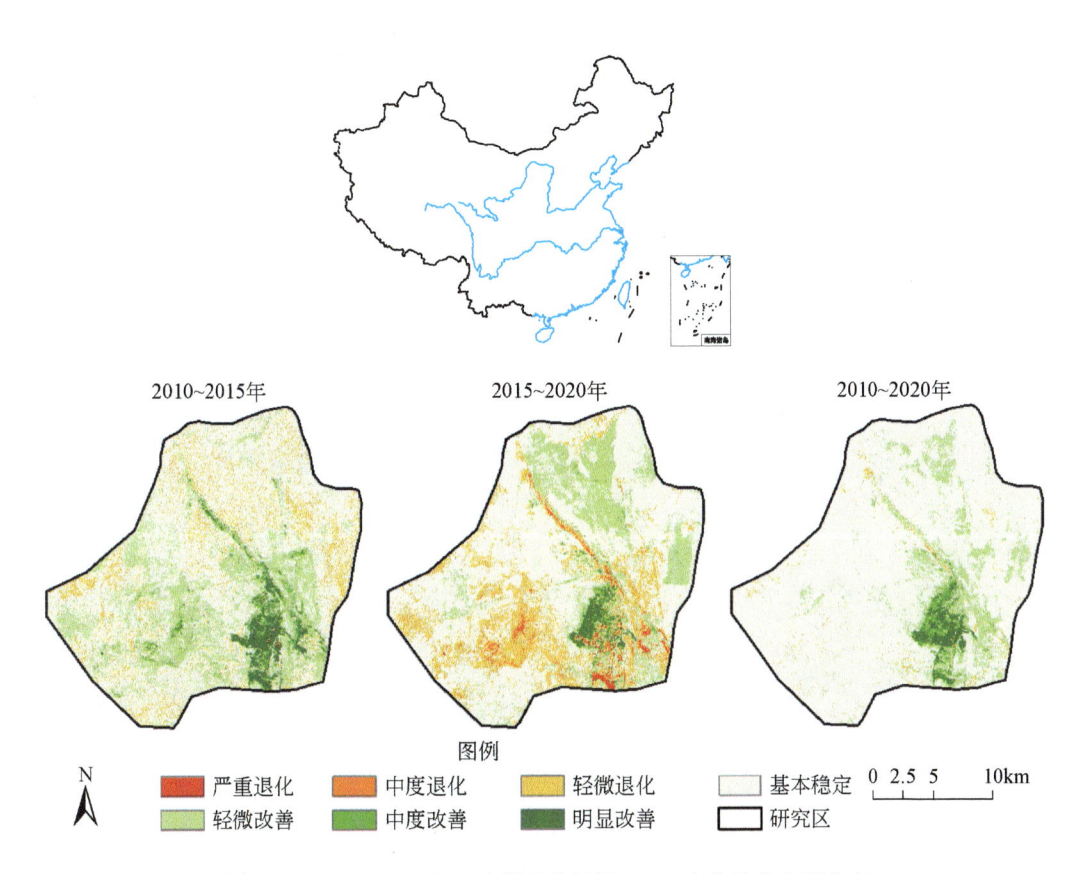

图 4-7 2010～2020 年青土湖地表植被 NDVI 变化趋势空间分布

表 4-4 植被 NDVI 变化趋势面积占比　　　　　　　　（单位:%）

NDVI 变化趋势	2010～2015 年	2015～2020 年	2010～2020 年
严重退化	0.04	0.74	0.00
中度退化	0.01	1.95	0.01
轻微退化	10.33	17.19	1.27
基本稳定	60.79	61.73	84.10
轻微改善	22.38	15.72	10.66
中度改善	3.26	1.19	2.05
明显改善	3.19	1.48	1.91

化（0.74%）面积均有所增加，以青土湖水域区域为主。就整个研究时段而言，2010～2020 年，以基本稳定为主（面积高达 84.10%），改善为辅

（14.62%），其中轻微改善面积约占研究区总面积的 1/10；中度改善和明显改善面积分别为 2.05% 和 1.91%，主要分布在青土湖水域湿地区域；退化区域不足 2%，以轻微退化为主，面积为研究区总面积的 1.27%，中度退化面积仅为 0.01%，无严重退化区域。

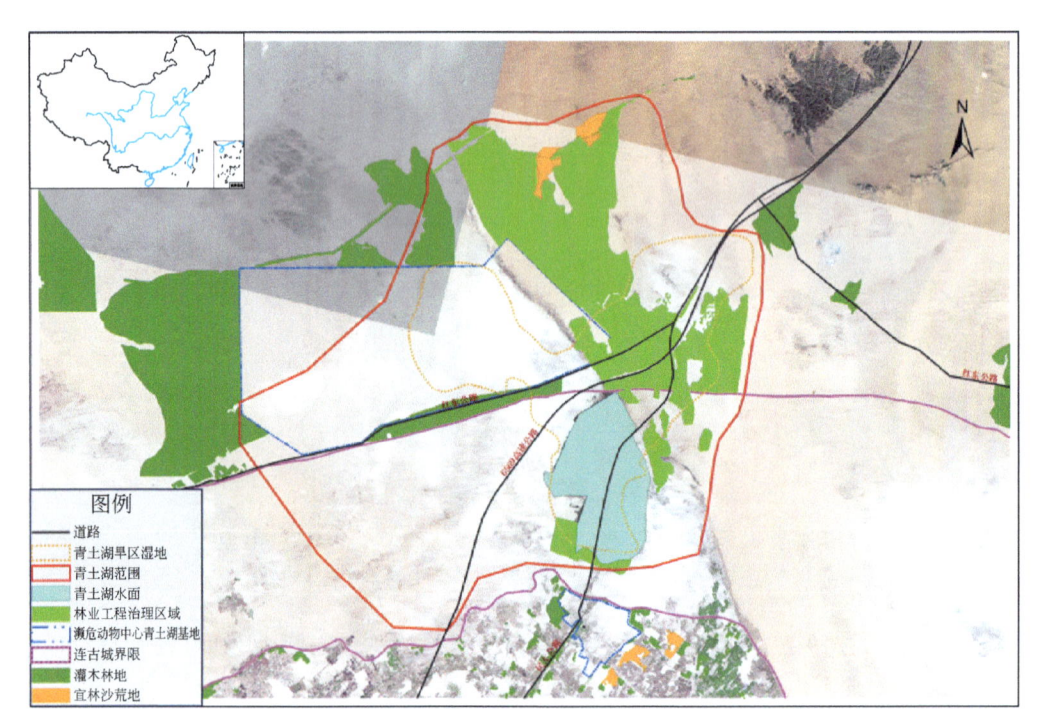

图 4-8　青土湖生态治理情况

（民勤县林业和草原局提供）

4.5.2　植被长势

采用概括差值植被指数（generalized difference vegetation index，GDVI）来反演研究区植被的长势状况（郝媛媛，2017）。其计算公式为

$$\text{GDVI} = \frac{\rho_{nir}^2 - \rho_{red}^2}{\rho_{nir}^2 + \rho_{red}^2}$$

式中，ρ_{nir} 和 ρ_{red} 分别为 Landsat 影像的近红外波段和红光波段。

植被长势反演结果如图4-9所示。

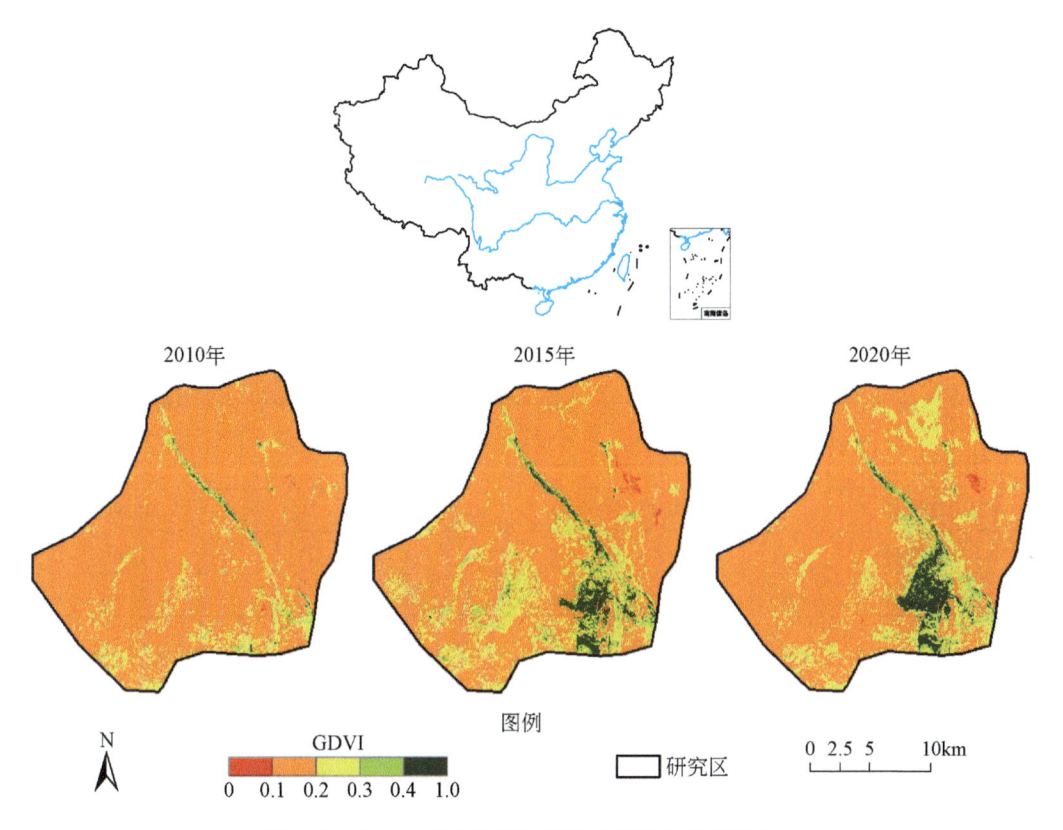

图4-9 2010~2020年青土湖地表植被长势空间分布

2010年、2015年和2020年三个时期的GDVI均值分别为0.173、0.195和0.196（图4-10），整个研究区植被长势逐渐变好。

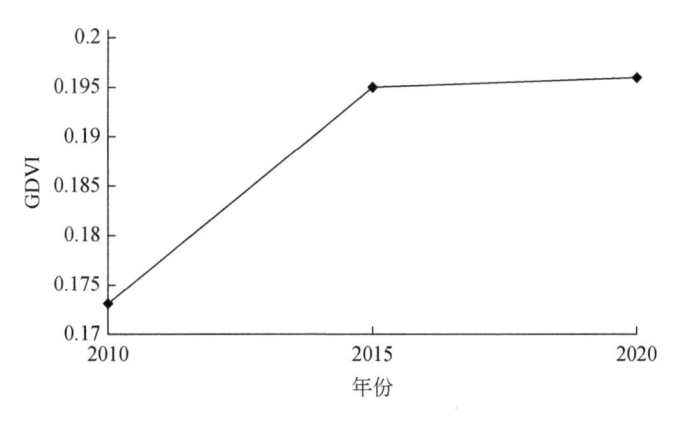

图4-10 2010~2020年研究区平均GDVI

根据研究区的生态环境状况和植被特征,将研究区的 GDVI 划分为 5 个等级,分别代表植被长势极差($0<\text{GDVI}\leq0.1$)、差($0.1<\text{GDVI}\leq0.2$)、一般($0.2<\text{GDVI}\leq0.3$)、较好($0.3<\text{GDVI}\leq0.4$)和好($0.4<\text{GDVI}\leq1.0$),各级别面积占比见表4-5,说明随着青土湖生态输水工程的推进实施,研究区植被长势极差、一般和较好的面积均先增大后减小,植被长势差的面积先减小后增大,而植被长势好的面积则逐渐增大。

表 4-5　三个时期植被长势面积占比　　　　　　　　(单位:%)

GDVI	2010 年	2015 年	2020 年
$0<\text{GDVI}\leq0.1$	0.05	0.32	0.23
$0.1<\text{GDVI}\leq0.2$	88.72	74.64	77.13
$0.2<\text{GDVI}\leq0.3$	10.15	18.42	15.99
$0.3<\text{GDVI}\leq0.4$	0.85	3.25	2.80
$0.4<\text{GDVI}\leq1.0$	0.23	3.37	3.85

同样采用趋势线分析法来模拟植被 GDVI 在空间上的变化趋势,其计算公式为

$$\theta_{\text{slope}} = \frac{n \times \sum_{j=1}^{n} j \times \text{GDVI}_j - \sum_{j=1}^{n} j \sum_{j=1}^{n} \text{GDVI}_j}{n \times \sum_{j=1}^{n} j^2 - (\sum_{j=1}^{n} j)^2}$$

式中,θ_{slope} 为趋势线的斜率;n 为监测累计年数;GDVI_j 为第 j 年各个像元的 GDVI 值。正值表示 GDVI 呈增加趋势,植被长势变好;反之,负值则表示变化趋势是减小的,即植被长势变差。为了更好地判断整个研究区域植被长势的动态变化趋势,根据 θ_{slope} 值的大小,将 GDVI 变化趋势同样划分为严重退化、中度退化、轻微退化、基本稳定、轻微改善、中度改善和明显改善 7 种类型(划分标准同表4-3)进行分析。

2010~2015 年、2015~2020 年和 2010~2020 年三个时段 GDVI 变化趋势的空间分布如图 4-11 所示。

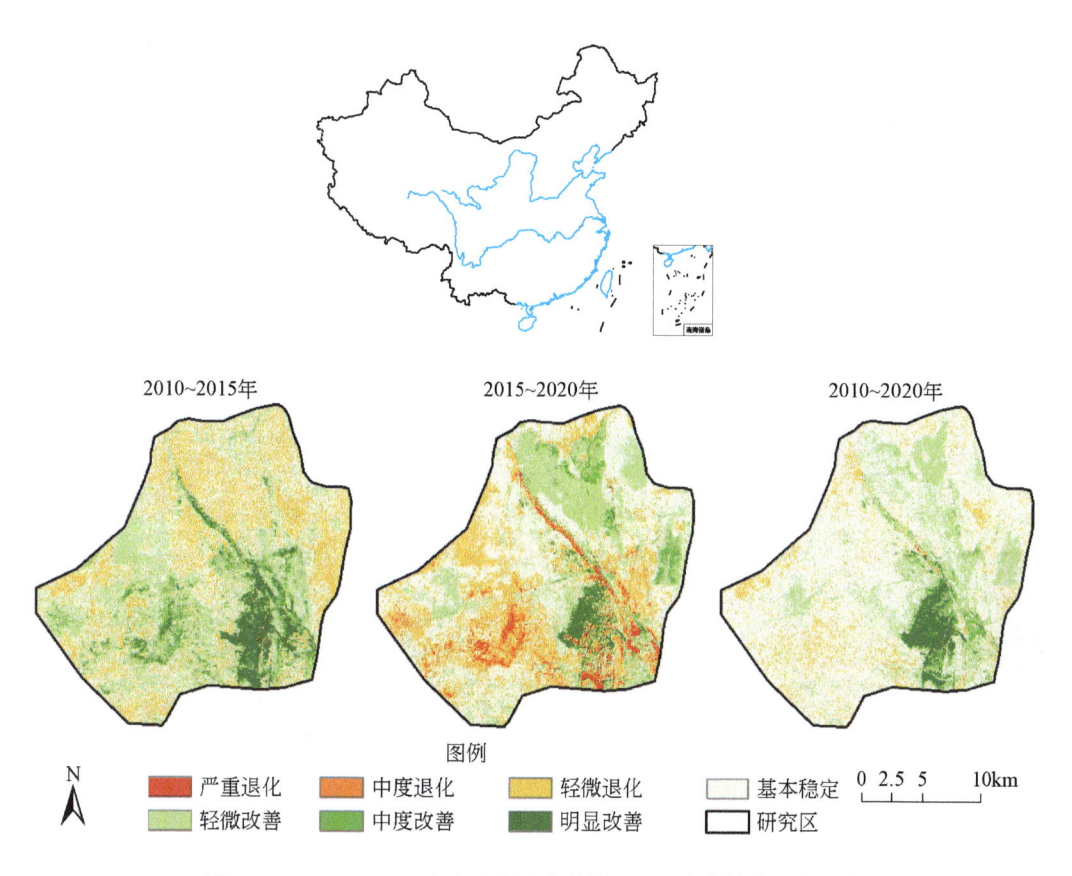

图 4-11　2010～2020 年青土湖地表植被 GDVI 变化趋势空间分布

统计各变化趋势面积占比（表 4-6）发现，各时段各类型变化情况与 NDVI 趋势变化相似。2010～2015 年，植被长势保持基本稳定的面积占 35.35%；轻微改善和轻微退化的面积均约占研究区总面积的 1/4，分别为 27.16% 和 24.50%；中度改善和明显改善面积仍然相当，均在 6% 左右，主要分布在青土湖水域湿地周围；中度退化和严重退化面积均不足 0.15%，主要是在青土湖水域区域。2015～2020 年，基本稳定面积略有增加，达到 39.45%；轻微改善面积减少了 4.52%，为 22.64%，与 2010～2015 年不同，该时段轻微改善的地方同样主要分布在研究区北部和东北部的林业工程治理区（图 4-7）；中度改善和明显改善面积均有所减少，面积分别约为 2010～2015 年时段面积的一半和 1/3，分别占 3.73% 和 2.40%，依然分布在青土湖周边区域；轻微退化面积基本没变，主要分布在青土湖湿地东西两侧，对比 2010～

2015 年 GDVI 变化趋势空间分布,发现该区域也恰好是第一时段轻微改善的区域;中度退化(4.74%)和严重退化(2.18%)面积均有所增加,以青土湖水域区域为主。就整个研究时段而言,2010~2020 年,以基本稳定为主(面积高达 64.49%)、改善为辅(25.82%),其中轻微改善面积约占研究区总面积的 1/5;中度改善和明显改善面积分别为 2.68% 和 3.77%,主要分布在青土湖水域湿地区域;退化区域不足 10%,以轻微退化为主,面积为研究区总面积的 9.62%,中度退化和严重退化面积仅分别占 0.06% 和 0.01%。

表 4-6 植被 GDVI 变化趋势面积占比 (单位:%)

GDVI 变化趋势	2010~2015 年	2015~2020 年	2010~2020 年
严重退化	0.05	2.18	0.01
中度退化	0.14	4.74	0.06
轻微退化	24.50	24.86	9.62
基本稳定	35.35	39.45	64.49
轻微改善	27.16	22.64	19.37
中度改善	6.69	3.73	2.68
明显改善	6.11	2.40	3.77

4.6　沙漠化情况

采用归一化土壤湿度指数(normalized difference moisture index,NDMI)来反演研究区沙漠化情况(姜海兰,2015)。其计算公式为

$$\mathrm{NDMI} = \frac{\rho_{\mathrm{nir}} - \rho_{\mathrm{swirl}}}{\rho_{\mathrm{nir}} + \rho_{\mathrm{swirl}}}$$

式中,ρ_{nir} 和 ρ_{swirl} 分别为 Landsat 影像的近红外和短波红外 1 波段。NDMI 值越小,表示沙化越严重,为了便于统计和显示,取 –NDMI 表示沙漠化的严重程度。

沙漠化反演结果如图 4-12 所示。

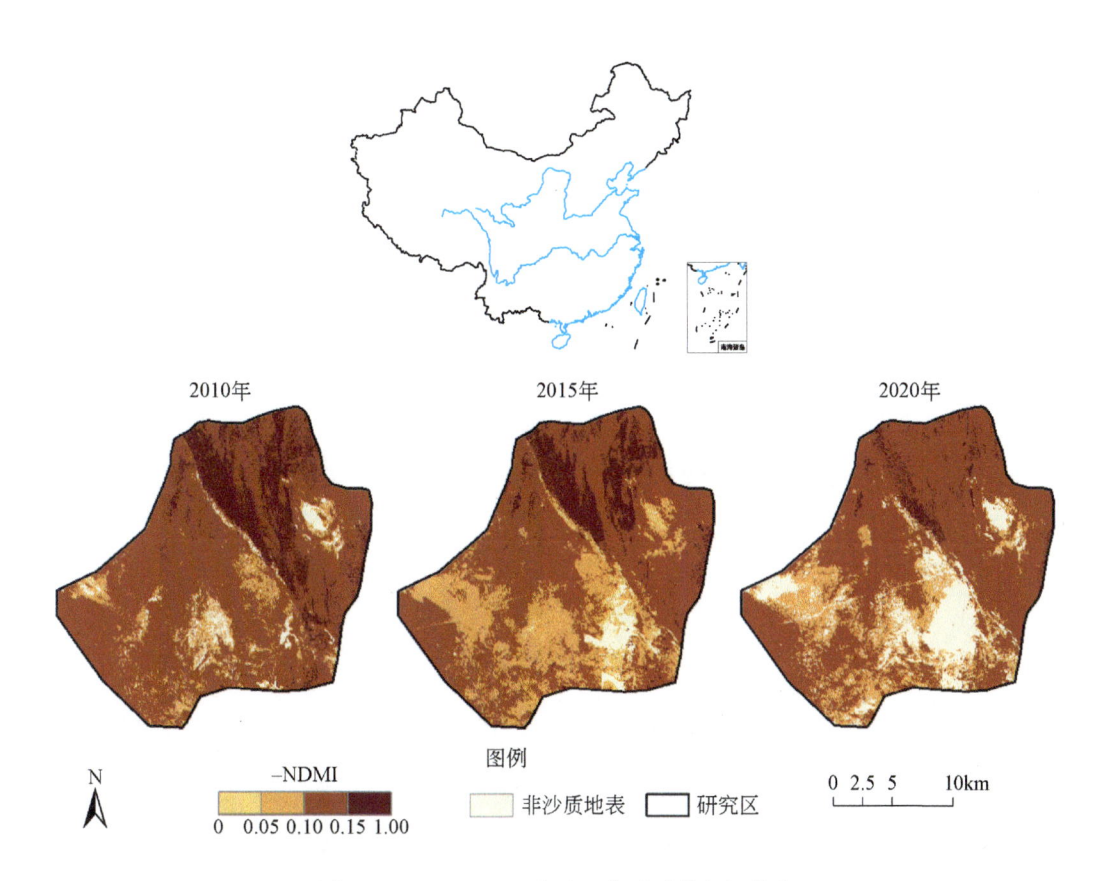

图4-12　2010～2020年青土湖沙漠化空间分布

2010年、2015年和2020年三个时期的-NDMI均值分别为0.123、0.111和0.103（图4-13），说明整个研究区沙漠化程度有所减缓。

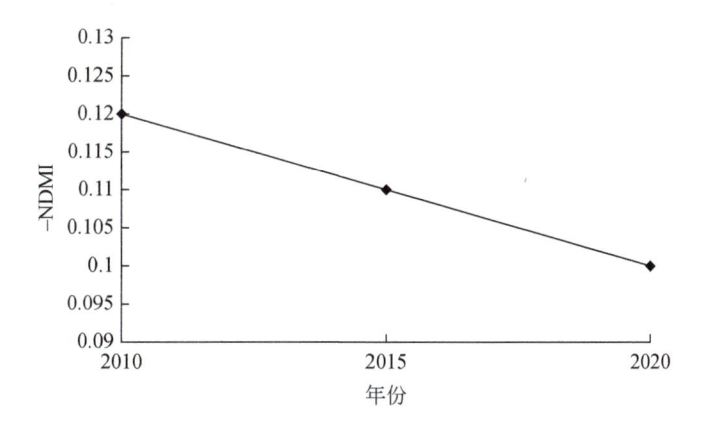

图4-13　2010～2020年研究区平均-NDMI

2010年、2015年和2020年非沙质地表面积分别占3.41%、2.61%和13.64%，沙质地表面积分别占96.60%、97.39%和86.36%（图4-14），表示研究区非沙质地表面积有所增加，沙漠化面积有所减小。

图 4-14 2010～2020 年研究区（非）沙质地表面积变化

根据研究区的生态环境状况和沙化特征，将研究区的-NDMI划分为4个等级，分别代表沙漠化程度轻微（0<-NDMI≤0.05）、轻度（0.05<-NDMI≤0.10）、一般（0.10<-NDMI≤0.15）和严重（0.15<-NDMI≤1.00），各级别面积变化见表4-7，说明随着青土湖生态输水工程的推进实施，研究区沙漠化严重的面积大幅缩减；沙漠化程度一般的面积先减小后略微增大；轻度沙漠化的面积先增大后减小，且轻度沙漠化区域主要位于西硝池周围、青土湖外围以及研究区中南部地区；轻微沙漠化的面积从无到有又逐渐消失。

表 4-7 三个时期沙质地表面积占比 （单位:%）

-NDMI	2010 年	2015 年	2020 年
0<-NDMI≤0.05	0.00	2.73	0.00
0.05<-NDMI≤0.10	10.24	23.54	19.15
0.10<-NDMI≤0.15	73.47	61.46	64.81
0.15<-NDMI≤1.00	12.89	9.66	2.40
沙质地表总面积	96.60	97.39	86.36

依然采用趋势线分析法来模拟-NDMI在空间上的变化趋势，其计算公式为

$$\theta_{\text{slope}} = \frac{n \times \sum_{j=1}^{n} j \times (-\text{NDMI}_j) - \sum_{j=1}^{n} j \sum_{j=1}^{n} (-\text{NDMI}_j)}{n \times \sum_{j=1}^{n} j^2 - (\sum_{j=1}^{n} j)^2}$$

式中，θ_{slope} 为趋势线的斜率；n 为监测累计年数；$-\text{NDMI}_j$ 为第 j 年各像元的 $-\text{NDMI}$ 值。正值表示 $-\text{NDMI}$ 呈增加趋势，沙漠化程度加剧；反之，负值则表示变化趋势是减小的，即沙漠化程度有所缓解。为了更好地判断整个研究区域沙漠化的动态变化趋势，根据 θ_{slope} 值的大小，将 $-\text{NDMI}$ 变化趋势同样划分为明显缓解、中度缓解、轻微缓解、基本稳定、轻微加剧、中度加剧和明显加剧 7 种类型（表 4-8）进行分析。

表 4-8 $-\text{NDMI}$ 变化趋势等级标准

等级	名称	分类标准
Ⅰ	明显缓解	≤-0.010
Ⅱ	中度缓解	-0.010 ~ -0.005
Ⅲ	轻微缓解	-0.005 ~ -0.001
Ⅳ	基本稳定	-0.001 ~ 0.001
Ⅴ	轻微加剧	0.001 ~ 0.005
Ⅵ	中度加剧	0.005 ~ 0.010
Ⅶ	明显加剧	>0.010

2010~2015 年、2015~2020 年和 2010~2020 年三个时段 $-\text{NDMI}$ 变化趋势的空间分布如图 4-15 所示。

统计各变化趋势面积（表 4-9）发现，2010~2015 年，沙漠化明显缓解的面积占 36.69%；中度缓解、轻微缓解和轻微加剧的面积相差不大，均在 10%~15%；明显加剧和中度加剧的面积均约为 8%；基本稳定面积为 7.13%，主要分布在青土湖水域周围。2015~2020 年，明显缓解面积较 2010~2015 年略有减少，达到 36.08%；中度缓解和轻微缓解面积均有所增加，分别达到 18.88% 和 14.68%；沙漠化加剧的面积约占整个研究区的 1/5，除明显加剧面积略有增加（增加了 1.79%）外，轻微加剧和中度加剧面积均有所减少，分别为 7.25% 和 5.22%；基本稳定面积为 7.86%。就整个研究时段而言，

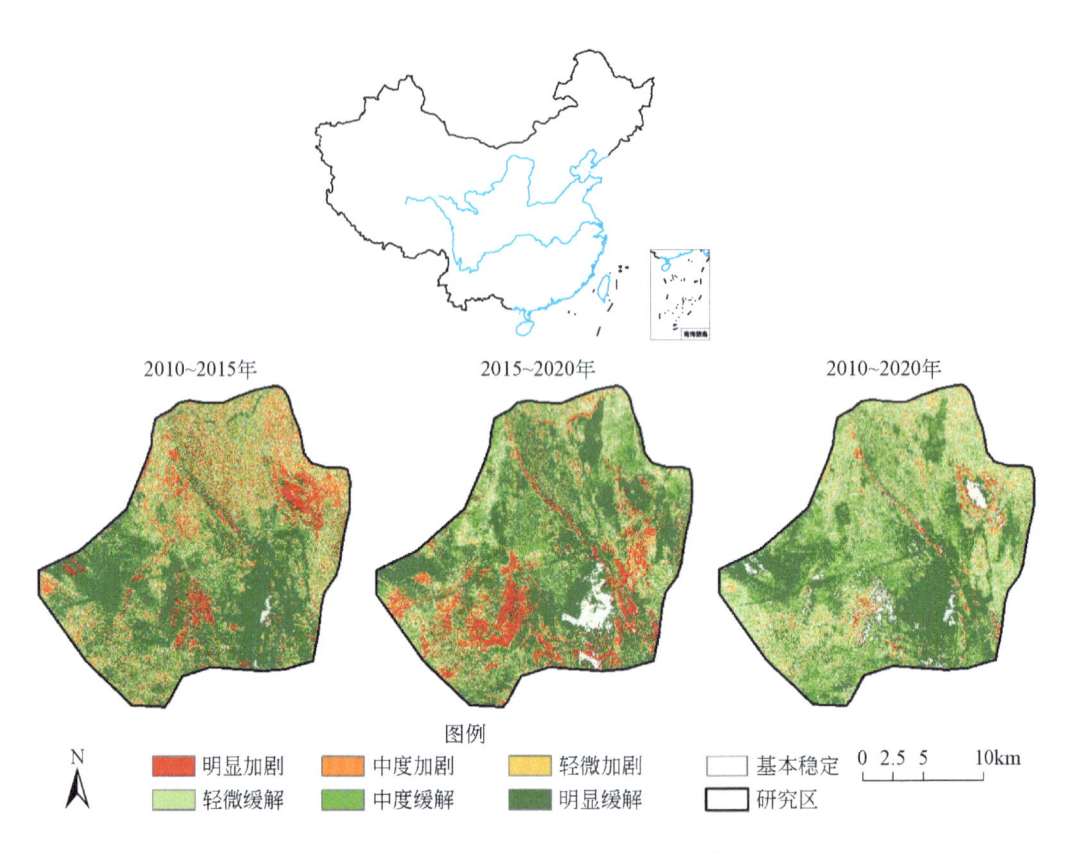

图 4-15　2010～2020 年青土湖-NDMI 变化趋势空间分布

2010～2020 年，明显缓解、中度缓解和轻微缓解的面积均在 24% 以上，沙漠化缓解总面积达 77.69%；基本稳定面积和沙漠化加剧总面积各占研究区总面积的约 1/10，其中加剧面积以轻微加剧为主，中度加剧和明显加剧面积均不足研究区总面积的 2%。

表 4-9　-NDMI 变化趋势面积占比　　　　　　　　　　（单位:%）

-NDMI 变化趋势	2010～2015 年	2015～2020 年	2010～2020 年
明显缓解	36.69	36.08	28.73
中度缓解	14.72	18.88	24.71
轻微缓解	13.91	14.68	24.25
基本稳定	7.13	7.86	11.36
轻微加剧	11.16	7.25	7.75
中度加剧	8.15	5.22	1.92
明显加剧	8.24	10.03	1.28

4.7 盐渍化情况

采用修正盐分指数（modified salinization index, MSI）来反演研究区盐渍化情况。其计算公式为

$$\text{MSI} = \left(\frac{\rho_{\text{gre}} - \rho_{\text{red}}}{\rho_{\text{gre}} + \rho_{\text{red}}}\right) \times \left(\frac{\rho_{\text{blu}} - \rho_{\text{gre}}}{\rho_{\text{blu}} + \rho_{\text{gre}}}\right)$$

式中，ρ_{gre}、ρ_{red} 和 ρ_{blu} 分别为 Landsat 影像的绿光、红光和蓝光波段。MSI 越小，表示盐渍化情况越严重。

盐渍化反演结果如图 4-16 所示。

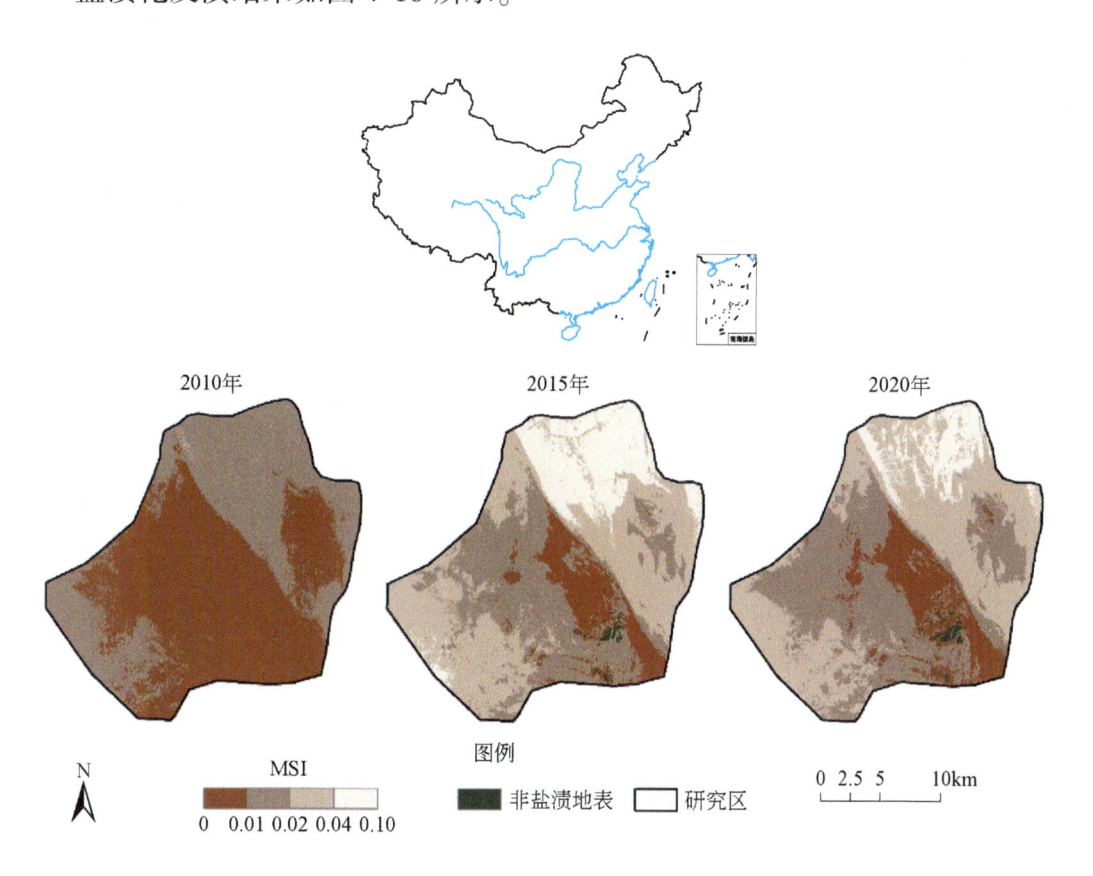

图 4-16 2010～2020 年青土湖盐渍化空间分布

2010 年、2015 年和 2020 年三个时期的 MSI 均值分别为 0.010、0.025 和

0.022（图4-17），说明整个研究区盐渍化程度先大幅减轻后略微加重。

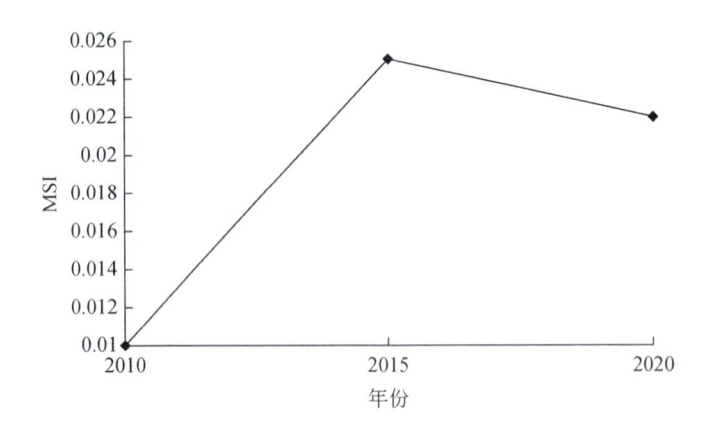

图4-17　2010~2020年研究区平均MSI

2010年、2015年和2020年非盐渍地表面积分别占0.02%、0.45%和0.56%，盐渍地表面积分别占99.98%、99.56%和99.43%（图4-18），表示研究区非盐渍地表面积逐渐增加，盐渍化面积逐渐减小。

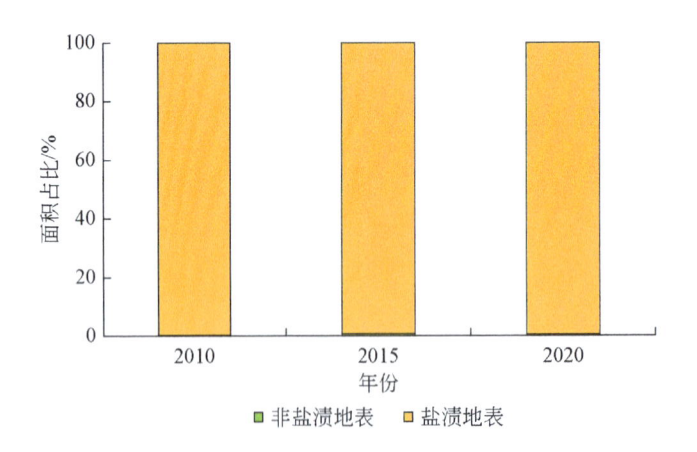

图4-18　2010~2020年研究区（非）盐渍地表面积变化

根据研究区的生态环境状况和盐渍化特征，将研究区的MSI划分为4个等级，分别代表盐渍化程度严重（$0<\text{MSI}\leq 0.01$）、一般（$0.01<\text{MSI}\leq 0.02$）、轻（$0.02<\text{MSI}\leq 0.04$）和轻微（$0.04<\text{MSI}\leq 0.10$），各级别盐渍地表面积变化见表4-10，说明随着青土湖生态输水工程的推进实施，研究区盐渍化严重的

面积大幅缩减后又略微增加，2010年，整个研究区超过一半的区域盐渍化程度严重，到2015年，盐渍化严重区域主要集中在青土湖周围，至2020年，盐渍化严重区域围绕青土湖周边略微扩大；盐渍化程度一般的面积先大幅减小后略微增大，减小区域主要发生在2010年盐渍化严重的地区；轻度盐渍化面积逐渐增大，2010年，轻度盐渍化区域仅为0.27%，2015年增至39.17%，主要位于研究区西南部和东部的西硝池周边，2020年面积略微有所增加；轻微盐渍化的区域从无（2010年）到有（2015年），主要分布在研究区北部，至2020年面积又有所减小。

表4-10 三个时期盐渍地表面积占比 （单位:%）

MSI	2010年	2015年	2020年
0<MSI≤0.01	57.16	10.56	13.24
0.01<MSI≤0.02	42.55	32.03	38.33
0.02<MSI≤0.04	0.27	39.17	39.34
0.04<MSI≤0.10	0.00	17.80	8.52
盐渍地表总面积	99.98	99.56	99.43

同样采用趋势线分析法来模拟MSI在空间上的变化趋势，其计算公式为

$$\theta_{\text{slope}} = \frac{n \times \sum_{j=1}^{n} j \times \text{MSI}_j - \sum_{j=1}^{n} j \sum_{j=1}^{n} \text{MSI}_j}{n \times \sum_{j=1}^{n} j^2 - (\sum_{j=1}^{n} j)^2}$$

式中，θ_{slope}为趋势线的斜率；n为监测累计年数；MSI_j为第j年各像元的MSI值。正值表示MSI呈增加趋势，盐渍化程度有所缓解；反之，负值则表示变化趋势是减小的，即盐渍化程度加剧。为了更好地判断整个研究区域盐渍化的动态变化趋势，根据θ_{slope}值的大小，将MSI变化趋势同样划分为明显加剧、中度加剧、轻微加剧、基本稳定、轻微缓解、中度缓解和明显缓解7种类型（表4-11）进行分析。

2010~2015年、2015~2020年和2010~2020年三个时段MSI变化趋势的空间分布如图4-19所示。

表 4-11 MSI 变化趋势等级标准

等级	名称	分类标准
Ⅰ	明显加剧	≤−0.010
Ⅱ	中度加剧	−0.010 ~ −0.005
Ⅲ	轻微加剧	−0.005 ~ −0.001
Ⅳ	基本稳定	−0.001 ~ 0.001
Ⅴ	轻微缓解	0.001 ~ 0.005
Ⅵ	中度缓解	0.005 ~ 0.010
Ⅶ	明显缓解	>0.010

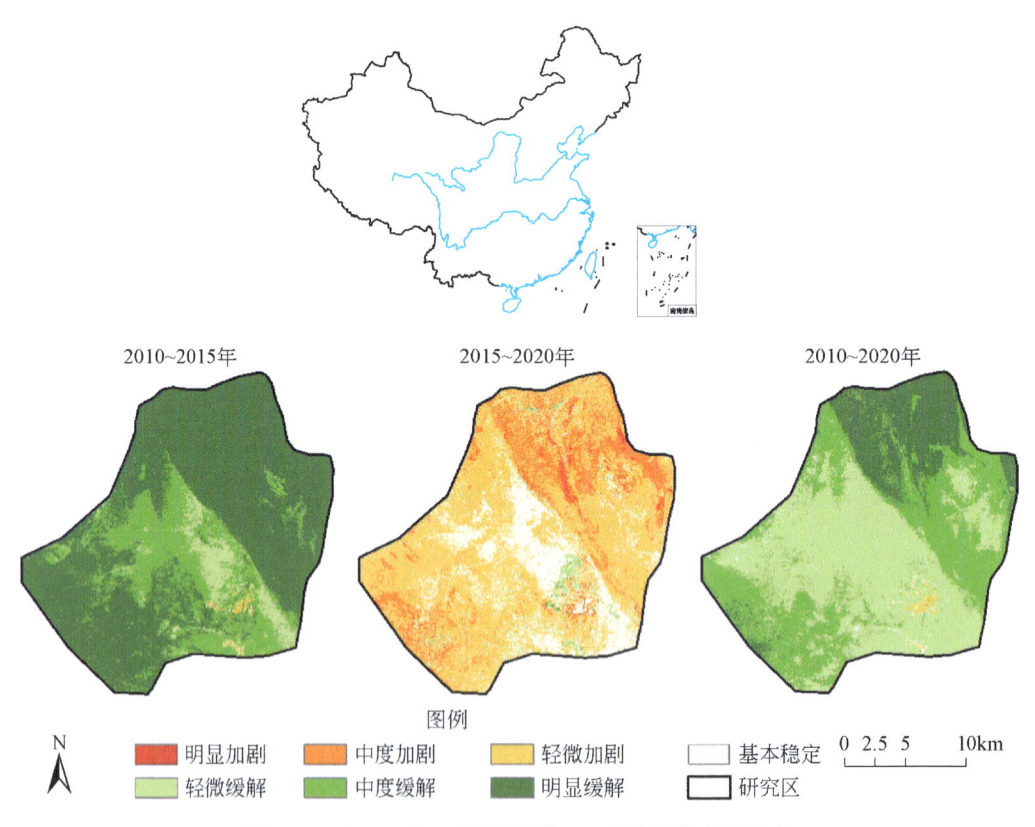

图 4-19 2010~2020 年青土湖 MSI 变化趋势空间分布

统计各变化趋势面积（表 4-12）发现，2010~2015 年，盐渍化缓解面积占整个研究区的 99.33%，其中明显缓解 67.20%、中度缓解 25.73%、轻微缓解 6.40%；基本稳定占 0.16%；轻微加剧面积不足 0.5%，分布在青土湖周围；中度加剧面积仅为0.02%，无明显加剧区域。2015~2020年与2010~2015年时段正好相反，盐渍化以加剧为主，占整个研究区面积的76.71%，其中轻微加剧58.02%、中度加剧17.60%、明显加剧仅1.09%；基本稳定面积占研究区面积的1/5；盐渍化缓解面积仅占3.01%，且以青土湖水域周围的轻微缓解（2.68%）为主，中度缓解不足0.3%，明显缓解不足0.05%。就整个研究时段而言，2010~2020年情况与2010~2015年情况类似，盐渍化程度以缓解为主，面积占整个研究区的98.73%，其中轻微缓解46.09%、中度缓解35.37%、明显缓解17.27%；基本稳定占0.68%；轻微加剧面积仅为0.59%，分布在青土湖周围；无明显加剧和中度加剧。

表4-12　MSI变化趋势面积占比　　　　　　　　　　（单位:%）

MSI变化趋势	2010~2015年	2015~2020年	2010~2020年
明显加剧	0.00	1.09	0.00
中度加剧	0.02	17.60	0.00
轻微加剧	0.49	58.02	0.59
基本稳定	0.16	20.28	0.68
轻微缓解	6.40	2.68	46.09
中度缓解	25.73	0.29	35.37
明显缓解	67.20	0.04	17.27

本 章 小 结

民勤县位于甘肃省河西走廊东北部，生态环境脆弱，对区域生态安全至关重要。青土湖作为石羊河的尾闾，历史上水域面积曾大幅缩减，导致生态恶化。自2006年起，青土湖生态输水工程实施，有效恢复了青土湖区域的生态环境，植被覆盖度提高，水域面积增加，沙漠化和盐渍化程度有所缓解。遥感监测显示，2010~2020年青土湖区域生态环境状况明显改善，但仍然十分脆弱，需继续实行生态输水、防风固沙、人工造林等一系列生态恢复措施。

第 5 章　青土湖水生生物多样性调查

5.1　调查内容

5.1.1　水环境调查

水环境调查包括水温、溶解氧、pH、电导率、总溶解固体（TDS）、总磷（TP）、总氮（TN）、氨氮等指标，通过实地测量和采样检测方式进行。

5.1.2　水生生物调查

水生生物调查包括浮游植物、浮游动物、底栖动物和鱼类等指标，通过实地采样和查询资料的方式，获取水生生物类群的种类组成、群落结构、多样性特征等。

5.1.3　采样点设置

根据青土湖水域的形态、水文情势等情况，共设置14个采样点，开展水环境和水生生物调查（图5-1）。本书所在课题组于2021年4月28日~5月2日、8月4~7日、12月1~4日共3次在14个采样点开展水生生物调查工作。

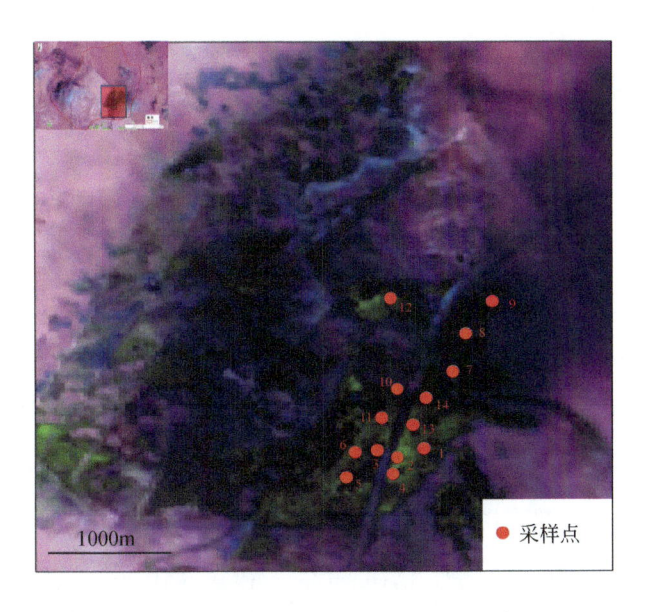

图 5-1　青土湖水域水生生物采样点示意图

5.2　水环境及水生生物调查方法

依据《渔业生态环境监测技术规范第 3 部分：淡水》（SC/T 9102.3—2007）、《内陆水域渔业自然资源调查手册》、《水环境监测规范》（SL 219—2013）、《淡水浮游生物调查技术规范》（SC/T 9402—2010）和《内陆大型底栖无脊椎动物多样性调查与评估技术规定》等技术标准开展调查监测。

5.2.1　水环境调查

水温、溶解氧、pH、电导率、总溶解固体（TDS）等指标用美国 YSI 多参数水质分析仪现场测量。采集水面下方 0.5m 的水样 5L 带回实验室，按照《地表水环境质量标准》（GB 3838—2002）要求，用 Lovibond 多功能水质分析仪检测氨氮、总磷、总氮等水环境指标。

5.2.2 水生生物调查

1. 浮游植物

浮游植物的采集包括定性采集和定量采集。定性采集用 25 号浮游生物网在水中拖曳采集，将样品放入采样瓶中，加入鲁戈氏液固定，供观察鉴定种类用。样品瓶上标明采样日期、采样点、采水量等。定量采集浮游植物的工具为 1000mL 容量的采水器，青土湖水体水深在 3m 以内，只采表层（0.5m）水样，取 1000mL 的水样，立即用鲁戈氏液加以固定（固定剂量为水样的 1%）。将样品带回实验室摇匀后倒入浮游生物沉降器，静置 48h 后，浓缩物定容至 30mL，用于定量计数。摇匀后取 0.1mL 浓缩液于浮游植物计数框内（20mm×20mm），在光学显微镜（Olympus CX33）下全片计数浮游植物，每一样品计数 3~4 次。优势种类和主要常见种类一般鉴定到种。标本鉴定参考相关分类学资料（韩茂森，1978；赵文，2005；翁建中和徐恒省，2010）。重点获取藻类的优势种类组成、数量数据，根据定容体积和取样体积计算藻类的密度和生物量。

2. 浮游动物

枝角类和桡足类定性采集用 13 号浮游生物网在水中拖曳采集 3~5min，将样品放入采样瓶中，加入 4% 甲醛溶液固定，作为定性样品。用采水器在 0.5m 水层采集水样 20L，用 25 号浮游生物网过滤，立即加入 4% 甲醛溶液固定，定容至 30mL 用于定量计数。取 1mL 浓缩液于浮游动物计数框内，在光学显微镜（Olympus CX33）下全片计数，每一样品计数 3~4 次。显微镜下观察鉴定种类并计数，优势种类和主要常见种类一般鉴定到种。重点调查浮游动物的优势类群种类组成、密度和生物量。种类鉴定参考相关分类学资料（王家楫，1961；蒋燮治和堵南山，1979）。一般同断面的原生动物、轮虫与浮游植物共用一份定性、定量样品。

3. 底栖动物

用彼得森采泥器（1/32m²）采集底层泥样，现场用40目洗泥网洗掉淤泥后挑取底栖动物，然后用10%福尔马林溶液固定保存。固定样品在解剖镜下观察鉴定种类并计数，优势种类和主要常见种类一般鉴定到种，种类鉴定参考段学花等（2010）的研究。每一种类计数后分别称重，根据采泥器面积估算底栖动物的密度和生物量。

4. 鱼类

采用多网目复合刺网、地笼（规格10m×0.4m×0.3m）等多种渔具渔法对青土湖鱼类进行采样。将鱼类标本进行现场鉴定、生物学测量或保存后带回实验室内鉴定，鉴定依据包括《中国动物志硬骨鱼纲》《甘肃脊椎动物志》等资料，通过鉴定获得青土湖的鱼类群落结构特征。

通过查阅历史资料、图片辨认等方法，结合走访当地群众、钓鱼爱好者，调查青土湖鱼类的种群组成、种群结构、优势种群和优势度；通过走访、下网捕捞、了解鱼类的生活习性和水文特征等方法调查鱼类的"三场"分布概况。收集青土湖水域的历史资料，整理及统计该水域捕获的鱼类种类记载，总结该水域分布鱼类名录。

5.2.3 数据分析

1. 水生生物群落优势种评估

浮游生物优势度计算公式如下：

$$Y = N_i \times F_i / N$$

式中，Y 为物种优势度；N_i 为第 i 种的个体数；N 为所有个体总数的和；F_i 为该种出现的频度，当某一物种 Y（优势度）≥0.02 时，可视为优势种类。

鱼类使用物种的相对重要性指数（index of relative importance，IRI）对青土湖鱼类的群落优势种进行分析。

$$IRI = (N+W) \times F \times 10000$$

式中，N 表示某种鱼类尾数占全部总尾数的百分比；W 表示某种鱼类生物量占全部生物量的百分比；F 表示某种鱼类出现的采样点占全部总采样点的比例。IRI>1000 的物种为优势种。

2. 多样性分析

采用 Shannon-Wiener 多样性指数（香农–维纳多样性指数，H'）反映水体水生生物个体出现的紊乱和不确定性。Margalef 丰富度指数（玛格列夫丰富度指数，D）反映水生生物的物种丰富度。Pielou's 均匀度指数（毗卢均匀度指数，J）反映水生生物的均匀度。其计算公式分别如下：

$$H' = -\sum_{i=1}^{s} P_i \log_2 P_i$$

$$D = (S-1)/\ln N$$

$$J = H'/\ln S$$

式中，N 为水生生物总个体数；S 为水生生物总物种数；P_i 为第 i 物种的个体数与样品总个体数的比值（N_i/N），N_i 为第 i 物种的个体数。

5.3 水环境现状

将青土湖水域划分为湖泊和湿地两种水域类型，分别统计水环境因子的变化情况（图 5-2）。湿地的电导率和总溶解固体（TDS）远高于湖泊，湖泊水体的溶解氧、pH、氨氮、总氮高于湿地。水温和总磷两项指标差异不大。夏季受水位降低的影响，水体的溶解氧含量明显降低，而水温、氨氮、总磷和总氮呈现出明显升高的现象。

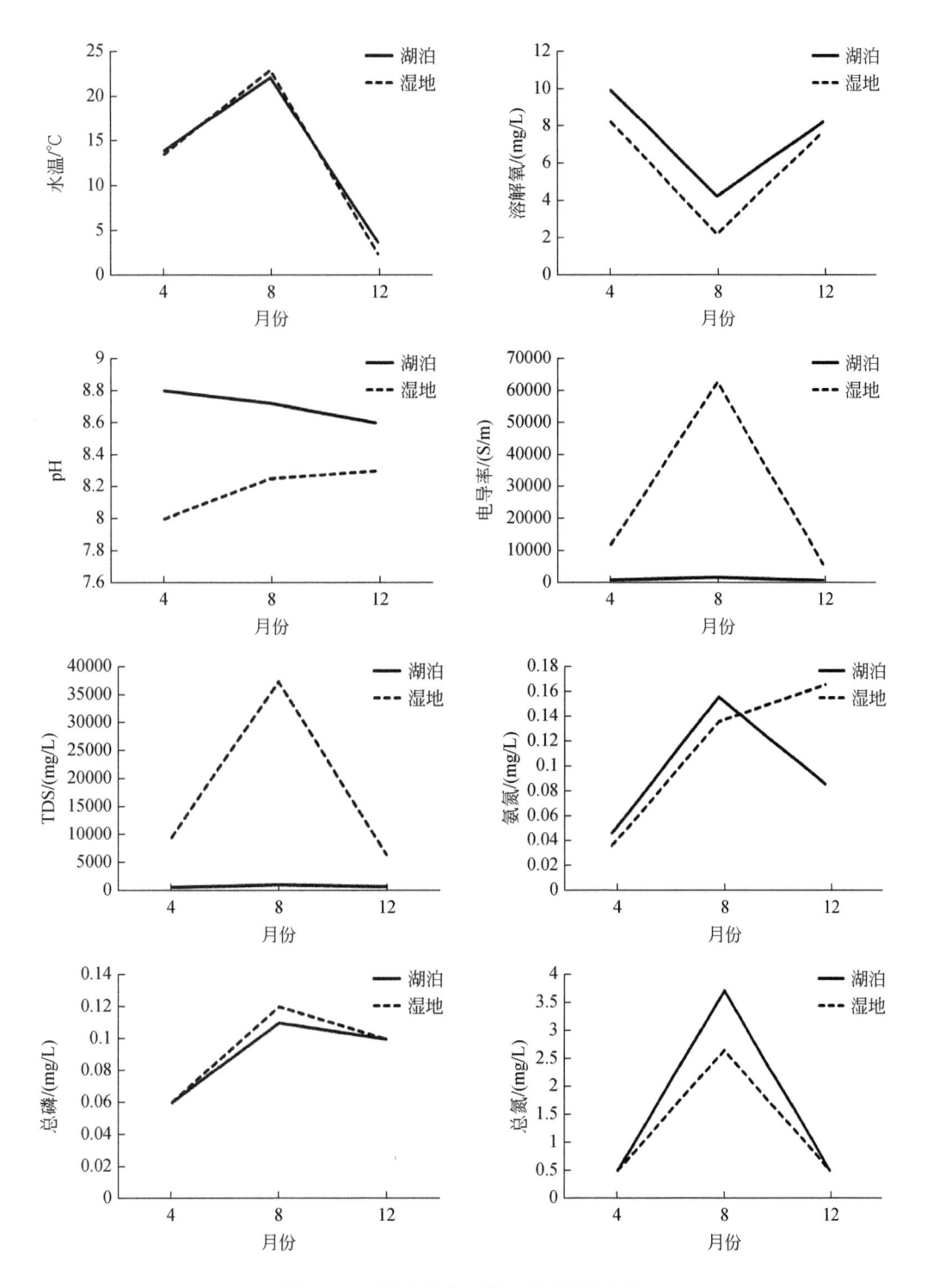

图 5-2 不同季节青土湖水环境因子变化

5.4 浮游植物群落现状

5.4.1 种类组成

调查监测期间，青土湖水域共鉴定出浮游植物113种（变种），隶属于7门64属。其中，硅藻门最多，有28属64种，绿藻门20属28种，隐藻门2属3种，蓝藻门9属11种，裸藻门2属3种，甲藻门2属2种，金藻门1属2种（图5-3）。具体名录见附录1。

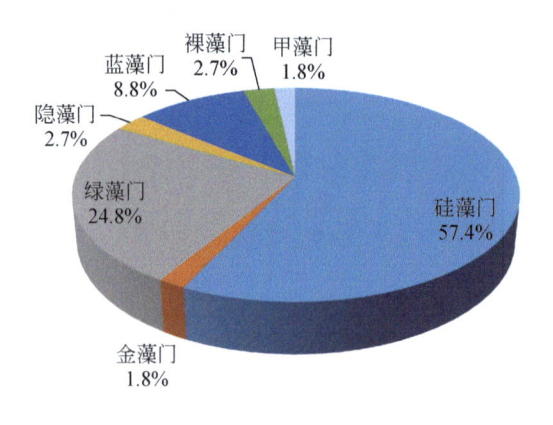

图5-3 浮游植物各门种类数所占比例

5.4.2 密度

青土湖水域浮游植物密度变化范围为123～20920cells/L，平均值为5436cells/L。硅藻门平均密度最高，为3923cells/L。

从时间上看，8月的密度最高，为10104cells/L；12月的密度最低，为1232cells/L。

从空间上看，采样点7号、8号和9号的密度最高（图5-4），平均为11200cells/L；样点5和6号的密度值次之，平均为7164cells/L；道路两侧隔

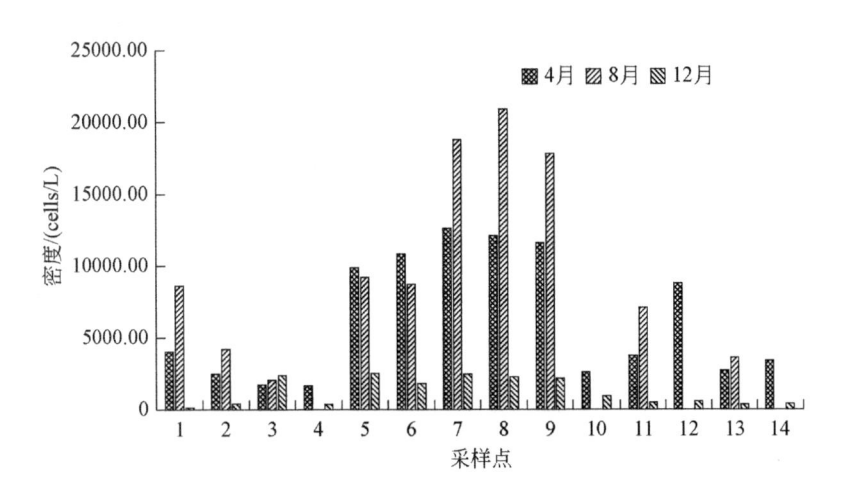

图 5-4 青土湖水域浮游植物密度时间变化

离池中的浮游植物密度最低。

青土湖水域浮游植物群落结构属于硅藻型,但 4 月金藻门的密集锥囊藻(*Dinobryon sertularia*)和分歧锥囊藻(*Dinobryon divergens*)数量较多,与硅藻门的尖针杆藻(*Synedra acus*)、放射舟形藻(*Navicula radiosa*)和膨胀桥弯藻(*Cymbella tumida*)一起成为 4 月的优势种。8 月优势种主要为洛伦菱形藻(*Nitzschia lorenziana*)、泥生颤藻(*Oscillatoria limosa*)、梭形裸藻(*Euglena acus*)。12 月优势种为美丽星杆藻(*Asterionella formosa*)、洛伦菱形藻和放射舟形藻。

5.4.3 生物量

调查监测期间,青土湖水域各采样点位浮游植物生物量为 0.0001~0.1581mg/L,平均生物量为 0.0221mg/L;其中,8 月的 8 号采样点浮游植物生物量最大,为 0.1581mg/L,12 月的 1 号、13 号和 14 号采样点浮游植物生物量最小,为 0.0001mg/L。蓝藻门的平均生物量最高,为 0.0013mg/L。

从时间上看,浮游植物生物量在 8 月最高,为 0.0539mg/L;12 月最低,为 0.0037mg/L;4 月居中,为 0.0180mg/L。青土湖浮游植物生物量随着时间的变化而变化，但总体偏低（图5-5）。

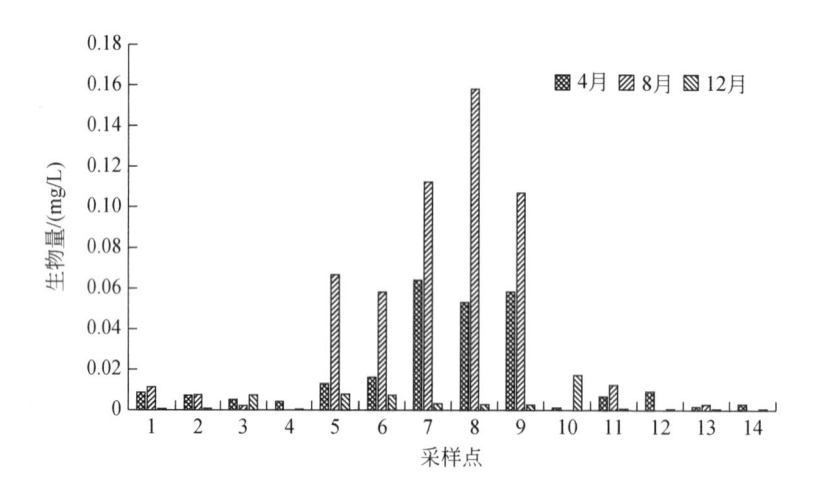

图5-5 青土湖浮游植物生物量时间变化

5.4.4 多样性特征

1. 优势种

青土湖水域浮游植物在数量上的优势种有9种（$Y>0.02$），其中硅藻门有5种、绿藻门2种、蓝藻门2种。常年优势种为膨胀桥弯藻、放射舟形藻、尖针杆藻、肘状针杆藻、转板藻（*Mougeotia* sp.）和泥生颤藻。随着季节的变化，各月的优势种也有所区别，4月的密集锥囊藻、孤枝根枝藻（*Rhizoclonium hieroglyphicum*）大量繁殖成为主要优势种，密集锥囊藻优势度达到0.45。从8月开始，硅藻门的洛伦菱形藻、蓝藻门的伪鱼腥藻（*Pseudoanabaena catenata*）、裸藻门的梭形裸藻逐渐也成为优势种。12月开始，优势种又转变为以硅藻为主，美丽星杆藻、洛伦菱形藻和放射舟形藻成为优势种。

2. 多样性指数

生物多样性指数越高，表示区域中的生物种类越多，生物间的关系越密切，由于受到外力干扰，区域内的某种生物数量减少时，该种生物空出的生态位置较容易由其他物种替补其空缺，以维持生态系统的稳定与平衡，即群落结构稳定性更强。

青土湖浮游植物群落的平均 Shannon-Wiener 多样性指数为 4.25。从空间上看，两个较大水域湖泊的采样点（采样点 5 号、7 号、8 号和 9 号）浮游植物 Shannon-Wiener 多样性指数较高，道路两侧的隔离池等湿地采样点 Shannon-Wiener 多样性指数较低。Margalef 丰富度指数平均值为 4.12，变化范围为 1.97~6.92，最高值出现在 6 号采样点，最低值出现在 4 号采样点（图 5-6）。Pielou's 均匀度指数平均值为 1.19，变化范围为 0.21~1.35，Pielou's 均匀度指数空间变化较小。

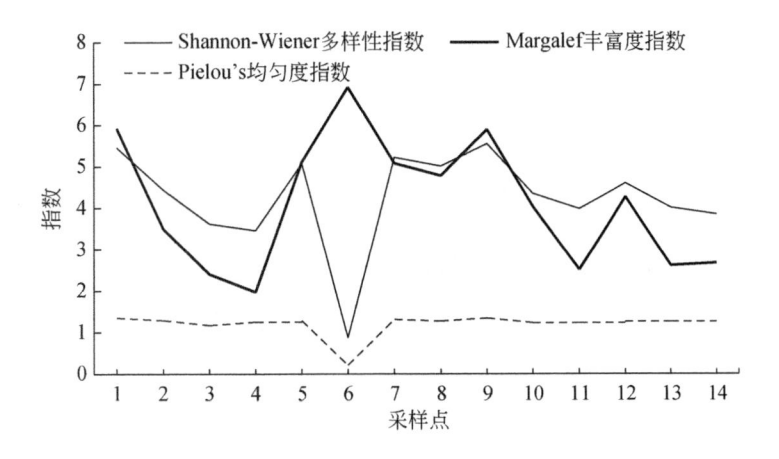

图 5-6 青土湖水域浮游植物群落多样性指数空间变化

5.5 浮游动物群落现状

5.5.1 种类组成

调查监测期间，青土湖水域共检出浮游动物 5 类 48 种，其中原生动物 16 种、轮虫 24 种、枝角类 5 种、桡足类 2 种、节肢动物 1 种，分别占浮游动物总种类数的 33.3%、50.0%、10.4%、4.2% 和 2.1%（图 5-7）。具体名录详见附录 2。

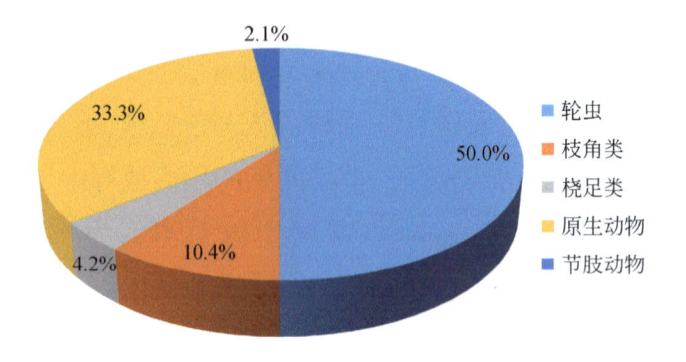

图 5-7 青土湖水域浮游动物各类群种类数所占比例

5.5.2 密度

调查监测期间，青土湖水域浮游动物密度变化范围为 3～75ind./L，平均值为 35ind./L。从时间上看，12 月浮游动物密度最高，其次为 8 月，4 月浮游动物密度最低，平均密度依次为 48ind./L、35ind./L、21ind./L。各采样点 3 个月的密度见图 5-8。

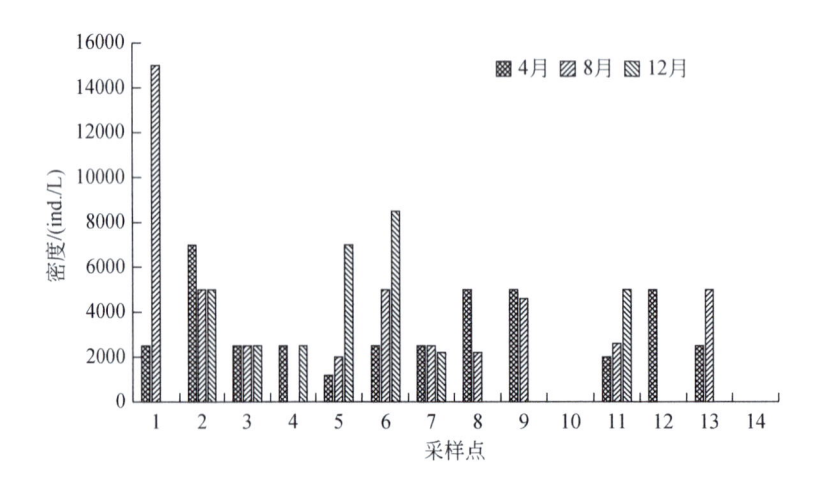

图 5-8 青土湖水域浮游动物密度比较

浮游动物数量组成中，轮虫类所占比例最大，最高达到76.9%。4月的6号采样点的大型溞（*Daphnia magna*）、螺形龟甲轮虫（*Keratella cochlearis*）数量较多，为优势种。8月的3号采样点的卤虫（*Brine Shrimp*）、前节晶囊轮虫（*Asplachna priodonta*）和角突臂尾轮虫（*Brachionus angularis*）为优势种。12月的2号采样点的厢壳虫属一种（*Pyxidicula* sp.）和8号采样点的螺形龟甲轮虫数量较多，为优势种。

5.5.3 生物量

调查监测期间，青土湖水域浮游动物生物量变化范围为0.0003~1.7000mg/L，平均为0.2021mg/L，8月平均生物量最高，为0.3112mg/L，12月平均生物量次之，为0.1854mg/L，4月平均生物量最低，为0.1408mg/L。各采样点3个月的生物量见图5-9。

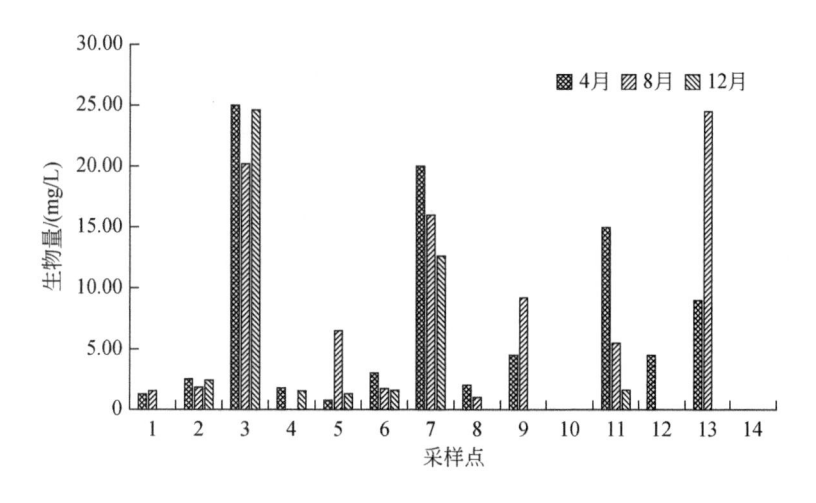

图5-9 青土湖水域浮游动物的生物量组成

生物量组成方面，8月的3号采样点的节肢动物卤虫所占的比例最大，密度约为1.0ind./L，生物量为1.7mg/L。总体而言，枝角类所占比例最大，为60.2%，其次为桡足类，为14.6%，轮虫和原生动物虽然在数量上占优势，但由于其个体较小，所以生物量比例也小。

5.5.4 多样性特征

1. 优势种

青土湖水域浮游动物数量优势种有 10 种（$Y>0.02$），原生动物有普通表壳虫（*Arcella vulgaris*）、陀螺侠盗虫（*Strobilidium velox*）；轮虫有螺形龟甲轮虫、梨形单趾轮虫、针簇多肢轮虫（*Polyarthra trigla*）、前节晶囊轮虫、月形腔轮虫（*Lecane luna*）、长肢多肢轮虫（*Polyarthra dolichoptera*）；枝角类为大型溞；桡足类为毛饰拟剑水蚤（*Paracyclops fimbriatus*）。随着季节变化不同月份优势种也有所不同，4 月主要是螺形龟甲轮虫、梨形单趾轮虫、针簇多肢轮虫、大型溞等；8 月主要为陀螺侠盗虫、针簇多肢轮虫、前节晶囊轮虫；12 月主要为陀螺侠盗虫、螺形龟甲轮虫、针簇多肢轮虫和月形腔轮虫。优势种及优势度见表 5-1。

表 5-1 青土湖水域浮游动物主要数量优势种和优势度

月份	主要优势种及优势度
4	螺形龟甲轮虫（*Keratella cochlearis*）（0.235）、梨形单趾轮虫（*Monostyla pyriformis*）（0.186）、针簇多肢轮虫（*Polyarthra trigla*）（0.152）、毛饰拟剑水蚤（*Paracyclops fimbriatus*）（0.119）、大型溞（*Daphnia magna*）（0.068）、普通表壳虫（*Arcella vulgaris*）（0.030）
8	前节晶囊轮虫（*Asplachna priodonta*）（0.230）、月形腔轮虫（*Lecane luna*）（0.218）、梨形单趾轮虫（*Monostyla pyriformis*）（0.200）、长肢多肢轮虫（*Polyarthra dolichoptera*）（0.180）、针簇多肢轮虫（*Polyarthra trigla*）（0.107）、陀螺侠盗虫（*Strobilidium velox*）（0.086）
12	陀螺侠盗虫（*Strobilidium velox*）（0.206）、螺形龟甲轮虫（*Keratella cochlearis*）（0.198）、针簇多肢轮虫（*Polyarthra trigla*）（0.131）、月形腔轮虫（*Lecane luna*）（0.093）

从生物量的角度看，优势种主要是大型浮游动物，包括毛饰拟剑水蚤、大型溞、卤虫、前节晶囊轮虫、无节幼体等。4 月枝角类占据绝对优势，特别是大型溞；8 月卤虫是主要的优势种；12 月优势种是毛饰拟剑水蚤、大型

溞（表5-2）。

表5-2　青土湖水域浮游动物主要生物量优势种和优势度

月份	主要优势种及优势度
4	毛饰拟剑水蚤（*Paracyclops fimbriatus*）（0.438）、大型溞（*Daphnia magna*）（0.721）
8	卤虫（*Brine Shrimp*）（0.663）、前节晶囊轮虫（*Asplachna priodonta*）（0.162）、无节幼体（0.052）
12	毛饰拟剑水蚤（*Paracyclops fimbriatus*）（0.502）、大型溞（*Daphnia magna*）（0.617）

2. 多样性指数

调查监测期间，青土湖水域浮游动物 Shannon-Wiener 多样性指数平均值为 3.24，最小值为 11 号采样点的 2.13，最大值为 5 号采样点的 3.95。

浮游动物 Margalef 丰富度指数波动范围为 1.56~5.22，最高值出现在 1 号采样点，最低值出现在 11 号采样点，平均值为 3.24。

Pielou's 均匀度指数变化范围为 0.49~0.72，最低值出现在 3 号采样点，最高值出现在 8 号采样点，平均值为 0.63（图5-10）。

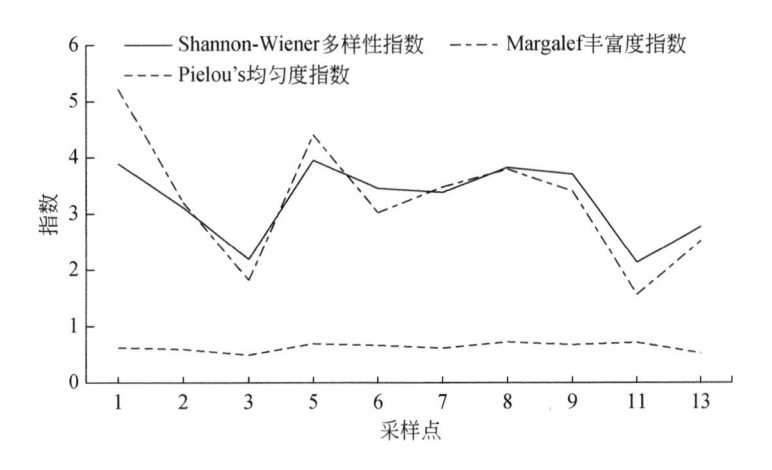

图5-10　青土湖水域浮游动物多样性指数空间变化

5.6 底栖动物群落现状

5.6.1 种类组成

调查监测期间，青土湖水域共检出底栖动物 13 种，隶属于 2 门 13 科 13 属，其中节肢动物 10 种、软体动物 3 种，分别占 76.9% 和 23.1%（图 5-11）。具体名录见附录 3。

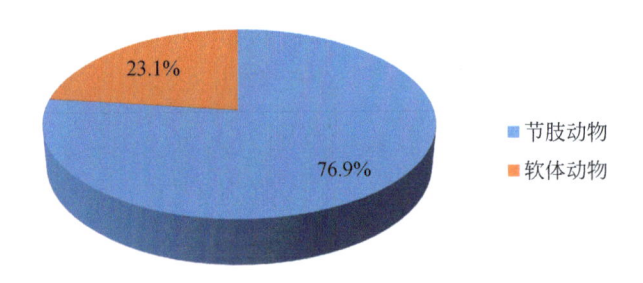

图 5-11 青土湖水域不同底栖动物类群物种数所占比例

5.6.2 密度

青土湖水域底栖动物密度变化范围为 0 ~ 15000ind./m^2，平均密度为 3252ind./m^2。1 号采样点 8 月的密度最高（图 5-12），10 号采样点和 14 号采样点 3 个季节均未采集到底栖动物。8 月 4 号、10 号、12 号、13 号四个采样点干枯，未采集样品。

5.6.3 生物量

青土湖水域底栖动物的生物量变化范围为 0.75 ~ 25.00g/m^2，平均生物量为 5.90g/m^2。生物量最大值位于 3 号采样点，采集到的椭圆萝卜螺（*Radix*

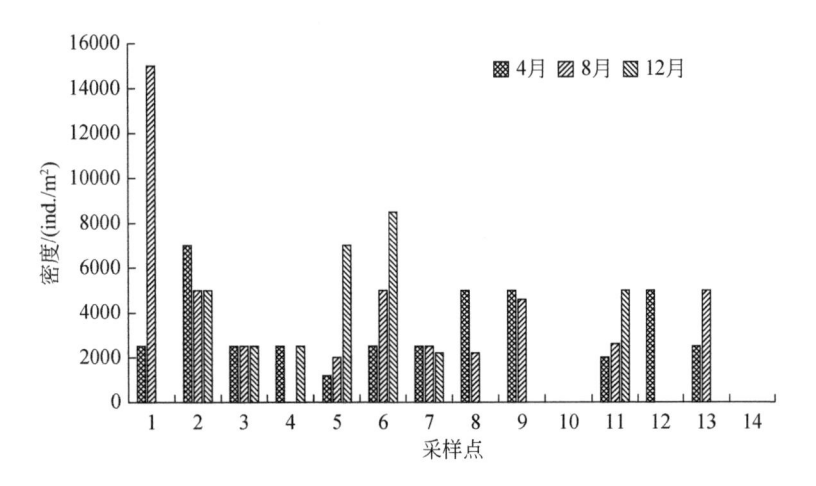

图 5-12 青土湖水域底栖动物密度时间变化

swinboei）生物量较大；其次为 7 号采样点，采集到泉膀胱螺（*Physa fontinalis*）和椭圆萝卜螺（*Radix swinboei*），其他点位尽管密度较高，但是由于大多为节肢动物，个体较小，所以生物量相比 3 号和 7 号采样点较小（图 5-13）。

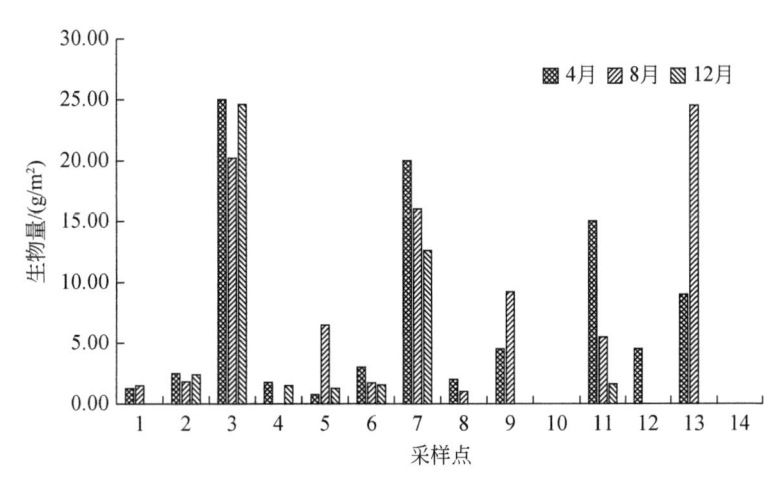

图 5-13 青土湖水域底栖动物生物量的时间变化

5.6.4 多样性特征

由于底栖动物在各采样点物种比较单一，我们将 5 号采样点和 6 号采样点合并计算，代表左侧湖泊，将 7 号、8 号和 9 号采样点合并，代表右侧湖泊。右侧湖泊的生物多样性指数分别为：Shannon-Wiener 多样性指数 2.15、Margalef 丰富度指数 1.76 和 Pielou's 均匀度指数 1.42，左侧湖泊的生物多样性指数分别为：Shannon-Wiener 多样性指数 1.91、Margalef 丰富度指数 1.47 和 Pielou's 均匀度指数 1.38。

5.7 鱼类群落现状

5.7.1 种类组成

在青土湖水域共采集到鱼类样本 1126 尾，结合走访调查，青土湖鱼类共有 11 种，隶属于 3 目 5 科 11 属（附录 4），以鲤形目、鲤科鱼类为主。其中，鲤形目 2 科 8 种，占总物种数的 72.7%；鲇形目 1 属 1 种，占总物种数的 9.1%；鲈形目 2 属 2 种，占总物种数的 18.2%。

5.7.2 丰度和生物量

在青土湖采集的鱼类样本中，丰度排前三位的种群分别是麦穗鱼（*Pseudorasbora parva*）、鲫（*Carassius auratus auratus*）和褐吻鰕虎鱼（*Rhinogobius brunneus*），分别占总数量的 94.94%、2.13% 和 0.98%。生物量排前三位的种类分别是麦穗鱼、鲤（*Cyprinus carpio*）和鲫，分别占总生物量的 50.88%、27.72% 和 16.84%（表 5-3）。

表 5-3 青土湖鱼类采集样本组成

种类	数量/尾	数量百分比/%	重量/g	重量百分比/%
鲫（*Carassius auratus auratus*）	24	2.13	777.8	16.84
鲤（*Cyprinus carpio*）	1	0.09	1280	27.72

续表

种类	数量/尾	数量百分比/%	重量/g	重量百分比/%
麦穗鱼（*Pseudorasbora parva*）	1069	94.94	2349.6	50.88
棒花鱼（*Abbottina rivularis*）	6	0.53	24.1	0.52
大鳞副泥鳅（*Paramisgurnus dabryanus*）	10	0.89	174.3	3.77
小黄黝鱼（*Micropercops swinhonis*）	5	0.44	3	0.07
褐吻鰕虎鱼（*Rhinogobius brunneus*）	11	0.98	9.3	0.20
合计	1126		4618.1	

5.7.3 生态类型

依据鱼类食性，青土湖采集到的鱼类可划分为肉食性、植食性、杂食性和滤食性4种类型。其中，杂食性鱼类种类最多，有5种（45.5%），包括鲤、鲫、棒花鱼、麦穗鱼和大鳞副泥鳅（*Paramisgurnus dabryanus*）等；其次为肉食性鱼类，有3种（27.3%），包括鲇（*Silurus asotus*）、褐吻鰕虎鱼和小黄黝鱼（*Micropercops swinhonis*）；滤食性鱼类有2种（18.2%），包括鲢（*Hypophthalmichthys molitrix*）和鳙（*Aristichthys nobilis*）；植食性鱼类有1种（9.1%），为草鱼（*Ctenopharyngodon idella*）。

5.7.4 优势种分析

根据渔获物种类、数量和重量，采用相对重要性指数（IRI）对渔获物进行优势度划分。划分的标准为渔获物中 IRI≥1000 被认为是优势种，有3种，包括鲫、鲤、麦穗鱼。100≤IRI<1000 的物种被认为是常见种，共有3种，包括棒花鱼、大鳞副泥鳅和褐吻鰕虎鱼。IRI<100 的物种则被认为是罕见种，有1种，为小黄黝鱼（表5-4）。

表 5-4 青土湖水域鱼类相对重要性指数（IRI）

种类	数量百分比/%	重量百分比/%	相对重要性指数	分类
鲫（*Carassius auratus auratus*）	2.13	16.84	1897	优势种
鲤（*Cyprinus carpio*）	0.09	27.72	1390	优势种
麦穗鱼（*Pseudorasbora parva*）	94.94	50.88	14582	优势种
棒花鱼（*Abbottina rivularis*）	0.53	0.52	105	常见种
大鳞副泥鳅（*Paramisgurnus dabryanus*）	0.89	3.77	466	常见种
小黄黝鱼（*Micropercops swinhonis*）	0.44	0.07	51	罕见种
褐吻鰕虎鱼（*Rhinogobius brunneus*）	0.98	0.20	118	常见种

5.7.5 多样性特征

通过对比三次调查的鱼类多样性指数可以看出，8月的Shannon-Wiener多样性指数和Margalef丰富度指数最高，分别为0.56和1.07；三次鱼类调查结果的Pielou's均匀度指数相差不大，分别为0.18、0.17和0.25（图5-14）。

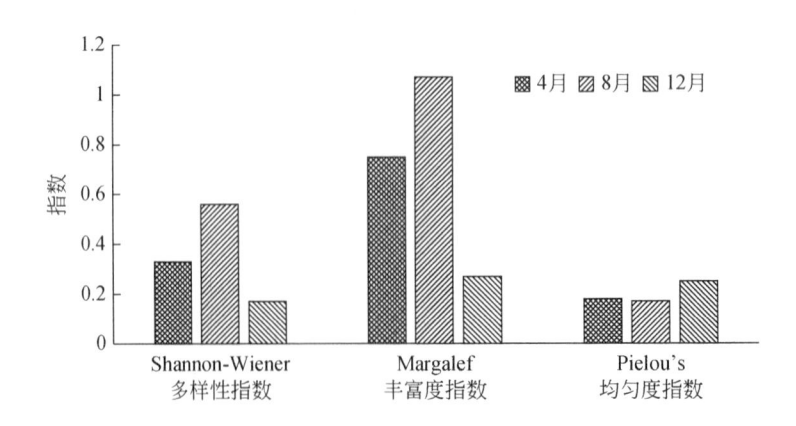

图 5-14 青土湖鱼类多样性指数

5.7.6 鱼类生物学特性

1. 鲫（*Carassius auratus auratus*）

鲫属于鲤形目（Cypriniformes），鲤科（Cyprinidae），鲤亚科（Cyprininae），鲫属（*Carassius*），俗名：鲤拐子、鲀仔等（图5-15）。体长椭圆形，侧扁，背鳍起点处体最高，腹缘窄而无皮棱；体长为体高的2.2~2.7倍，为头长的2.9~3.5倍，为尾部长的3.8~4.7倍，为尾柄长的1.9~2.4倍。头亦侧扁；头长为吻长的3.4~4.5倍，为眼径的4.0~4.9倍，为眼间隔宽的2.3~2.9倍。吻钝。眼侧中位，后缘距吻端较近。眼间隔宽凸。前、后鼻孔相邻，位于眼稍前方。口前位，斜形，下颌较上颌略短。唇发达。无须。鳃孔大，侧位，下端达前鳃盖骨角下方。鳃盖膜相连且连鳃峡。鳃耙外行发达，最长约等于眼径1/2，有许多小突起；内行宽短。鳔分2室。肛门位于臀鳍始点略前方。椎骨24~30枚，平均27枚。除头部外都蒙圆鳞，喉胸部鳞较小；肩后鳞近正方形，前端较横直，另三边较圆；鳞心约位于中央，向前有少数辐状纹。侧线侧中位。背鳍始于体正中央的稍前方；臀鳍短，始于倒数第6~第7背鳍条基部下方；胸鳍侧位而低，圆刀状，达腹鳍始点前后。腹鳍

图5-15　鲫（*Carassius auratus auratus*）

始于背鳍始点略前方,除少数小鱼外,均不达肛门。尾鳍深叉状,叉钝圆。大鱼色较暗;背侧黑色,微绿;两侧及下方常有金黄光泽,水草多处大鲫尤显著,鳍淡黄色,背鳍与尾鳍色较暗。雄性鲫繁殖期在胸鳍前缘有 5~21 个尖锥状角质小突起,雌性鲫个别亦有而数很少。

鲫为杂食性鱼类,食性相当广。在青土湖中主食浮游动物中的轮虫、枝角类、桡足类也吃摇蚊幼虫、小虾、小型软体动物、藻类、植物碎屑、水生高等植物的幼芽或嫩叶和淤泥中的腐殖质等。通过调查发现,鲫能够在青土湖水域完成繁殖过程。

此次共采集鲫24尾,体长范围为2.9~20.2cm,平均体长9.6cm,体重范围为0.7~134.1g,平均体重33.8g。体重分布显示,绝大部分个体体重为0~30g,占总样本的65.2%;体重超过100g的样本有1尾,占总样本数的4.35%(图5-16)。

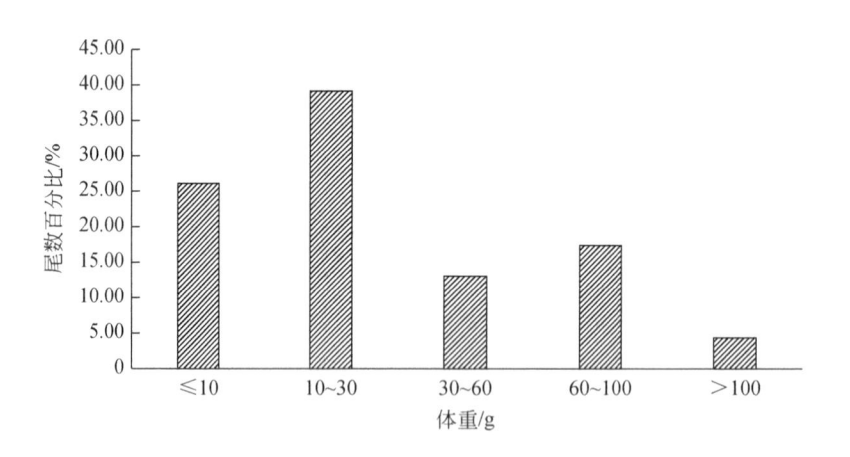

图5-16 青土湖渔获物中鲫的体重结构

2. 鲤 (*Cyprinus carpio*)

鲤属于鲤形目(Cypriniformes),鲤科(Cyprinidae),鲤亚科(Cyprininae),鲤属(*Cyprinus*),俗称鲤拐子(图5-17)。体长纺锤形,中等侧扁;体长为体高的2.9~3.5倍,为头长的2.9~3.8倍,为尾部长的3.4~4.2倍,为尾柄长的1.7~2.2倍。头亦侧扁;头长为吻长的2.9~3.6倍,为眼径的 3.9~6.7 倍，为眼间隔宽的 2.5~2.7 倍，为上颌须长的 4.2~6.6 倍。吻钝，眼位于头侧上方，后缘距头后端较距吻略远。眼间隔微凸。鼻孔距眼较距吻端近。口前位，稍低，圆弧状，达鼻孔下方。唇口角处发达。须 2 对；吻须细弱，长约等于眼径；上颌须粗大，达瞳孔中央。鳃孔大，侧位，下端达前鳃盖骨角后下方附近。鳃盖膜连鳃峡，互连。肛门位于臀鳍略前方。鳔分 2 室。圆鳞中等大。侧线侧中位，前端稍高。背鳍最后一硬刺发达，后缘两侧向下有倒齿；第 1 分支鳍条最长，头长为其长的 1.7~2.2 倍。臀鳍短；胸鳍侧位而低，圆刀状，头长为第 3~第 4 鳍条长的 1.3~1.7 倍，约达背鳍始点下方。腹鳍始于第 1~第 2 背鳍条基下方，不达肛门。尾鳍深叉状。体侧鳞后缘较暗，中央黑斑状。背鳍及尾鳍淡红黄色，其他鳍金黄色。栖息在浑水或多草处体色较黄，清水处色较淡。

图 5-17 鲤（*Cyprinus carpio*）

鲤为淡水中下层鱼类，对生存环境适应性很强，栖息于水体底层，性情温和，生命力旺盛，既耐寒耐缺氧，又较耐盐碱。最适宜的水温为 20~32℃，最适宜繁殖的水温为 22~28℃。最适宜生长的 pH 是 7.5~8.5。鲤属杂食性鱼类，幼鱼主要摄食轮虫、甲壳类及小型无脊椎动物等。随着个体的增大，逐步摄食小型底栖无脊椎动物；成鱼主要摄食螺等软体动物和水生昆虫的幼虫、小鱼、虾等，也食一些丝状藻类、水草、植物碎屑等。此次调查仅采集到 1 尾鲤，但从采集到的鲤的体型看，该鱼偏瘦，呈现出不适应青土湖水环境的特征,可能是水体 pH 为 8.87,碱性过大,适口饵料较少的原因。目前来看,鲤不能在青土湖中建立种群,不能完成生活史过程。

3. 麦穗鱼(*Pseudorasbora parva*)

麦穗鱼属于鲤形目(Cypriniformes),鲤科(Cyprinidae),鮈亚科(Gobioninae)麦穗鱼属(*Pseudorasbora*)(图5-18)。体长为体高的 3.4~4.3 倍,为头长的 3.7~4.8 倍,为尾柄长的 4.0~5.4 倍,为尾柄高的 7.4~10.0 倍。头长为吻长的 2.6~3.6 倍,为眼径的 3.5~5.2 倍,为眼间距的 2.0~3.0 倍,为尾柄长的 1.1~1.4 倍,为尾柄高的 1.6~2.5 倍。尾柄长为尾柄高的 1.5~2.0 倍。体长,侧扁,尾柄较宽,腹部圆。头稍短小,前端尖,上下略平扁。吻短,尖而突出,眼后头长远超过吻长。口小,上位,下颌较上颌为长,口裂甚短,几乎呈垂直,下颌后伸不达鼻孔前缘的下方。唇薄,简单。唇后沟中断。无须。眼较大,位置较前。体被圆鳞,鳞较大。侧线平直,完全,部分个体侧线不显。

图 5-18 麦穗鱼(*Pseudorasbora parva*)

背鳍不分枝鳍条柔软,外缘圆弧形,起点距吻端与至尾鳍基的距离相等或略近前者。胸、腹鳍短小,胸鳍后端不达自胸鳍起点至腹鳍基距离的 2/3。背、腹鳍起点相对或背鳍略前。肛门紧靠臀鳍起点。臀鳍短,无硬刺,外缘呈弧形，其起点距腹鳍起点较至尾鳍基部为近。尾鳍宽阔，分叉浅，上下叶等长，末端圆。下咽齿纤细，末端钩曲。鳃耙近乎退化，排列稀疏。肠管短，尚不及体长。鳔大，2室，长圆形，后室长，其长为前室的1.5~2.0倍。

体背部及体侧上半部银灰微带黑色，腹部白色。体侧鳞片后缘具新月形黑纹。各鳍鳍膜灰黑。生殖期雄体体色暗黑，各鳍条深黑色。吻部、颊部等部位具白色珠星；雌体偏小，体背及上半部一般为浅橄榄绿色，产卵管稍外突。

麦穗鱼为小型淡水鱼类。常生活于缓静较浅水区，仔稚鱼以轮虫等为食，体长约25mm时即改食枝角类、摇蚊幼虫等。耐寒力及对水的酸碱度适应力很强。4月底5月初为麦穗鱼的繁殖期，能够通过肉眼鉴别出性别，雌性136尾，雄性189尾，雌雄性比为0.72:1。在调查期间采集到大量的怀卵亲鱼，卵呈淡黄色，卵径约1.1mm，为沉性黏着卵，怀卵量约1026粒，表明麦穗鱼在青土湖已经建立种群，能够完成全部的生活史过程。

在青土湖水域共采集到麦穗鱼1069尾，我们测量了其中的366尾，体长分布范围为2.5~10cm，平均体长为4.65cm，体重为0.1~8g，平均体重为2.20g。体重分布显示，绝大部分个体体重在4~5g，占总样本的62.02%；体重超过7g的样本有4尾，占总样本数的1.09%，青土湖麦穗鱼以2龄鱼为主（图5-19）。对麦穗鱼的体长和体重的关系进行拟合，其相关式为：$y=$

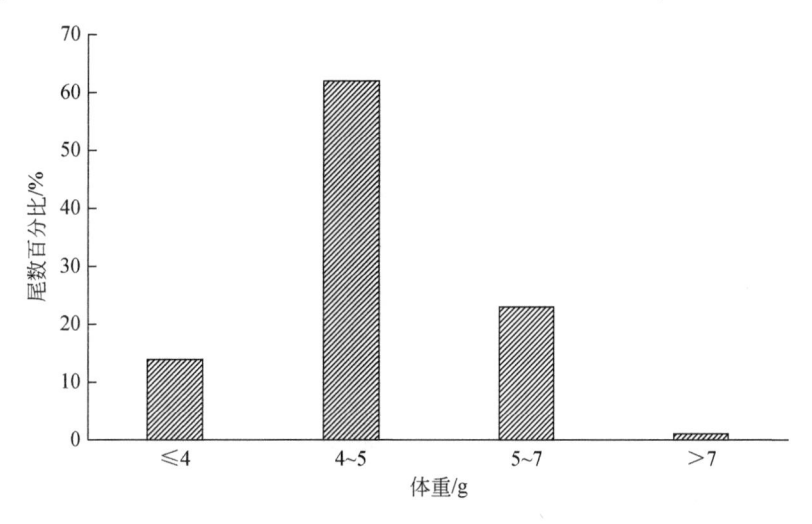

图5-19 青土湖渔获物中麦穗鱼的体重结构

$0.0136x^{3.1187}$（$R^2=0.9111$），b 值为 3.1187，表明麦穗鱼为异速生长（图 5-20）。

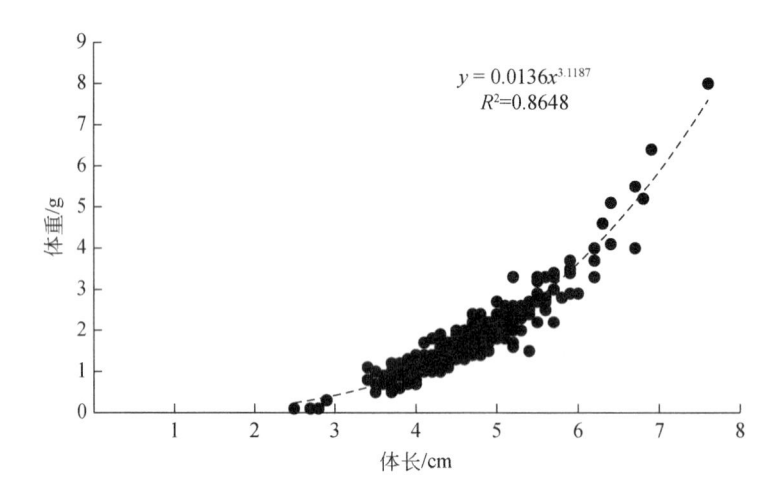

图 5-20 青土湖渔获物中麦穗鱼的体长与体重的关系

4. 棒花鱼（*Abbottina rivularis*）

棒花鱼属于鲤形目（Cypriniformes），鲤科（Cyprinidae），鲤亚科（Cyprininae），棒花鱼属（*Abbottina*）（图 5-21）。体长为体高的 4.2~6.2 倍，为头长的 3.4~4.8 倍，为尾柄长的 6.0~8.8 倍，为尾柄高的 9.5~12.8 倍。头长为吻长的 2.0~2.9 倍，为眼径的 4.0~5.6 倍，为眼间距的 3.2~5.2 倍，为尾柄长的 1.7~2.2 倍，为尾柄高的 2.4~3.4 倍。尾柄长为尾柄高的 1.2~1.5 倍。体稍长，粗壮，前部近圆筒状，后部略侧扁，背部隆起，腹部平直。头大，头长大于体高。吻长，向前突出，吻端稍圆，鼻孔前方下陷，口下位，近马蹄形。唇厚，发达，其上不具显著乳突，上唇通常具有极不明显的褶皱，下唇中央 1 对卵圆形紧靠在一起的肉质突起为中叶，侧叶光滑，特别宽厚，在中叶前端相连，与中叶间有浅沟相隔，在口角处与上唇相连。上下颌无角质边缘。须 1 对，较粗，须长与眼径几乎相等。眼较小，侧上位。眼间宽，平坦或微隆起。体被圆鳞，胸部前方裸露无鳞。侧线完全，平直。

背鳍发达（雄性个体鳍条特长），外缘明显外突，呈弧形，起点距吻端较至尾鳍基的距离为近。胸鳍后缘呈圆形，末端远不达腹鳍起点。腹鳍后缘稍

图 5-21 棒花鱼（*Abbottina rivularis*）

圆，起点位于背鳍起点之后，约与背鳍第 3、第 4 根分枝鳍条相对。肛门较近腹鳍基，约位于腹鳍基与臀鳍起点间的前 1/3 处。臀鳍较短，起点距尾鳍基部较至腹鳍基为近。尾鳍分叉较浅，上叶略长于下叶，末端圆。鳔大，2 室，较发达，前室近圆形。雄性个体体色鲜艳，雌体色较深暗。

棒花鱼为底层小型鱼类，喜生活在静水砂石底处，为杂食性鱼类，主要摄食枝角类、桡足类和端足类等，也食水生昆虫及植物碎片。通过现场调查，青土湖的棒花鱼繁殖期在 5 月底 6 月初，雌鱼怀卵量 1000 粒左右，卵径 2mm，沉性，略带黏性。此次调查仅采集到 6 尾棒花鱼，种群数量较少，但是通过对采集的样本进行检视，雌性个体能够成熟，说明棒花鱼能够在青土湖完成繁殖过程。

5. 大鳞副泥鳅（*Paramisgurnus dabryanus*）

大鳞副泥鳅属于鲤形目（Cypriniformes），鳅科（Cobitidae），花鳅亚科（Cobitinae），副泥鳅属（*Paramisgurnus*）（图 5-22）。体长为体高的 5.2~5.6 倍，为头长的 5.6~7.1 倍，为尾柄长的 6.1~7.9 倍，为尾柄高的 5.8~6.4 倍。头长为吻长的 2.1~2.7 倍，为眼径的 4.3~6.6 倍，为眼间距的 3.1~3.8

倍。尾柄长为尾柄高的70%~90%。体长形，侧扁，体较高，腹部圆。尾柄上下的皮质棱甚发达，分别达背鳍和臀鳍基部后端。头短，锥形，其长度小于体高。吻短而钝。口下位，呈马蹄形。唇较薄，具须5对，其中吻须2对，口角须1对，颏须2对，各须均长，口角须后伸可达鳃盖后缘，其长度大于吻长。鳃膜与鳃峡相连。背鳍短，基部稍长，后缘平截，位于身体中部偏后方。胸鳍末端圆形，较短，不分枝鳍条较细。腹鳍较短，后伸一般不达肛门，其起点位于背鳍起点之后，仅与背鳍第三根分枝鳍条基部相对。臀鳍小，较短。尾鳍末端圆形。尾柄甚侧扁，其高度随个体成长而变高。肛门离臀鳍起点较近。鳞片较大，稍厚。侧线不完全，后端不超过胸鳍末端上方。

图5-22 大鳞副泥鳅（*Paramisgurnus dabryanus*）

大鳞副泥鳅为底栖鱼类，主要栖息于水体底层的淤泥中。昼伏夜出，适应性强，可生活在腐殖质丰富的环境内。为杂食性鱼类，幼鱼阶段摄食动物性饵料，以浮游动物、摇蚊幼虫、丝蚯蚓等为食。成鱼除可食多种昆虫外，也可摄食丝状藻类、植物根、茎、叶及腐殖质等。此次调查仅采集到10尾，说明在青土湖的大鳞副泥鳅资源量较低。同时由于6~7月为大鳞副泥鳅的繁殖期，两次调查时间刚好错过繁殖期，因此也未采集到性成熟个体。

6. 小黄黝鱼（*Micropercops swinhonis*）

小黄黝鱼隶属于鲈形目（Perciformes），沙塘鳢科（Odontobutidae），小黄黝鱼属（*Micropercops*）（图5-23）。体长形，较侧扁，背部稍隆起。头较大，略侧扁。吻圆钝。口大，近端位。裂斜，口裂末端可达眼前缘下方。下颌略长于上颌，上下颌均具齿，犁骨无齿。眼大，侧上位，眼径大于眼间距。前、后鼻孔分离，前鼻孔呈管状，靠近吻端。背鳍2个，两者分离；第一背鳍短小，由鳍棘组成。胸鳍较大，其末端超过腹鳍后缘。腹鳍胸位，较尖，左右完全分离，不相愈合，末端不达肛门。尾鳍圆形。肛门紧靠近臀鳍起点。体大部被栉鳞，头及鳃盖被圆鳞。无侧线。体呈浅黄色，背部较暗，体侧有10~12条黑色条纹。背鳍、尾鳍具黑色小点，其他鳍灰白色。

图 5-23　小黄黝鱼（*Micropercops swinhonis*）

小黄黝鱼栖息于水体底层，为江河、湖泊常见的小型鱼类，主要生活于缓流多水草处。一般体长40mm以下。具有攻击性，食物以小鱼、小虾为主，也吃枝角类。在此次调查中仅采集到5尾，能够完成繁殖过程，雌性成熟后腹部丰满，卵径约0.5mm，呈淡黄色。

7. 褐吻鰕虎鱼（*Rhinogobius brunneus*）

褐吻鰕虎鱼隶属于鲈形目（Perciformes），鰕虎鱼科（Gobiidae），鰕虎鱼亚科（Gobiinae），吻鰕虎鱼属（*Rhinogobius*）（图5-24）。体前部略呈圆柱形，后部侧扁。头部大而长，吻长，前端钝圆，正中有一隆突。眼中等大，呈背侧位。眼间隔窄，稍凹。口大，略成斜形。下颌稍短，上颌后端终止于眼前缘的下方或稍后。唇厚。舌宽，前端呈截形。齿尖锐，呈锥形，上、下颌均排列成狭带状。鳃孔略向前下方延伸至胸鳍基底下方；峡部颇宽。鳃耙短，甚粗。体大部分被栉鳞，项及胸部被小圆鳞，头部除后头、颊上部及鳃盖上部被小圆鳞外，其他部分均无鳞。第1背鳍较低，鳍棘细弱，平放时，不达第2背鳍起点。第2背鳍较高，平放时，后部鳍条常可达尾鳍基部的副鳍条。臀鳍12~13，起于第2背鳍第4鳍条的下方，约与第1背鳍等高。胸鳍尖圆19~21，约与腹鳍等长。左右腹鳍愈合成吸盘。尾鳍后缘呈尖圆形。体上部灰褐色，下部较淡。体侧有不明显的暗斑5~6个。吻部色较深，颊部有暗色条纹。背鳍有暗色斑点；尾鳍有波状横纹7~10条。

图5-24 褐吻鰕虎鱼（*Rhinogobius brunneus*）

喜生活在底质为沙土、砾石、水质清亮而含氧丰富的池塘、湖泊、小河流的浅水区中。典型的底栖鱼类摄食小鱼、小虾、水生昆虫、水生环节动物、浮游动物及藻类等。在青土湖中共采集到11尾，其中在5月采集的个体已经怀卵，褐吻鰕虎鱼在青土湖中的繁殖期为4月底5月初。卵粒约0.4mm，呈淡黄色。

8. 鲢（*Hypophthalmichthys molitrix*）

鲢隶属于鲤形目（Cypriniformes），鲤科（Cyprinidae），鲢亚科（Hypophthalmichthyinae），鲢属（*Hypophthalmichthys*）。俗称扁鱼、白鲢、胖头鱼等，体长为体高的2.7~3.6倍，为头长的2.8~4.9倍，为尾柄高的5.3~9.0倍，为尾柄高的7.7~11.7倍。头长为吻长的3.0~4.7倍，为眼径的3.0~7.4倍，为眼间距的1.8~3.4倍，为头宽的1.7~1.9倍。尾柄长为尾柄高的1.0~1.8倍。体侧扁，稍高，腹部扁薄，从胸鳍基部前下方至肛门间有发达的腹棱。头较鳙小。吻短而钝圆。口宽大，端位，口裂稍向上倾斜，后端伸达眼前缘的下方。无须。鼻孔的位置很高，在眼前缘的上方。眼较小，位于头侧中轴的下方，眼间宽，稍隆起。下咽齿阔而平扁，呈钩状。鳃耙彼此连合呈多孔的膜质片。左右鳃盖膜彼此连接而不与峡部相连。具发达的螺旋形鳃上器。鳞小。侧线完全，前段弯向腹侧，后延至尾柄中轴。背鳍基部短，起点位于腹鳍起点的后上方，第3根不分枝鳍条为软条。胸鳍较长。腹鳍较短，起点距胸鳍起点较距臀鳍起点为近。尾鳍深分叉，两叶末端尖。鳔大，分两室，前室长而膨大，后室锥形，末端小。肠长约为体长的6倍。腹腔大，腹腔膜黑色。成熟雄鱼在胸鳍第1鳍条有明显的骨质细栉齿，雌性则较光滑。

鲢栖息于水体的上层，是一种典型的浮游生物食性的鱼类。通过放流宣传牌得知在青土湖中开展过鲢的增殖放流活动，但是在此次调查和走访垂钓爱好者后得知，青土湖没有鲢的存在，可能是由于8月青土湖水体水位降低，水体溶解氧含量较低，上午10：00监测的溶解氧含量为4mg/L，推测在夜晚的水体溶解氧含量可能会更低，加上冬季湖面冰封，导致鲢不能越冬，就目前情况来看，青土湖不适合鲢的生存。

9. 鳙（*Aristichthys nobilis*）

鳙隶属于鲤形目（Cypriniformes），鲤科（Cyprinidae），鲢亚科（Hypophthalmichthyinae），鳙属（*Aristichthys*）。俗称黑鲢、花鲢、包头鱼等，体长为体高的2.7~3.7倍，为头长的2.5~3.9倍，为尾柄长的5.2~7.6倍，为尾柄高的7.7~11.6倍。头长为吻长的3.0~4.2倍，为眼径的3.6~7.7倍，为眼间距的1.8~3.0倍，为头宽的1.4~1.9倍。尾柄长为尾柄高的1.3~1.9倍。体侧扁，较高，腹部在腹鳍基部之前较圆，其后部至肛门前有狭窄的腹棱。头极大，前部宽阔，头长大于体高。吻短而圆钝。口大，端位，口裂向上倾斜，下颌稍突出，口角可达眼前缘垂直线之下，上唇中间部分很厚。无须。眼小，位于头前侧中轴的下方；眼间宽阔而隆起。鼻孔近眼缘的上方。下咽齿平扁，表面光滑。侧线完全，在胸鳍末端上方弯向腹侧，向后延伸至尾柄正中。背鳍基部短。尾鳍深分叉，两叶约等大，末端尖。鳔大，分两室，后室大。背部及体侧上半部微黑，有许多不规则的黑色斑点；腹部灰白色。

鳙多栖息在水体的中上层。主要以轮虫、枝角类、桡足类（如剑水蚤）等浮游动物为食，也吃部分浮游植物，是典型的浮游生物食性的鱼类。通过放流宣传牌得知在青土湖开展过鳙的增殖放流活动，但是在此次调查和走访垂钓爱好者后得知，青土湖没有鳙的存在，可能是由于 8 月青土湖水体水位降低，水体溶解氧含量较低，上午 10：00 监测的溶解氧含量为 4mg/L，推测在夜晚的水体溶解氧含量可能会更低，加上冬季湖面冰封，导致鳙不能越冬，就目前情况来看，青土湖不适合鳙的生存。

10. 草鱼（*Ctenopharyngodon idella*）

草鱼隶属于鲤形目（Cypriniformes），鲤科（Cyprinidae），雅罗鱼亚科（Leuciscinae），草鱼属（*Ctenopharyngodon*）。俗称青鲩、螺蛳青、黑鲩、青根鱼、乌青鱼、黑鲲、青棒、钢青等，体长为体高的 3.4～4.0 倍，为头长的 3.6～4.3 倍，为尾柄长的 7.3～9.5 倍，为尾柄高的 6.8～8.8 倍。头长为吻长的 3.0～4.1 倍，为眼径的 5.3～7.9 倍，为眼间距的 1.7～1.9 倍，为尾柄长的 1.8～2.5 倍，为尾柄高的 1.7～2.4 倍。尾柄长为尾柄高的 80%～110%。体长形，前部近圆筒形，尾部侧扁，腹部圆，无腹棱。头宽，中等大，前部略平扁。吻短钝，吻长稍大于眼径。口端位，口裂宽，口宽大于口长；上颌略长于下颌；上颌骨末端伸至鼻孔的下方。唇后沟中断，间距宽。眼中大，位于头侧的前半部；眼间宽，稍凸，眼间距为眼径的 3 倍余。鳃孔宽，向前伸至前鳃盖骨后缘的下方；鳃盖膜与峡部相连；峡部较宽。鳞中大，呈圆形。侧线前部呈弧形，后部平直，伸达尾鳍基。背鳍无硬刺，外缘平直，位于腹鳍的上方，起点至尾鳍基的距离较至吻端为近。臀鳍位于背鳍的后下方，起点至尾鳍基的距离近于至腹鳍起点的距离，鳍条末端不伸达尾鳍基。胸鳍短，末端钝，鳍条末端至腹鳍起点的距离大于胸鳍长的1/2。尾鳍浅分叉，上下叶约等长。

草鱼是典型的草食性鱼类，栖息于水的中下层和近岸多水草区域。幼鱼期以幼虫、藻类等为食。通过放流宣传牌得知在青土湖开展过草鱼的增殖放流活动，但是在此次调查和走访垂钓爱好者后得知，青土湖没有草鱼的存在，可能是由于8月青土湖水体水位降低，水体溶解氧含量较低，上午10:00监测的溶解氧含量为4mg/L，推测在夜晚的水体溶解氧含量可能会更低，并且8月水体氨氮含量较高，为0.15mg/L，加上冬季湖面冰封，导致草鱼不能越冬，就目前情况来看，青土湖不适合草鱼的生存。

11. 鲇（*Silurus asotus*）

隶属于鲇形目（Siluriformes）鲇科（Siluridae）鲇属（*Silurus*），又名鲶鱼、念仔鱼、廉仔、鲲鱼、黄骨鱼。体长为体高的4.3~6.1倍，为头长的4.3~5.4倍。头长为吻长的3.1~4.4倍，为眼径的6.6~10倍，为眼间距的1.6~2.2倍，为头宽的1.2~1.7倍。其体延长，前部略呈短圆筒形，躯干部侧扁。腹部平而柔软，可胀可缩，体高大于头高，全身外部轮廓呈"凿"形；头部扁平，宽大于头高，钝圆口阔，吻宽且纵扁。口裂浅呈弧形，亚上位，末端仅与眼前缘相对；唇厚，口角唇褶发达，上唇沟和下唇沟明显。下颌突出，上、下颌及犁骨上有密而骨质的细齿，齿带连成一片，中央分离或分离界限不明显；犁骨齿形成一条弧形宽齿带，两端较尖，内缘中央较窄。眼小，侧上位，为皮膜覆盖。前后鼻孔相离较远，前鼻孔呈短管状，后鼻孔圆形。颌须较长，后伸达胸鳍基后端；颏须短。鳃孔大。鳃盖膜不与鳃峡相连。幼鱼期背部浅灰色，成体背部深灰色，胸部灰白色。背鳍短小，约位于体前1/3处、腹鳍起点垂直上方之前，无硬刺。臀鳍基部甚长，后端与尾鳍相连。胸鳍圆形，侧下位，骨质硬刺前缘具弱锯齿，被以皮膜，后缘锯齿强，鳍条后伸不及腹鳍。腹鳍起点位于背鳍基后端垂直下方之后，距臀鳍起点小于至胸鳍基后端。肛门距臀鳍起点较距腹鳍基后端为近。尾鳍微凹，上、下叶等长。

体色随栖息环境不同而有所变化，一般生活时体呈褐灰色，体侧色浅，具不规则的灰黑色斑块，腹面白色，各鳍色浅。在清水中背部灰绿，深水中为油黄色。鲇昼间多潜隐于深水处，适应性强，栖息底层，游动迟缓，耐低氧。白天在草丛间或石缝洞穴中，很少活动，黄昏或夜间出来觅食。生存水温0～35℃，最适生长温度为23～28℃。

5.8 研究结论

（1）共鉴定出浮游植物113种（变种），隶属于7门64属。其中，硅藻门最多，有28属64种，约占总种类数的57.4%。平均密度为5436cells/L，平均生物量为0.0221mg/L。常年优势种为膨胀桥弯藻、放射舟形藻、尖针杆藻、肘状针杆藻、转板藻和泥生颤藻。浮游植物群落的平均Shannon-Wiener多样性指数为4.25，平均Margalef丰富度指数为4.12，平均Pielou's均匀度指数为1.19。

（2）共检出浮游动物48种，其中原生动物16种、轮虫24种、枝角类5种、桡足类2种、节肢动物1种。平均密度为35ind./L，平均生物量为0.2021mg/L。浮游动物数量优势种有10种，原生动物有普通表壳虫、陀螺侠盗虫，轮虫有螺形龟甲轮虫、梨形单趾轮虫、针簇多肢轮虫、前节晶囊轮虫、月形腔轮虫、长肢多肢轮虫，枝角类为大型溞，桡足类为毛饰拟剑水蚤。浮游动物Shannon-Wiener多样性指数平均值为3.24，Margalef丰富度指数平均值为3.24，Pielou's均匀度指数平均值为0.63。

（3）共检出底栖动物13种，其中节肢动物10种，软体动物3种。平均密度为3252ind./m²，平均生物量为5.90g/m²。底栖动物的Shannon-Wiener多样性指数平均值为2.03，Margalef丰富度指数平均值为1.62，Pielou's均匀度指数平均值为1.40。

（4）共采集到鱼类样本1126尾，结合走访调查，青土湖鱼类共有11种，隶属于3目5科11属，以鲤形目、鲤科鱼类为主。其中，鲫、鲤、麦穗鱼为优势种，棒花鱼、大鳞副泥鳅、褐吻鰕虎鱼为常见种。鲫、麦穗鱼、棒花鱼、褐吻鰕虎鱼和小黄黝鱼5种鱼类能够在青土湖水域完成生活史过程。

（5）在夏季，气温较高，水体蒸发量大，青土湖水位较低，水体中总氮含量超过3mg/L，总磷含量超过0.1mg/L，处于地表水环境质量标准Ⅳ类至Ⅴ类水之间，水体质量较差，并且在白天水体溶解氧含量为4mg/L，在夜间水生植物光合作用减弱，呼吸作用增强，水体溶解氧含量可能会更低，这将导致不耐低氧的鱼类不适宜生存，仅仅存在一些耐低氧的种类或者一些小型耐低氧的种类。

本章小结

青土湖的水环境及水生生物调查涵盖了水温、溶解氧、pH等水环境指标，以及浮游植物、动物、底栖动物和鱼类等水生生物。共设置14个采样点，通过实地测量和采样，获取了水生生物的种类组成、群落结构和多样性特征。调查结果显示，青土湖湿地电导率和总溶解固体（TDS）较高，而湖泊溶解氧、pH、氨氮含量和总氮含量较高。夏季水位降低导致溶解氧含量降低，而其他参数升高，水质质量较差。青土湖水域浮游植物以硅藻门为主，密度和生物量季节性变化明显，8月最高，12月最低。浮游动物种类丰富，以轮虫类为主，密度和生物量在不同季节和采样点有所差异。底栖动物种类相对较少，密度和生物量在不同采样点间变化较大。鱼类群落以麦穗鱼、鲫和鲤为主，其中麦穗鱼数量最多，显示出在青土湖的适应性和繁殖能力。此外，调查还发现，青土湖的水质状况对某些鱼类的生存和繁殖具有重要影响，部分鱼类如鲢、鳙和草鱼在青土湖中难以越冬，可能与水体溶解氧含量和氨氮含量有关。这些调查结果对于了解青土湖水生生态系统的现状和制定保护措施具有重要意义。

第6章　青土湖陆生植物调查

6.1　野外调查概述

本书所在的课题组分别于2021年4月28日~5月2日，6月2~4日，8月18~25日，共3次对该区域的陆生植物现状进行了现场调查，在具有代表性的植被类型的区域内，设置了80个不同大小的样方（44个草本样方和36个灌木样方），样方设置如图6-1所示，红色为草甸区，绿色为盐化草甸区，黄色为荒漠区，紫色为梭梭人工林。样方面积遵循《植物生态学野外调查方

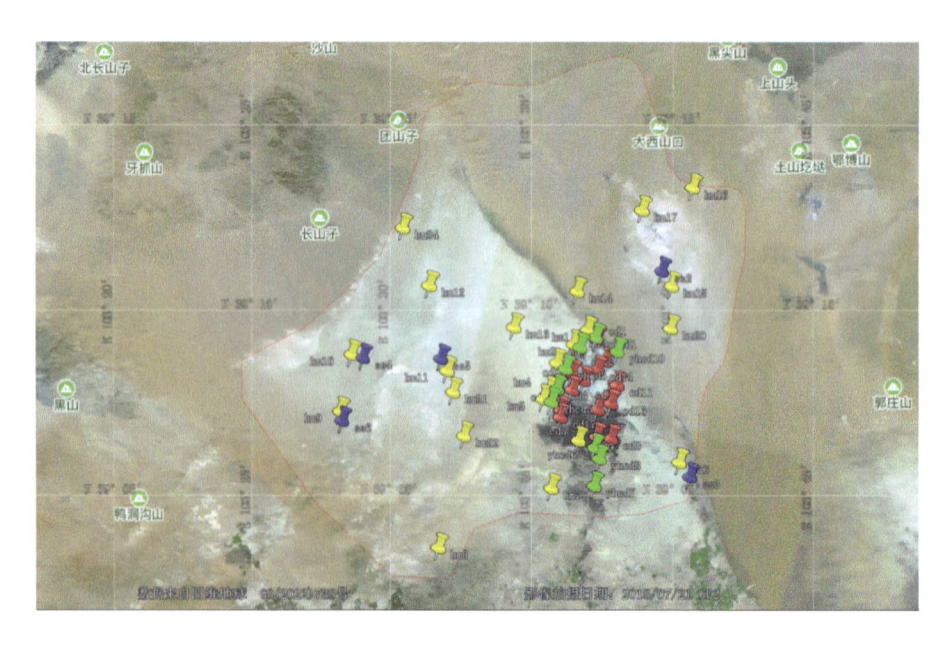

图6-1　青土湖区域植物样方位置示意图

红色、绿色、黄色、紫色分别代表草甸区、盐化草甸区、荒漠区和梭梭人工林

法》，根据当地的实际情况，设置灌丛样方面积20m×20m，草本样方面积1m×1m。选择调查样方的同时考虑代表性、一致性和可达性，其中草甸区设置16个草本样方，盐化草甸区设置9个，荒漠区设置15个，梭梭人工林设置4个。灌木样方在盐化草甸区设置9个，荒漠区设置22个，梭梭人工林设置5个。样方调查内容包括草本的种类、高度、盖度、生物量等，灌木的生物量、盖度、种类、高度、冠幅等。草本生物量利用收获法进行现场调查，灌木生物量通过标准株法进行计算。环境条件包括地理位置、地形条件、土壤条件、水文条件。在样方调查的同时，采集植物标本，利用《中国植物志》、《甘肃植物志》（第2卷）、《中国高等植物》及《中国沙漠植物志》等植物分类工具书进行分类鉴定。不同区域的景观照片如图6-2所示。

图6-2 不同调查区的景观照片

（a）草甸区；（b）盐化草甸区；（c）荒漠区；（d）梭梭人工林

6.2 土壤理化性质测定

用土壤钻（直径3.8cm）在每个采样点内随机采集3钻土，混合成一份土壤样品。除一小部分用于土壤含水量测定外，其余土壤过2mm的筛，自然风干后用于土壤理化性质的测定。用pH计（Sartorius Basic Meter PB-10，Sartorius AG，Germany）测定土壤pH。另取风干土样过200目的筛，利用CHNS元素分析仪（Elementar Analysensysteme GmbH，Hanau，Germany）分别在450℃和1250℃条件下用燃烧法测定土壤有机碳和总氮。土壤水分测定用重量法，先测土壤鲜重，在105℃下烘干12h至恒重后，测其干重，计算含水量。

6.3 数据处理

6.3.1 植物名录

根据被子植物APG IV分类系统对植物进行统计，形成调查区的植物名录。

6.3.2 植物群落的特征属性

植物是反映一个地区自然条件最直观的重要参考。植物群落是在一定范围内群体集聚在一起的植物组合，是植物在自然界存在的实体，也是自然演替的结果。植物群落是生态系统的一个不可或缺的重要组成部分，与环境之间存在紧密的关系。根据植被生态学调查方法，对样方内的物种进行识别和调查，统计研究区的植物具体的物种及其数目，了解物种变化，测定物种丰富度。依据相关的公式和特定算法分别对植物群落的Shannon-Wiener多样性指数、Simpson's多样性指数（辛普森多样性指数）、物种重要值等指标进行计算。

1. Shannon-Wiener 多样性指数

Shannon-Wiener 多样性指数是以各个物种的相对多度来反映群落的物种多样性的一个指标，该多样性指数是进行植物多样性研究应用最广泛的指数。该指数对样方面积的大小不敏感而且还能直接反映植物物种多样性的高低。

$$H' = -\sum_{i=1}^{S} \ln P_i$$

式中，H' 为 Shannon-Wiener 多样性指数；样方中观察的物种数用 S 表示；P_i 为某个种 i 的个体 n 在全体种 N 中的比例。Shannon-Wiener 多样性指数表明，群落中生物种类数量增多代表群落的复杂程度增高，即 H' 越大，不确定性也越大，多样性也就越高，即群落所含的信息量越大。

2. Simpson's 多样性指数

$$D = 1 - \sum_{i=1}^{S} (P_i)^2$$

式中，S 表示样方中观察的物种数；P_i 为某个种 i 的个体 n 在全体种 N 中的比例。当全部个体均属于一个种时，Simpson's 多样性指数为 0；当每个个体分别属于不同植物种时，Simpson's 多样性指数达到最大值。

3. 物种重要值

重要值（important value，IV）是衡量一个种在群落中的地位与作用的综合指标。首先计算样方内每个物种的相对密度（RA）、相对盖度（RC）和相对高度（RH），相对密度、相对盖度和相对高度是指群落中某一物种的密度、盖度和平均高度占样方内所有物种密度、盖度和平均高度之和的百分比。物种重要值等于其相对密度、相对盖度和相对高度的平均值，即 IV =（RA+RC+RH）/3。根据物种重要值确定样方的优势物种，从而明确样方所代表的植物群系。

6.3.3 统计分析

本研究的统计分析使用 R 语言进行，采用单因素方差分析（one way ANOVA）比较不同区域的土壤理化性质、植物群落特征属性和主要植物物种特征属性的差异。使用 vegan 包对不同区域的植物群落组成进行非度量多维尺度分析（non-metric multidimensional scaling，NMDS）排序。采用 Pearson 相关性分析土壤理化性质与植物群落、主要植物特征属性的相关性。

6.4 植物种类调查

6.4.1 植物种类

对调查区域的植物采集标本并拍照，采集的标本利用《中国植物志》、《甘肃植物志》（第 2 卷）、《中国高等植物》及《中国沙漠植物志》等植物分类工具书进行分类鉴定。结合相关资料，确定该调查区域的维管植物有 11 科 25 属 30 种，其中苋科植物的种数是最丰富的，含 10 属 13 种，其次是菊科含 2 属 4 种，禾本科含 3 属 3 种。每科包含 2 种的是白刺科和柽柳科，共有 4 种。每科仅包含 1 种的是莎草科、蒺藜科、白花丹科、夹竹桃科、旋花科和茄科，共有 6 种。调查区域的维管植物共有 25 属，其中含 3 种的属有蒿属和碱猪毛菜属，共包含 6 种，含 2 种的属为盐爪爪属，其他 22 属均只含 1 种。在调查区域内，灌木植物有 12 种，占全部种数的 40%，主要有白刺（*Nitraria tangutorum*）、红砂（*Reaumuria songarica*）、盐爪爪（*Kalidium foliatum*）、梭梭（*Haloxylon ammodendron*）、黑果枸杞（*Lycium ruthenicum*）；草本植物有 18 种，占全部种数的 60%，主要有芦苇（*Phragmites australis*）、骆驼蓬（*Peganum harmala*）、沙蓬（*Agriophyllum pungens*）、戟叶鹅绒藤（*Cynanchum acutum subsp. sibiricum*）、盐生草（*Halogeton glomeratus*）等。在草甸区，芦苇是绝对优势物种，没有白刺等灌木。在荒漠区和盐化草甸区，优势物种则是白刺。

6.4.2 中国特有植物

根据 Flora of China，结合实地调查的植物名录，该区域内的中国特有种为白刺科的白刺（*Nitraria tangutorum*）。其特征描述如下：

灌木，高 1~2m。多分枝，弯、平卧或开展；不孕枝先端刺针状；嫩枝白色。叶在嫩枝上 2~3（4）片簇生，宽倒披针形，长 18~30mm，宽 6~8mm，先端圆钝，基部渐窄成楔形，全缘，稀先端齿裂。花排列较密集。核果卵形，有时椭圆形，熟时深红色，果汁玫瑰色，长 8~12mm，直径 6~9mm。果核狭卵形，长 5~6mm，先端短渐尖。花期 5~6 月，果期 7~8 月。分布于陕西北部、内蒙古西部、宁夏、甘肃河西、青海、新疆及西藏东北部。生于荒漠和半荒漠的湖盆沙地、河流阶地、山前平原积沙地、有风积沙的黏土地（图 6-3）。

图 6-3 白刺

6.4.3 国家保护植物

根据《中国物种红色名录》，结合实地调查的植物名录，未发现本调查区内有受威胁的植物物种。根据国家林业和草原局与农业农村部公告（2021 年第 15 号）《国家重点保护野生植物名录》，结合实地调查的植物名录，该区域内的国家保护植物只有 1 种，为茄科的黑果枸杞（*Lycium ruthenicum*）。其特征描述如下：

灌木；高达 1.5m；茎多分枝，分枝斜升或横卧地面；小枝顶端刺状，每节具长 0.3~1.5cm 棘刺；叶在长枝单生，在短枝 2~6 枚簇生，线形、线状披针形或线状倒披针形，稀边缘反卷呈柱状，肉质，灰绿色，长 0.5~3cm，宽 2~7mm，先端钝圆，基部渐窄；近无柄；花 1~2 枚生于短枝叶腋；花梗长 0.5~1cm；花萼窄钟状，长 4~5mm，果时稍增大成半球状，包被果中下部，不规则 2~4 浅裂，裂片膜质，疏被缘毛；花冠漏斗状，淡紫色，长约 1.2cm，5 浅裂，裂片长圆状卵形，长为冠筒的 1/3~1/2，无缘毛；雄蕊稍伸出，花丝近基部疏被绒毛，花柱与雄蕊近等长；浆果球状，紫黑色，有时顶端稍凹下，径 6~9mm；种子褐色，肾形，长 1.5mm，径约 2mm。国内产地：陕西北部、宁夏、甘肃、青海、新疆和西藏；国外分布：中亚、高加索和欧洲亦有；生境：耐干旱，常生于盐碱土荒地、沙地或路旁（图 6-4）。

图 6-4　黑果枸杞

6.4.4 入侵植物

根据生态环境部发布的《中国外来入侵物种名单》(第一批、第二批、第三批、第四批),参照《中国入侵植物名录》,结合本次调查的植物名录,发现调查区有入侵植物 2 种,分别为苋科的刺沙蓬(*Salsola tragus*)和灰绿藜(*Chenopodium glaucum*)。其特征描述如下:

1. 刺沙蓬(*Salsola tragus*)

一年生草本;高达 1m;茎直立,基部多分枝,常被短硬毛及色条;叶半圆柱形或圆柱形,长 1.5~4cm,径 1~1.5mm,先端具短刺尖,基部宽,具膜质边缘;花着生于枝条上部组成穗状花序;苞片窄卵形,先端锐尖,基部边缘膜质;小苞片卵形;花被片窄卵形,膜质,无毛,1 脉,果时变硬,外轮花被片的翅状附属物肾形或倒卵形;内轮花被片的翅状附属物窄,附属物径 0.7~1cm,花被片翅以上部分近革质,向中央聚集,先端膜质;柱头丝状,长为花柱的 3~4 倍。国内产地:东北西部、华北北部、甘肃北部。生境:沙丘、砂地及山谷。原产地为中亚、西亚、南欧,入侵等级为 5 级(图 6-5)。

图 6-5 刺沙蓬

2. 灰绿藜（*Chenopodium glaucum*）

一年生草本；高 20～40cm；茎平卧或外倾，具条棱及绿色或紫红色色条；叶片矩圆状卵形至披针形，长 2～4cm，宽 6～20mm，肥厚，先端急尖或钝，基部渐狭，边缘具缺刻状牙齿，上面无粉，平滑，下面有粉而呈灰白色，有稍带紫红色；中脉明显，黄绿色；叶柄长 5～10mm；胞果顶端露出于花被外，果皮膜质，黄白色；种子扁球形，直径 0.75mm，横生、斜生及直立，暗褐色或红褐色，边缘钝，表面有细点纹。国内产地：我国除台湾、福建、江西、广东、广西、贵州、云南诸省区外，其他各地都有；国外分布：广布于南北半球的温带。生境：农田、菜园、村房、水边等有轻度盐碱的土壤上。原产地不详，入侵等级为 4 级（图 6-6）。

图 6-6 灰绿藜

6.5 植物群系调查

根据样方调查数据，通过重要值确定优势物种，并依据《中国植被》（1980 年）和《甘肃植被》（1997 年）的植被类型划分，调查区域的植被类型大致分为草原、荒漠、灌丛、草甸 4 个植被型组；温带荒漠草原、温带荒漠、温带灌丛、盐化草甸 4 个植被类型；丛生禾草荒漠草原，小半灌木荒漠草原，小乔木荒漠，半灌木、小半灌木荒漠，盐生小半灌木荒漠，盐地沙生灌丛，禾草盐化草甸 7 个植被亚型以及 11 个群系（表 6-1）。

表 6-1 调查区域植物群系类型

植被型组	植被型	植被亚型	群系
草原植被型组	温带荒漠草原植被型	丛生禾草荒漠草原植被亚型	沙生针茅群系（Form. *Stipa caucasica* subsp. *glareosa*）
草原植被型组	温带荒漠草原植被型	小半灌木荒漠草原植被亚型	内蒙古旱蒿群系（Form. *Artemisia xerophytica*）
荒漠植被型组	温带荒漠植被型	小乔木荒漠植被亚型	梭梭群系（Form. *Haloxylon ammodendron*）
荒漠植被型组	温带荒漠植被型	半灌木、小半灌木荒漠植被亚型	黑沙蒿群系（Form. *Artemisia ordosica*）
荒漠植被型组	温带荒漠植被型	半灌木、小半灌木荒漠植被亚型	红砂群系（Form. *Reaumuria songarica*）
荒漠植被型组	温带荒漠植被型	半灌木、小半灌木荒漠植被亚型	黑果枸杞群系（Form. *Lycium ruthenicum*）
荒漠植被型组	温带荒漠植被型	盐生小半灌木荒漠植被亚型	尖叶盐爪爪群系（Form. *Kalidium cuspidatum*）
荒漠植被型组	温带荒漠植被型	盐生小半灌木荒漠植被亚型	盐爪爪群系（Form. *Kalidium foliatum*）
灌丛植被型组	温带灌丛植被型	盐地沙生灌丛植被亚型	柽柳群系（Form. *Tamarix chinensis*）
灌丛植被型组	温带灌丛植被型	盐地沙生灌丛植被亚型	白刺群系（Form. *Nitraria tangutorum*）
草甸植被型组	盐化草甸植被型	禾草盐化草甸植被亚型	芦苇群系（Form. *Phragmites australis*）

主要植物群系描述如下：

1）沙生针茅群系（Form. *Stipa caucasica* subsp. *glareosa*）

沙生针茅是亚洲中部草原区的一个重要的荒漠草原种，在甘肃从环县向西到靖远，直至河西走廊的北山、祁连山山地都有其分布。但单独形成优势种的群落却很少见。它常与狭叶锦鸡儿、合头草、红砂、珍珠猪毛菜等旱生灌木与半灌木组成群落，主要分布于祁连山、龙首山等山前洪积冲积带，另在山丹、民乐、永昌、古浪、景秦的低山丘陵坡地上也有出现。

沙生针茅群落总盖度为 10%～40%，通常为 20%～30%。其中植株高度，红砂与合头草高 15～20cm，珍珠猪毛菜高 10～13cm，狭叶锦鸡儿高 100cm 左右，草本植物高度多在 10cm 以下。群落中植物数量多的，草本有戈壁针茅、短花针茅、无芒隐子草等；半灌木有菴状亚菊、冷蒿等；杂类草有戈壁天门冬、拐轴鸦葱、冬青叶兔唇花、黄花蒿等。沙生针茅孕穗期含粗蛋白质 14.32%、粗脂肪 4.56%、无氮浸出物 31.96%。适口性中等。每公顷产鲜草 299.9~899.6kg。灌丛化的沙生针茅草地是甘肃荒漠和半荒漠区羊和骆驼的主要放牧场，但生境条件较差，应加强保护、合理放牧，以免沙化。沙生针茅群系在本调查区与白刺等灌木群系混生，主要分布在荒漠区，代表性样方有 ss6，盖度为 7%，重要值为 1.63（图 6-7）。

图 6-7 沙生针茅群系景观照片

2）内蒙古旱蒿群系（Form. *Artemisia xerophytica*）

内蒙古旱蒿群系的灌木层主要为白刺和梭梭，草本层主要为刺沙蓬和沙生针茅。内蒙古旱蒿群系在本调查区主要分布在荒漠区，代表性样方有 hm9 和 hm16，盖度分别为 8% 和 10%，重要值分别为 2.06 和 1.74（图 6-8）。

3）梭梭群系（Form. *Haloxylon ammodendron*）

梭梭集中地分布于酒泉地区的肃北蒙古族自治县的马鬃山区域。另在敦煌市南部，与西部的库姆塔格沙漠边缘，以及民勤县巴丹吉林沙漠东南缘亦有星

图 6-8　内蒙古旱蒿群系景观照片

散分布，但破坏都很严重。梭梭群落种类组成很少，通常呈单优势种群落。有时也有伴生植物，在沙砾质戈壁环境中，伴生植物有泡泡刺、红砂和盐生草；在流沙地上有沙拐枣；被流沙覆盖的龟裂黏土上有红砂、合头草等。梭梭树高一般 1m 左右。它材质坚硬，性耐旱、耐盐。其在年降水量 100～150mm，沙层含水量不低于 2% 的流沙区能适应，而且生长迅速，故是理想的固沙植物。同时，嫩枝可供骆驼采食，若放牧适度，这种群落又是良好的荒漠牧场。梭梭群系在本调查区为人工群系，主要分布在荒漠区，代表性样方有 ss2、ss3、ss4、ss5、ss6，最小盖度为 5%、最大盖度为 26%，重要值最低为 1.21、最高为 2.58（图 6-9）。

4）黑沙蒿群系（Form. *Artemisia ordosica*）

黑沙蒿是甘肃省荒漠草原流沙区的旱生半灌木植物，分布比较集中，主要分布于巴丹吉林沙漠东南与腾格里沙漠西南边缘，如在民勤县、古浪县、景泰县境内的固定和半固定沙丘就有其分布。黑沙蒿株高 50～70cm，个别可达 100cm。它在沙丘间低地呈丛生，丛径可达 60～70cm。群落总盖度 20%～

图 6-9　梭梭群系景观照片

40%，主要组成种类有沙生针茅、无芒隐子草、猫头刺、霸王，以及黑沙蒿根上寄生的列当、盐生肉苁蓉等。目前大部分半固定沙丘的黑沙蒿群落处在衰败阶段，如民勤境内的黑沙蒿群落现存不多，而为白沙蒿逐渐替代。若有白沙蒿为亚优势种的黑沙蒿群落，便伴生有沙鞭、沙蓬、沙芥等。所以在民勤现有黑沙蒿或白沙蒿、沙鞭群落。古浪县、景泰县境内的黑沙蒿仍居优势，但渗入了少量的荒漠灌木，如白刺，故有的地段出现黑沙蒿、白刺群落。黑沙蒿和白沙蒿都是羊和骆驼喜食的植物。黑沙蒿群落每公顷产鲜草 299.9~374.8kg。白沙蒿现蕾期含粗蛋白质 13.41%、粗脂肪 5.5%、无氮浸出物 46.1%。此类群落是甘肃省荒漠草原区较好的牧场。黑沙蒿群系在本调查区主要分布在荒漠区，代表性样方有 hm20，盖度达到 31%，重要值为 2.14（图 6-10）。

5）红砂群系（Form. *Reaumuria songarica*）

红砂群落是草原化荒漠的代表类型。它分布很广泛，从甘肃中部黄土丘陵阳坡，至河西走廊的洪积、冲积滩地，以及砂砾质低丘，都能见其成片生长。植丛高一般为 7~10cm，生境条件良好的可达 30~40cm。盖度低的为 2%~5%，高的有 25%。每公顷产鲜重 149.9~224.9kg，最高可达 449.8~

图 6-10　黑沙蒿群系景观照片

1049.5kg。伴生植物，在荒漠区灌木成分多，主要有珍珠猪毛菜、合头草、短叶假木贼、泡泡刺、中亚紫菀木、刺旋花、狭叶锦鸡儿、沙蒿、灌木亚菊、蓍状亚菊、尖叶盐爪爪、驼绒藜等。在草原区，草本植物逐渐增多，有沙生针茅、戈壁针茅、石生针茅、蒙古葱、盐生草、银灰旋花、骆驼蓬等。红砂可供骆驼食用，是荒漠区面积最大的牧场。红砂群系在本调查区主要分布在荒漠区，代表性样方有 hm12、hm19、hm24，盖度分别为 15%、34%、10%，重要值分别为 1.78、2.17、1.62（图 6-11）。

6）黑果枸杞群系（Form. *Lycium ruthenicum*）

黑果枸杞群系主要分布于盐碱地。灌木层常见骆驼刺，伴生有霸王、柽柳；草本层主要为芦苇，偶见花花柴、苦豆子、赖草、田旋花、鹅绒藤、苦苣菜等。黑果枸杞群系在本调查区的分布范围较窄，主要分布在荒漠区，并与白刺等灌木群系混生，代表性样方有 hm11，盖度为 5%，重要值为 1.45（图 6-12）。

图6-11 红砂群系景观照片

图6-12 黑果枸杞群系景观照片

7）尖叶盐爪爪群系（Form. *Kalidium cuspidatum*）

尖叶盐爪爪群系主要分布于祁连山、阿尔金山、大雪山、马鬃山等山前冲积盐化土壤上。群落盖度也随水分而异，低的只有5%~7%，高的可达40%。

植丛高 15~34cm；在盐化黏土上，每公顷产鲜重一般为 404.8~1019.5kg，最高达 1649.2~1949kg；在湖盆低地盐碱土上，每公顷产鲜重达到 8045.7kg。伴生植物，在盐化黏土上有红砂、珍珠猪毛菜、合头草、中亚紫菀木、冠芒草、刺沙蓬、盐生草等；在低湿盐碱土上有细枝盐爪爪、白刺、芦苇等。尖叶盐爪爪群系在本调查区的分布范围较窄，主要分布在荒漠区，并与柽柳等灌木群系混生，代表性样方有 hm8，盖度为 10%，重要值为 1.15（图 6-13）。

图 6-13 尖叶盐爪爪群系景观照片

8）盐爪爪群系（Form. *Kalidium foliatum*）

在盐渍化土壤上，还有小面积分布的盐爪爪群系。这些植物组成的群落盖度一般为 20%~60%，植丛高 20~40cm，有的可达 40~90cm，鲜重一般每公顷为 899.6~1799.1kg，最高可达 5997.0~13493.3kg。伴生植物有小果白刺、柽柳、盐穗木、黑果枸杞等。在龟裂的盐化黏土上，伴生植物还有红砂、尖叶盐爪爪、珍珠猪毛菜等。草本植物有芦苇、蒙古鸦葱、甘草、赖草、碱蓬等。盐爪爪群系在本调查区的分布范围较广，主要分布在荒漠区和盐化草甸区，并与白刺等灌木群系混生，代表性样方有 hm5、hm17、yhcd4、ss3，盖度最低为 10%、最高为 16%；重要值最低为 1.65、最高为 3（图 6-14）。

图 6-14　盐爪爪群系景观照片

9）白刺群系（Form. *Nitraria tangutorum*）

白刺属的植物，目前在甘肃境内有白刺、齿叶白刺、小果白刺和泡泡刺 4 种，它们主要分布于河西走廊荒漠地区。白刺和齿叶白刺则见于盐化沙地，前者比较集中分布于河西走廊北部的固定、半固定沙丘，湖盆周围和冲积洪积扇下缘。后者分布范围较广，在祁连山、马鬃山、合黎山、龙首山的山前残丘、洪积扇下缘都有分布。白刺群落种类组成简单，覆盖度很小。在湖盆周围，常与齿叶白刺混生，呈环状分布于盐生草甸外围。灌丛高 1m 左右，盖度为 20%~40%。伴生植物有芨芨草、骆驼蓬等。在沙区，白刺为单优势种群落，常与柽柳、沙蒿、蒙古沙拐枣等群落镶嵌分布，共同组成较大面积的固定、半固定沙丘区。灌丛高约 0.5m，盖度 20%。伴生植物有芨芨草、苦豆子等。白刺虽能耐干旱与耐高温，若地下水位下降至 3~5m 及以下，则渐消退，为其他超旱生植物群落所代替。若地下水位上升，白刺便向湖盆外围迁移，原分布地则为盐生草甸类型所占据，所以它的动态与地下水位有密切关系。

白刺群系在本调查区的分布范围较广，是本调查区的主要植物群系，主要分布区在荒漠区和盐化草甸区。荒漠区代表性样方有 10 个，分别为 hm2、 hm3、hm4、hm6、hm10、hm13、hm14、hm15、hm21、hm22，盖度最低为5%、最高为50%；重要值最低为1.25、最高为3。盐化草甸区代表性样方有6个，分别为yhcd1、yhcd2、yhcd3、yhcd5、yhcd6、yhcd10，盖度最低为5%、最高为35%；重要值最低为1.87、最高为3（图6-15）。

图6-15 白刺群系景观照片

10）柽柳群系（Form. *Tamarix chinensis*）

柽柳群落主要分布于盐渍沙土地带，最适生长于地下水位2~3m、土壤轻度盐化的沙质草甸土上。柽柳植株可形成直径5~10m的大灌丛，高一般有2m左右，因此盖度可达40%~70%。伴生的植物主要有刚毛柽柳、长穗柽柳、细穗柽柳、小果白刺等。草本层主要有芦苇、假苇拂子茅、拂子茅、胀果甘草、花花柴、苦豆子等。柽柳群系在本调查区的分布范围较窄，主要分布区在荒漠区和盐化草甸区。荒漠区代表性的样方有hm7，盖度为45%，重要值为2.79。盐化草甸区代表性的样方有yhcd7、yhcd8，盖度分别为9%和6%，重要值分别为1.39和3（图6-16）。

图 6-16　柽柳群系景观照片

11）芦苇群系（Form. *Phragmites australis*）

芦苇生态幅很广，可在河边、池沼中生长，成为沼泽类型；又可在地下水位较高的水分饱和的土壤中生长，成为草甸类型；还可适应于盐渍化土壤，形成盐化草甸类型；亦能见于流沙地区的沙丘间低地，成为沙生植被中一个组成成分。由于它有如此广阔的生态幅，故又是多种植物群落的伴生种。

芦苇群落在河西走廊，广泛分布于石羊河、黑河、疏勒河各流域的沿河阶地上，以及巴丹吉林、腾格里和其他沙化区域的丘间低地。在绿洲及甘肃省其他地区，则常见芦苇沼泽生长于湖泊、池沼之中。草甸类型的芦苇群落呈丛生禾草，高一般90~140cm，而沙地上只有60cm左右，甚至更低，为6cm。群落盖度不等，密集的可达60%~100%，中等的为40%~60%，稀疏的只有10%~30%，最稀疏的则为7%~10%或更小。这些都受水分状况的影响。由于疏密不等，产量也不同。最低每公顷产鲜草224.9kg以下，最高可达14992.5~37481.3kg，一般为3748.1~5997.0kg。呈沼泽型的芦苇群落，株高2~4m，盖度都达100%，为单优势种群落。伴生植物很少，常见的有水葱、荆三棱、水烛、泽泻、茵草、水蓼、两栖蓼等。而在陆地上的伴生植物，轻盐化草甸土上有赖草、苦豆子、海乳草等；盐化草甸土上则为蒙古鸦葱、芨芨草、苦豆子、骆驼刺、二色补血草、大叶白麻、盐地风毛菊、拂子茅、甘草等；深度盐化草甸土上有碱蓬、黑果枸杞、盐爪爪、白刺等。芦苇经济价值很高，除供放牧外，还是造纸的良好原料，也可进行编织，或作为建筑材料。

芦苇群系主要分布区在草甸区和盐化草甸区。草甸区代表性样方有16个，分别为cd1、cd2、cd3、cd4、cd5、cd7、cd8、cd9、cd10、cd11、cd12、cd13、cd14、cd15、cd16、cd17，盖度最低为55%、最高为100%；重要值最低为2.14、最高为3。盐化草甸代表性样方有9个，分别为yhcd1、yhcd2、yhcd3、yhcd4、yhcd5、yhcd6、yhcd7、yhcd8、yhcd10，盖度最低为10%、最高为40%；重要值最低为1.83、最高为3（图6-17）。

图6-17 芦苇群系景观照片

6.6 不同区域的土壤理化性质

从图6-18可以看出，草甸区土壤有机碳的含量最高，平均值为0.90%，梭梭人工林的土壤有机碳含量最低，平均值为0.27%，草甸区的有机碳与荒漠区存在显著差异（$p<0.05$），盐化草甸区、荒漠区与梭梭人工林之间的有机

碳差异不显著。盐化草甸区的土壤总氮最高，平均值为0.05%，荒漠区的总氮含量最低，平均值为0.03%，盐化草甸区的土壤总氮与荒漠区存在显著差异（$p<0.05$），草甸区、荒漠区与梭梭人工林的土壤总氮不存在显著差异。草甸区的含水量最高，平均值为20.8%，梭梭人工林最低，平均值为3.8%，草甸区和盐化草甸区的土壤含水量与荒漠区和梭梭人工林均存在显著差异（$p<0.05$）。草甸区的土壤pH最高，平均值为8.25，梭梭人工林最低，平均值为7.63，且两者之间存在显著差异（$p<0.05$），草甸区、盐化草甸区与荒漠区之间的pH不存在显著差异。

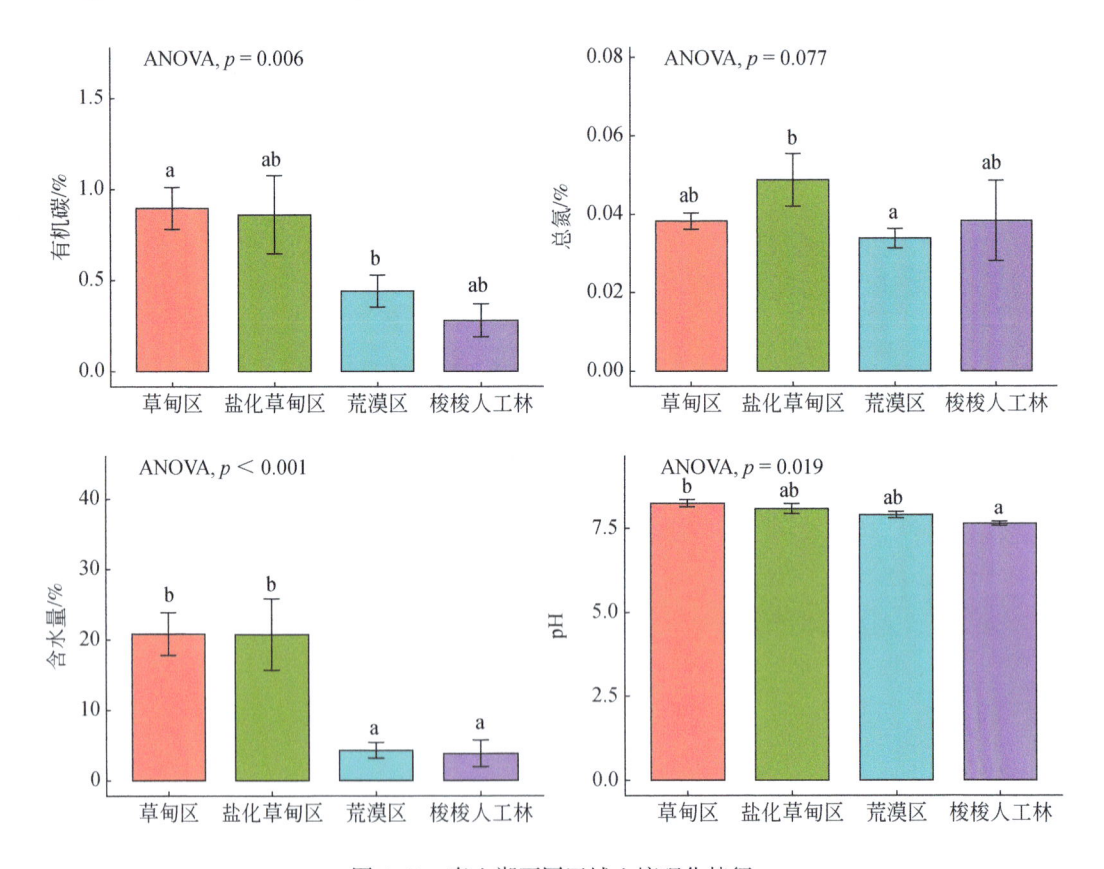

图6-18 青土湖不同区域土壤理化特征

6.7 不同区域的植物群落特征

6.7.1 植被盖度和地上生物量

在青土湖的样方调查中，16个样方为草甸区，9个样方为盐化草甸区，22个样方为荒漠区，5个样方为梭梭人工林，利用样方调查数据可对青土湖的植物群落特征进行比较分析。从图 6-19 可以发现，草甸区的植被盖度最高，平均值为 86.6%，梭梭人工林最低，平均值为 30.2%，草甸区的植被盖度显著高于荒漠区、盐化草甸区和梭梭人工林（$p<0.05$），盐化草甸区的植被盖度也显著高于荒漠区和梭梭人工林（$p<0.05$），荒漠区和梭梭人工林不存在显著差异。草甸区的地上生物量最高，平均值为 1066.1g/m^2，荒漠区的地上生物量最低，平均值为 32.7g/m^2，但荒漠区、盐化草甸区和梭梭人工林之间不存在显著差异。

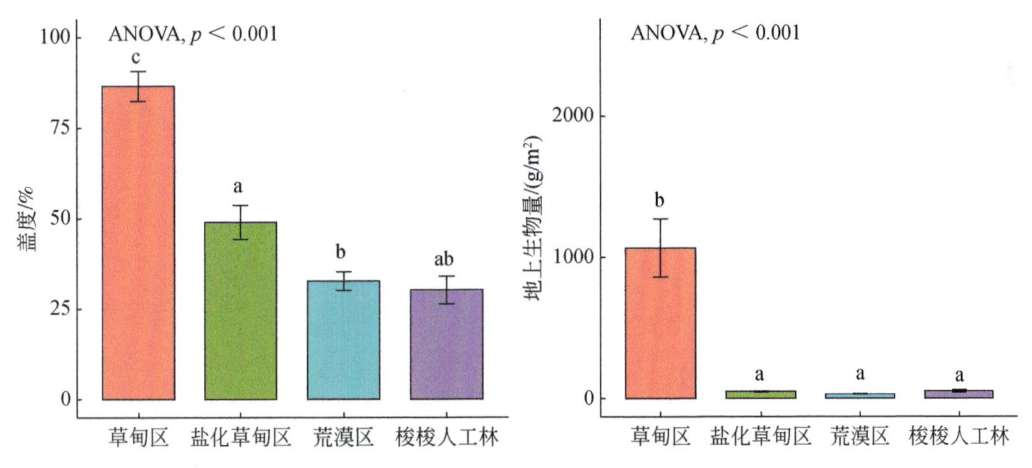

图 6-19 青土湖不同区域植被盖度和地上生物量

6.7.2 植物多样性指数

从图 6-20 可以发现，不同调查区域的多样性指数均存在显著差异。其中，草甸区的物种数最低，平均值为 1.13，梭梭人工林的物种数最高，平均值为 3.80，但梭梭人工林与荒漠区、盐化草甸区之间的物种数不存在显著差异。荒漠区的香农–维纳多样性指数、辛普森多样性指数均为最高，平均值分别为 0.52 和 0.29，草甸区均为最低，平均值分别为 0.05 和 0.03，荒漠区的香农–维纳多样性指数和辛普森多样性指数均显著高于草甸区（$p<0.05$），盐化草甸区、荒漠区与梭梭人工林之间均不存在显著差异。

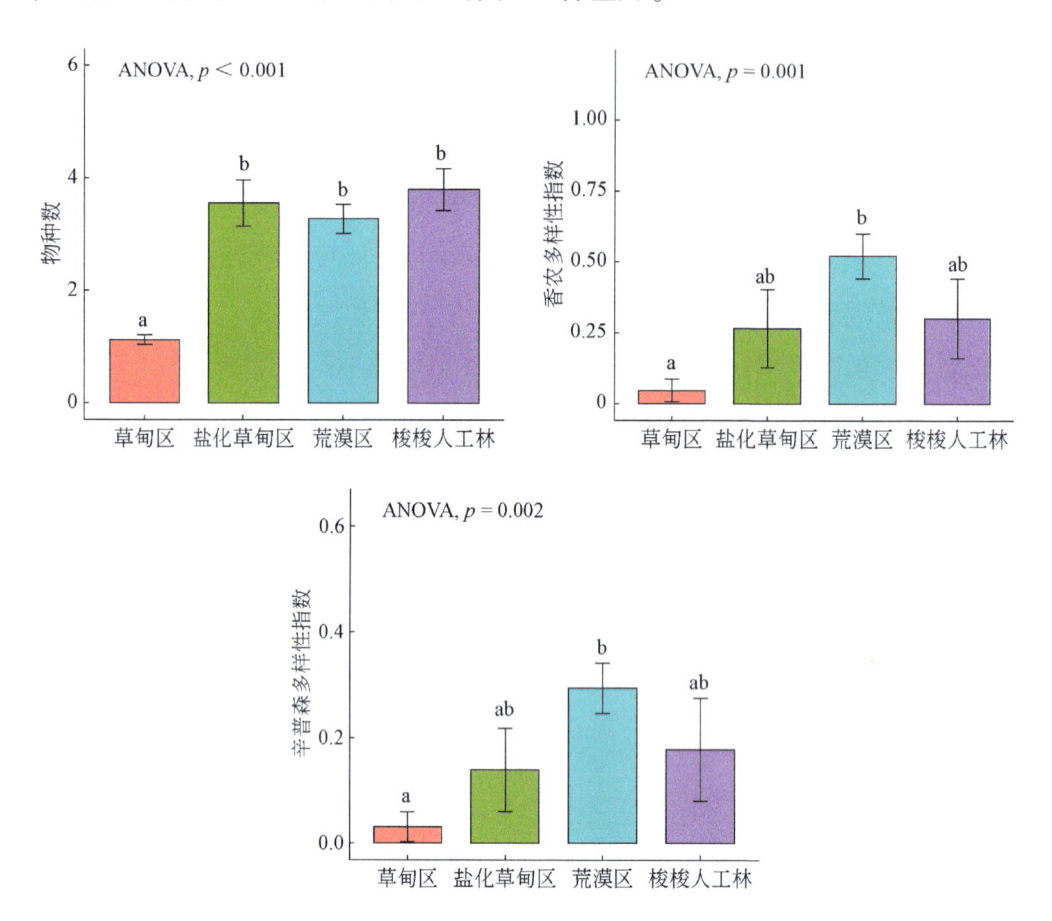

图 6-20 青土湖不同区域植物群落多样性指数

6.7.3　植物群落组成排序分析

对青土湖不同区域植物群落进行排序分析，并利用非参数多元方差分析

（PERMANOVA）对不同调查区的群落结构进行检验，发现不同调查区的群落组成存在显著差异（图6-21）。

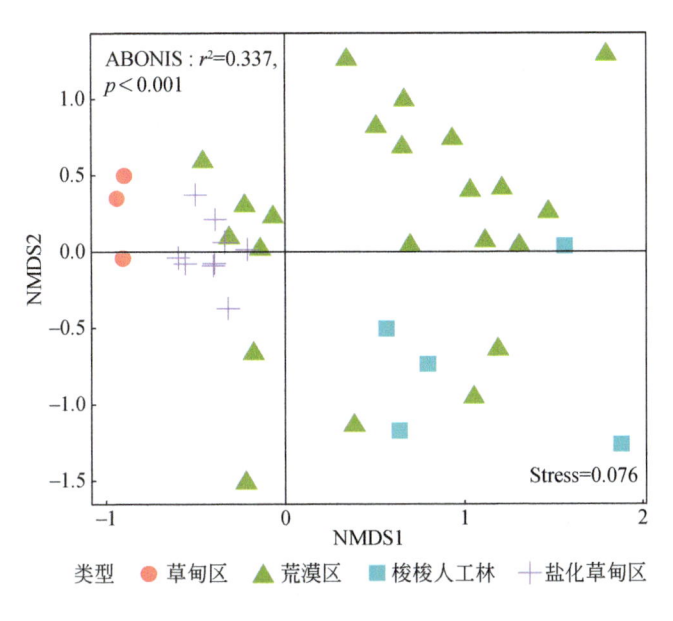

图6-21 青土湖不同区域植物群落的排序分析

6.7.4 植物群落特征与土壤理化的相关性分析

由表6-2可知，物种数与有机碳、含水量和pH呈显著负相关（$p<0.01$）。香农-维纳多样性指数、辛普森多样性指数与有机碳、总氮、含水量和pH显

表6-2 植物群落特征与土壤理化性质的相关性

项目	有机碳	总氮	含水量	pH
物种数	-0.40**	-0.21	-0.52***	-0.42**
香浓多样性指数	-0.49***	-0.36**	-0.59***	-0.53***
辛普森多样性指数	-0.49***	-0.37**	-0.58***	-0.55***
生物量	0.11	-0.04	0.32*	0.20
盖度	0.35*	0.07	0.46**	0.35*

* $p<0.05$；** $p<0.01$；*** $p<0.001$。

著负相关（$p<0.01$），生物量与土壤含水量显著正相关（$r=0.32$，$p<0.05$）。盖度与有机碳、土壤含水量和 pH 显著正相关（$p<0.05$）。

6.8 不同区域主要植物物种的特征属性

6.8.1 不同区域芦苇的特征属性

通过调查发现，有 31 个样方中有芦苇分布，其中草甸区 16 个、盐化草甸区 9 个、荒漠区 6 个，梭梭人工林无芦苇分布。利用样方调查数据可对青土湖不同区域芦苇的特征属性进行比较分析。从图 6-22 可以发现，草甸区芦苇的盖度、多度、高度和生物量最高，平均值分别为 85.66%、143.8、154.0cm、1060.3g/m²，均显著高于盐化草甸区和荒漠区（$p<0.05$）。盐化草甸区芦苇的盖度显著高于荒漠区（$p<0.05$），盐化草甸区芦苇的多度、高度和生物量与荒漠区均不存在显著差异。

由表 6-3 可知，芦苇的盖度与土壤含水量显著正相关（$r=0.42$，$p<0.05$），芦苇的其他特征属性与土壤理化性质不具有显著相关性。

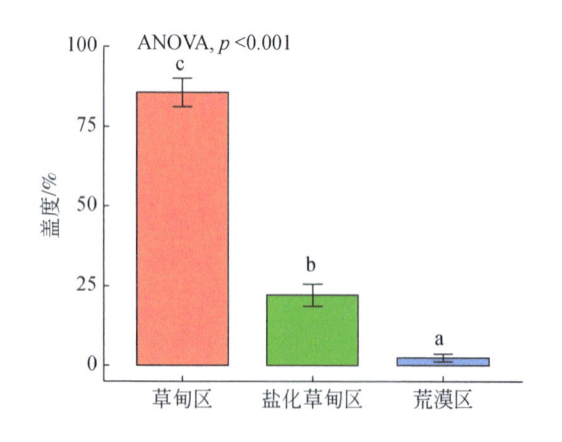

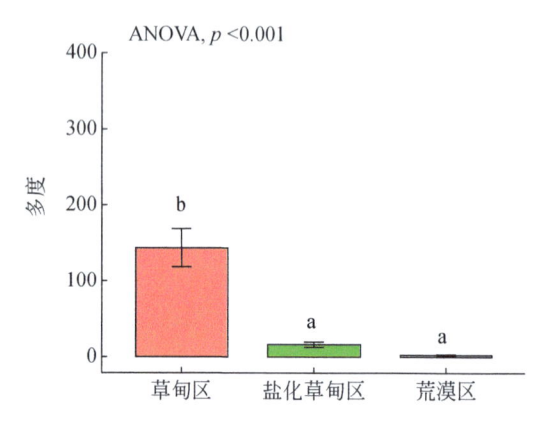

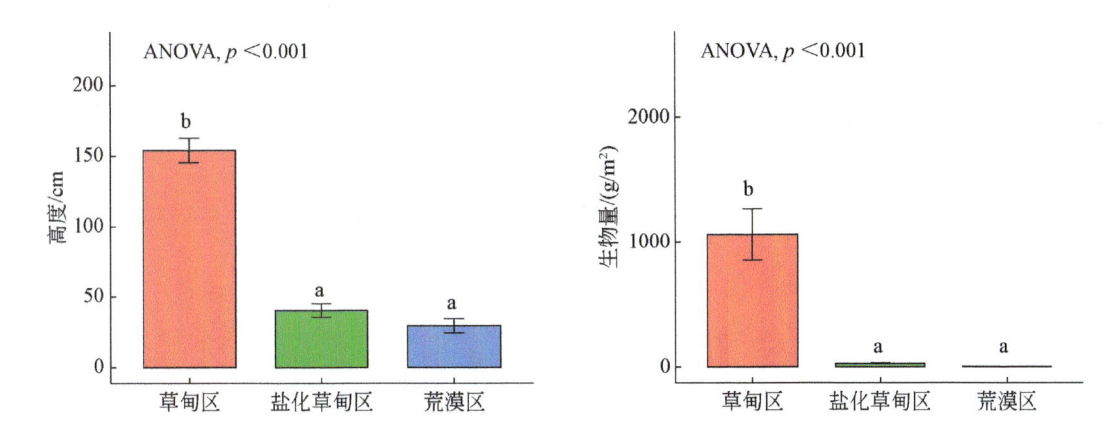

图 6-22　不同区域芦苇的特征属性

表 6-3　芦苇的特征属性与土壤理化性质的相关性分析

项目	有机碳	总氮	含水量	pH
盖度	0.27	0.01	0.42*	0.13
多度	0.18	0.00	0.22	0.08
高度	0.17	−0.08	0.35	0.13
生物量	0.15	0.00	0.26	0.12

*$p<0.05$。

6.8.2　不同区域白刺的特征属性

通过调查发现，有 32 个样方中有白刺的分布，其中荒漠区 20 个、盐化草甸区 8 个、梭梭人工林 4 个，草甸区无白刺的分布。利用样方调查数据可对青土湖不同区域白刺的特征属性进行比较分析。从图 6-23 可以发现，盐化草甸区白刺的盖度略高于荒漠区和梭梭人工林，但三者之间不存在显著性差异。荒漠区白刺的多度略高于盐化草甸区和梭梭人工林，但三者之间不存在显著性差异。盐化草甸区白刺的高度最高，平均值为 52.8cm，显著高于荒漠区。盐化草甸区白刺的地上生物量略高于荒漠区和梭梭人工林，但三者之间不存在显著性差异。

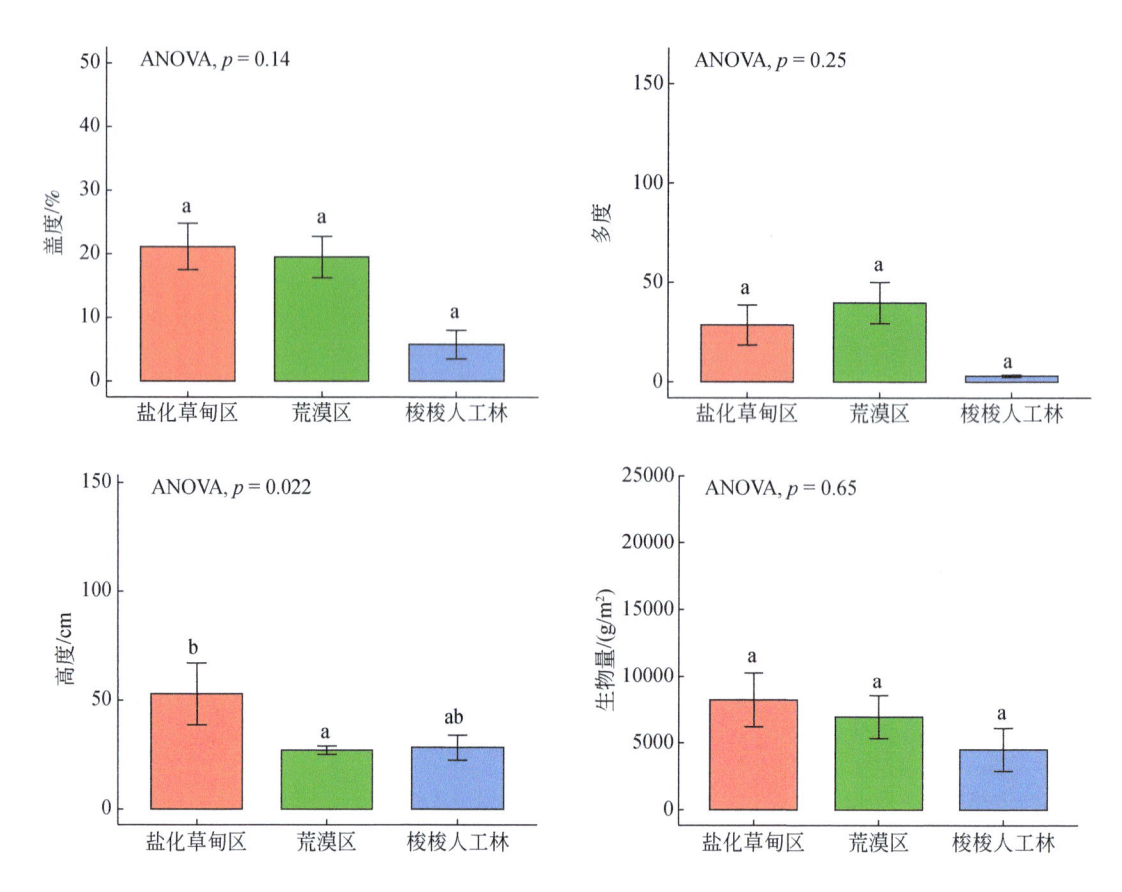

图 6-23 不同区域白刺的特征属性

由表 6-4 可知，白刺的生物量与土壤 pH 显著正相关（$r=0.48$，$p<0.01$），与其他土壤理化性质的相关性不显著。

表 6-4 白刺的特征属性与土壤理化性质的相关性分析

项目	有机碳	总氮	含水量	pH
盖度	0.18	−0.09	0.12	0.26
多度	0.17	−0.09	0.05	−0.16
高度	0.18	0.10	0.14	−0.01
生物量	0.16	0.09	0.13	0.48**

** $p<0.01$。

6.8.3 不同区域盐爪爪的特征属性

通过调查发现，在 14 个样方中有盐爪爪分布，其中荒漠区 6 个、盐化草甸区 6 个、梭梭人工林 2 个，草甸区无分布。用样方调查数据可对青土湖不同区域盐爪爪的特征属性进行比较分析。从图 6-24 可以发现，荒漠区盐爪爪的盖度、多度略高于盐化草甸区和梭梭人工林，但三者之间不存在显著性差异。盐化草甸区盐爪爪的高度略高于荒漠区和梭梭人工林，但三者之间不存在显著性差异。梭梭人工林盐爪爪的生物量略高于荒漠区和盐化草甸区，但三者之间也不存在显著性差异。

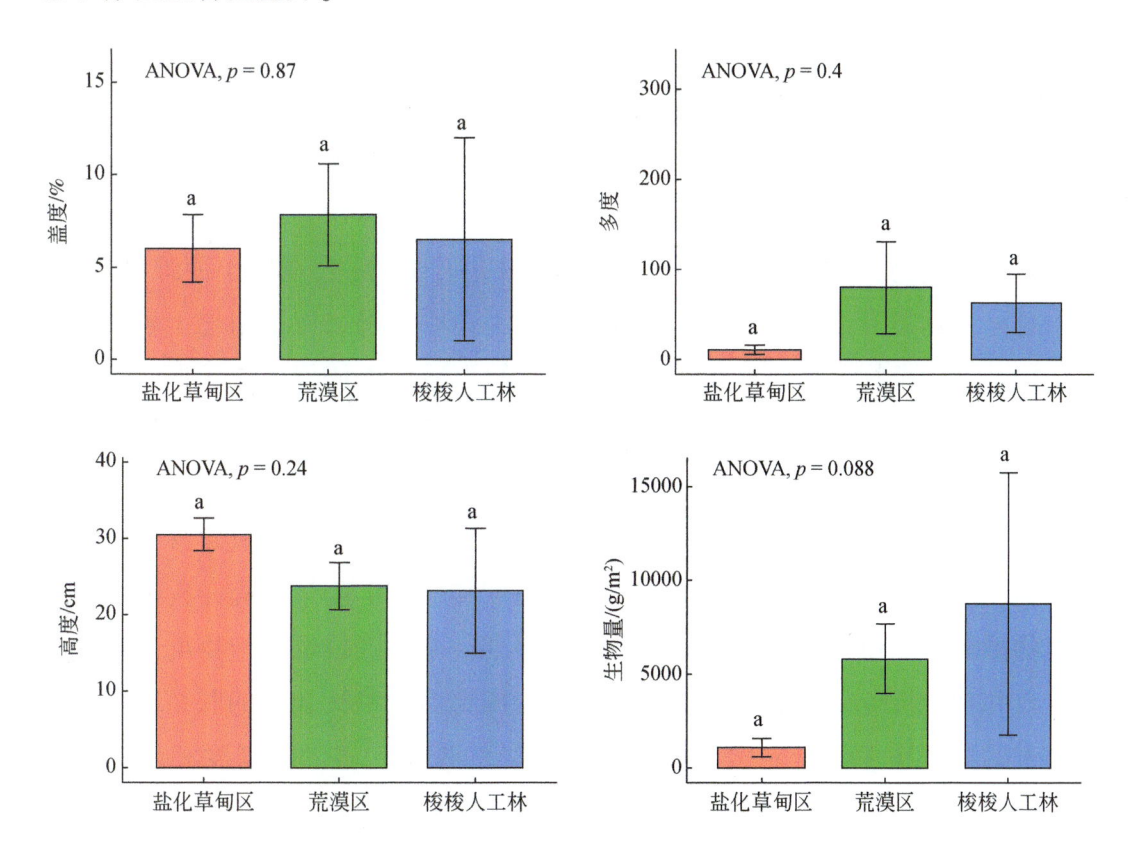

图 6-24　不同区域盐爪爪的特征属性

由表 6-5 可知，盐爪爪的特征属性与土壤理化性质的相关性不显著。

表 6-5 盐爪爪的特征属性与土壤理化的相关性分析

项目	有机碳	总氮	含水量	pH
盖度	0.21	−0.14	0.25	0.43
多度	−0.28	−0.34	−0.03	−0.14
高度	0.37	0.14	0.32	0.29
生物量	−0.33	−0.38	−0.40	0.26

本 章 小 结

本研究通过三次野外调查，对青土湖区域的陆生植物现状进行了全面评估。共设置 80 个样方，包括草本和灌木样方，覆盖草甸区、盐化草甸区、荒漠区和梭梭人工林 4 个植被区域。样方调查内容涵盖植物种类、高度、盖度和生物量等，同时采集植物标本进行分类鉴定，并测定了土壤理化性质，包括 pH、有机碳、总氮和含水量。计算植物群落的多样性指数和物种重要值等指标，比较不同区域的土壤理化性质、植物群落特征属性和主要植物物种特征属性的差异。植物种类调查结果显示，区域内共有 11 科 25 属 30 种维管植物，其中苋科植物最为丰富，中国特有种 1 种，为白刺，国家保护植物 1 种，为黑果枸杞，入侵植物包括刺沙蓬和灰绿藜。植物群系调查依据样方数据确定了优势物种，并划分植被类型。调查区域植被类型包括草原、荒漠、灌丛和草甸四个植被型组，以及 11 个群系，其主要植物群系为芦苇群系和白刺群系。不同区域的土壤理化性质和植物群落特征分析显示，草甸区土壤有机碳含量和含水量最高，而梭梭人工林最低。草甸区植被盖度和地上生物量最高，荒漠区的地上生物量最低。植物多样性指数在荒漠区最高，草甸区最低。植物群落组成排序分析和相关性分析揭示了土壤理化性质与植物群落特征之间的联系。主要植物物种的特征属性分析显示，芦苇在草甸区的盖度、多度、高度和生物量最高，其盖度与土壤含水量显著正相关。白刺的生物量与土壤 pH 显著正相关。盐爪爪的特征属性与土壤理化性质的相关性不显著。研究结果为理解青土湖区域的植被分布、植物群落结构和生态系统功能提供了基础数据，对生态保护和植被恢复工作具有重要意义。

第 7 章　青土湖生物多样性认知调查

7.1　调查方案

7.1.1　机构调查方法与内容

1. 调查方法

结合参与式访谈+一对一问卷调查,对相关的县政府直属部门、分支机构、派出机构、湖区周围的乡镇政府、基层村委开展座谈,同时对机构相关人员开展一对一访谈式问卷调查。

2. 调查内容

机构座谈内容包括以下五个方面:①机构职能、人员构成和日常参与保护湖区生物多样性的具体工作;②历年来机构承担的保护湖区生物多样性的相关任务;③机构在开展保护湖区生物多样性工作中存在的主要问题与矛盾;④机构在开展保护湖区生物多样性工作中的迫切需要;⑤机构对进一步提升湖区生物多样性水平的对策建议。机构座谈内容思路示意图见图7-1。

机构座谈期间对机构相关工作人员进行一对一访谈式问卷调查。一对一机构人员访谈式问卷调查内容如下:①工作人员基本信息;②机构工作人员参与保护湖区生物多样性的活动形式与活动内容;③机构工作人员参与保护湖区生物多样性的主观认知与态度;④机构工作人员对湖区生物多样性保护工作成效

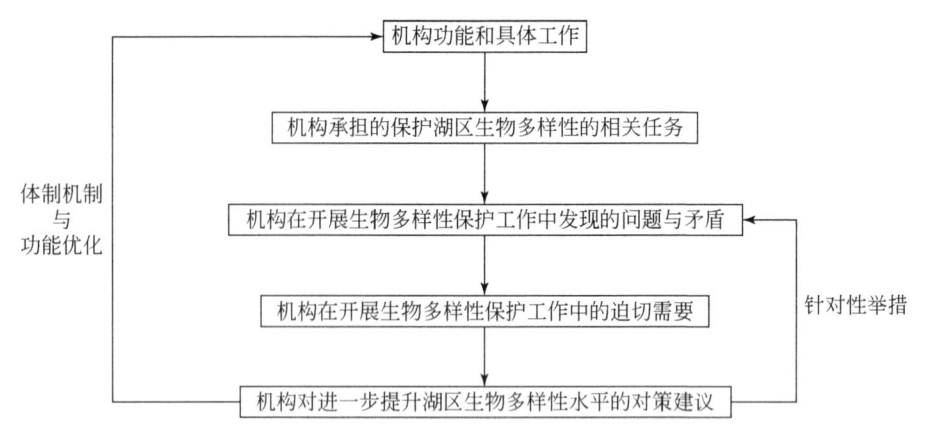

图 7-1 机构座谈思路示意图

的客观认知；⑤机构工作人员认为当前湖区生物多样性保护工作存在的主要问题；⑥机构工作人员对当地防沙治沙工作的参与情况和主客观认知；⑦机构工作人员对湖区生物多样性保护工作的建议（表7-1）。机构人员调查按一对一访谈的形式开展，访谈期间访员与被访机构工作人员根据访谈情况完成调查问卷，一个被访人员要求填写一份问卷。

表 7-1　机构人员访谈式问卷调查内容

问卷内容	对应问卷编号
（1）基本信息	封面页
（2）参与保护湖区生物多样性的活动形式与活动内容	问卷1-1（附录16）
（3）机构人员对活动参与的主观认知与态度	问卷1-1（附录16）
（4）机构人员对活动成效的客观认知	问卷1-2、问卷1-2-1、问卷1-2-2（附录16）
（5）机构人员认为活动存在的主要问题	问卷1-1、问卷1-2（附录16）
（6）机构人员防沙治沙工作的参与情况和主客观认知	问卷2-1（附录16）
（7）机构人员对湖区生物多样性保护工作的建议	问卷1-3（附录16）

7.1.2　农户调查方法与内容

1. 调查方法

选取湖区周围四个乡镇，对随机抽取的村社进行访谈+问卷调查。访谈形式包括入户访谈、集市随机访谈和集中访谈三种形式，访谈过程中完成问卷调查。其中入户访谈抽取了离湖区较近的几个村社，集市随机访谈选取收成镇农贸集市进行随机抽样，集中访谈由随机抽取的村社统一组织农户在村委办进行访谈调查。入户访谈、集市随机访谈和集中访谈统一问卷，按一个访谈配备一个访员进行访谈，访谈期间访员与被访农户按照访谈情况完成调查问卷，问卷一户一份。

2. 调查内容

农户访谈式调查涉及内容如下：①农户家庭基本信息；②农户家庭生产-收入情况；③农户参与保护湖区生物多样性的活动形式与活动内容；④农户参与保护湖区生物多样性系列活动的主观认知与态度；⑤农户对当地生物多样性保护成效的客观认知；⑥农户认为湖区生物多样性保护存在的主要矛盾与问题；⑦农户参与防沙治沙系列活动的主客观认知；⑧农户对保护湖区生物多样性工作的建议（表7-2）。

表7-2 农户访谈式问卷调查内容

问卷内容	对应问卷编号
（1）农户家庭基本信息	问卷3-1、问卷3-2（附录16）
（2）农户家庭生产-收入情况	问卷6-1、问卷6-2（附录16）
（3）农户参与保护湖区生物多样性的活动形式与活动内容	问卷4-1第7~第12题、问卷4-2第16~第20题（附录16）
（4）农户对活动参与的主观认知与态度	问卷4-1（附录16）
（5）农户对活动成效的客观认知	问卷4-2、问卷4-2-1、问卷4-2-2（附录16）
（6）农户认为活动存在的主要矛盾与问题	问卷4-1、问卷4-3（附录16）
（7）农户防沙治沙工作的参与情况和主客观认知	问卷4-3、问卷5-1（附录16）
（8）农户对湖区生物多样性保护工作的建议	问卷4-3（附录16）

7.2 样本选择

7.2.1 机构样本选择

1. 样本选择

根据前期与民勤县林业和草原局（简称林草局）的沟通，结合本轮调查任务，确定了民勤县林草局、县湿地局、县水利局（含水务局）、武威市生态环境局民勤分局为县级职能部门走访单位，它们与职能部门当中湖区生态与生物多样性保护主要负责人进行座谈，了解部门基本情况，参与到湖区生态与生物多样性保护的归口工作、归口管理工作中存在的体制机制矛盾、面临的主要问题，以及部门工作优化的建议等。

其间对湖区周围的西渠镇政府、东湖镇政府、红沙梁镇政府、收成镇政府主要负责人、相关工作人员开展座谈。了解乡镇层级在湖区生态与生物多样性保护当中面临的困难与矛盾，听取乡镇层级政府及其工作人员对于湖区保护的政策建议。座谈过程中对县级机关部门、乡镇政府工作人员进行了一对一的访谈式问卷调查，由经过训练的访员对被访人员进行深度访谈，同时填写问卷。

2. 过程控制

县直机关选取与湖区生态、多样性保护直接相关的部门和机构，通过前期沟通，集中组织县直机关处在防沙治沙、植树种草、水务分配第一线的基层干部进行访谈。湖区周围乡镇层面的干部访谈采用随机抽样的方式，访谈对象包括驻村干部、乡镇政府工作人员。访谈全程不控制时间，即问即答，针对个别问题延展解释，反复确认。

调查前对访谈人员进行集中培训，模拟演练，第一天机关调查的前2份问卷作为预演，两人一组，一组对应一个被访者开展座谈。熟练后一人一组展开一对一访谈。每天对当日调查结果沟通交流、集中讨论，以便及时发现问题、总结规律、交流访谈技巧。调查前期根据每日讨论内容对问卷当中个别题目的表述方式、问答方式进行调整。

3. 问卷回收情况

课题组先后走访了民勤县林草局、县湿地局、县水利局、武威市生态环境局民勤分局、湖区林业站等9家单位与机构，围绕湖区生物多样性与生态保护状况对被访机构相关人员进行一对一访谈式调查。共回收问卷82份，包括乡镇、村级机构访谈问卷42份，县直属机构、派出机构问卷40份。

7.2.2 农户访谈样本

1. 样本选择

选取湖区周围的西渠镇、东湖镇、红沙梁镇、收成镇四个乡镇为主要研究对象，按距湖区的距离随机抽取村社，由村委组织本村农户集中进行访谈式调查，一共走访了 4 镇 26 个村，并对一些村社采取随机入户的方式抽样调查。为补充村社样本，调查组还利用乡镇集市对赶集农户进行随机抽样调查，从中补充了 9 个村社（街道社区）样本。

2. 过程控制

村社集中调查根据前期和林草部门工作人员的协调，约定时间、地点、被访农户集中进行，大多数村社的集中调查在村两委所在地进行，为避免互相之间干扰访谈效果，加之处在农忙时期，所有被访农户分批次集中、一对一访谈。整个访谈过程防止被访人员之间交换信息。对每个农户访谈不设定完成时间上限，即问即答；针对个别问题延展解释，反复确认。

和机构人员访谈一样，调查前对访谈人员进行集中培训，模拟演练，第一天机关调查的前 2 份问卷作为预演，两人一组，一组对应一个被访者开展座谈。熟练后一人一组展开一对一访谈。每天对当日调查结果沟通交流、集中讨论，以便及时发现问题、总结规律、交流访谈技巧。调查前期根据每日讨论内容对问卷当中个别题目的表述方式、问答方式进行调整。

3. 问卷回收情况

课题组先后走访了 4 镇 26 个村，加上收成镇集市补充的 9 个村社（街道、社区）样本，一共调查了 35 个村社（街道、社区），一共回收农户问卷 220 份。各乡镇样本分布如图 7-2 和表 7-3 所示。

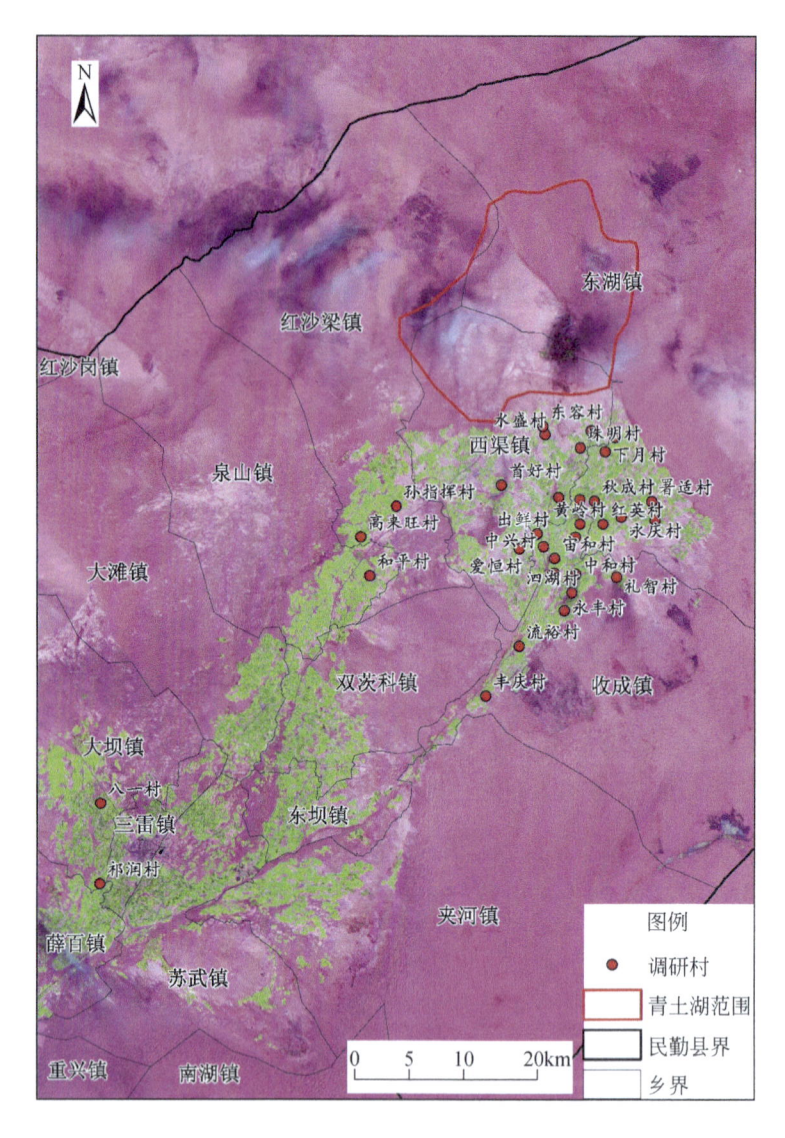

图 7-2　调研村示意图

表 7-3　农户样本分布

乡镇名称	调研村（社）	样本数量
东湖镇	东湖镇社区西大街、正新村、上润村、永庆村、致力村、红英村、下月村、秋成村、署适村、石英村	51
红沙梁镇	高来旺村、孙指挥村	28

续表

乡镇名称	调研村（社）	样本数量
收成镇	天成社区、中兴村、盈科村、黄岭村、宙和村、泗湖村、流裕村、礼智村、丰庆村、中和村、永丰村	70
西渠镇	珠明村、字云村、爱恒村、姜桂村、水盛村、东容村、出鲜村、首好村	67
其他	泉山镇和平村、大坝镇八一村、大坝镇祁润村、县城某社区	4

7.3 调查结果分析方法

本部分调查结果借助 STATA16 和 SPSS 软件完成。

对湖区生物多样性保护主观认知分别从个体认识—个体行动—个体态度—个体期待四个方面展开分析，以此揭示被访对象对于生物多样性的知识储备、行为表现和能动性特征。

对湖区生物多样性保护的客观认知分为对植物多样性、动物多样性保护的客观认知情况。分别从熟见度、品种数量的增减变化来衡量被访对象就近10年保护效果的整体认知。考虑到每个被访对象认知的异质性，我们利用如下的统计方法分别识别被访对象对各个品种的熟见度和可感知的增减变化，便于从中把握多样性分布和保护成效的总体特征。

熟见度统计方法：根据被访对象就"认识的植/动物种类"一题的回答，首先汇总提供答案的样本总量 n。其次，对每一个动、植物品种一一统计，从中得到每一个动、植物品种的子样本总量 n_i，i 为每一个品种。最后根据子样本总量 n_i 在样本总量 n 中所占的比重，即 n_i/n 来判断调查当中人们每一个动、植物品种的熟见度。熟见度的判断标准为：当熟悉样本超过样本总量的 2/3 时，记为"非常常见"，用"√√√√√"进行标记；当熟悉样本在样本总量中的占比处在 (1/3, 2/3] 时，记为"比较常见"，用"√√√"进行标记；当熟悉样本在样本总量中的占比处在 (0, 1/3] 时，记为"偶尔见过"，用"√"进行标记。"√"的数量越多表示近10年该品种分布越广泛，否则为零星/点状分布，不易见到。

增减变化的统计方法：和熟见度统计方法类似，根据"认识的植物种类"一题的嵌套问题"a 认识植/动物当中总量减少很多的品种""b 认识植/动物当中总量减少较多的品种""c 认识植/动物当中总量增加较多的品种""d 认识植/动物当中总量增加很多的品种"的答案，首先按答案汇总得到减少很多、减少一些、增加一些、增加很多的样本总量 n_a、n_b、n_c、n_d；其次，按每一个品种——汇总动/植物增减变化的子样本数量 n_{ia}、n_{ib}、n_{ic}、n_{id}；再次，根据子样本数量 n_{ia}、n_{ib}、n_{ic}、n_{id} 分别在样本总量 n_a、n_b、n_c、n_d 的占比，来一一判断每一个答案该品种的增减变化情况，增加记为"上"，减少记为"下"，当该占比超过 2/3 编码 3，不足 2/3 但超过 1/3 编码 2，不足 1/3 编码 1，不存在该样本编码无，依次从答案 a 标记至答案 d；最后，根据表 7-4 的评分规则计算每一个动/植物近 10 年的增减变化总评分，以此判断增减变化的认知情况，判断标准为：当总分处在 $(-\infty, -4)$、$[-4, -2)$、$[-2, 0)$、0、$(0, 2]$、$(2, 4]$、$(4, +\infty)$ 分数段时，分别对应"被访对象认为该品种近 10 年减少很多、被访对象认为该品种近 10 年减少较多、被访对象认为该品种近 10 年在减少、被访对象认为该品种近 10 年未发生变化、被访对象认为该品种近 10 年在增加、被访对象认为该品种近 10 年增加较多、被访对象认为该品种近 10 年增加很多"七种认知情形。品种不变用黑色圆圈表示，增加或减少的品种用箭头表示，向上（向下）箭头表示增加（减少），五个箭头表示近 10 年增/减变化很多，三个箭头表示近十年增/减变化较多，一个箭头表示近 10 年有一定增/减。

表 7-4　生物多样性保护成效客观认知的评分规则

项目		0	(0, 1/3]	(1/3, 2/3]	>2/3
		无	1	2	3
a-减少很多	下	0	-2	-3	-4
b-减少一些	下	0	-1	-2	-3
c-增加一些	上	0	1	2	3
d-增加很多	上	0	2	3	4

7.4 机构访谈结果

7.4.1 基层工作人员对生物多样性保护的主观认知

1. 对生物多样性保护的认识

一是基层工作人员缺乏生物多样性保护的相关保护知识。从机构工作人员的访谈式调查当中，本书所在的课题组了解到仍有相当一部分工作人员，尤其是乡镇和村社工作人员，不清楚什么是生物多样性，混淆生物多样性保护和生态保护、防沙治沙之间的区别，直接认为种草植树、防沙治沙就是在进行生物多样性保护。其中，乡镇队伍中仅1/10的工作人员熟悉生物多样性保护，1/4的乡镇工作人员、1/3的村社工作人员不了解什么是生物多样性，无法识别生物多样性保护与生态保护之间的区别。各部门对生物多样性内涵的了解情况见表7-5。组织乡镇、村社工作人员集中学习生物多样性保护，认清生物多样性保护对于生态建设、生态安全与生态保护的重要性意义重大。

表7-5 工作人员对生物多样性内涵的认识

部门	部门名称	不了解	一般了解	非常熟悉	样本合计
县直机关（含派出机构）	林草系统	0 (0%)	11 (73.33%)	4 (26.67%)	15 (100%)
	水利系统（含湿地局）	1 (6.67%)	12 (80%)	2 (13.33%)	15 (100%)
	环保系统	1 (10%)	5 (50%)	4 (40%)	10 (100%)
	县直合计	2 (5%)	28 (70%)	10 (25%)	40 (100%)
乡镇政府	东湖镇	1 (12.5%)	6 (75%)	1 (12.5%)	8 (100%)
	西渠镇	—	3 (100%)	—	3 (100%)
	收成镇	4 (33.33%)	7 (58.33%)	1 (8.33%)	12 (100%)
	红沙梁镇	3 (33.33%)	5 (55.56%)	1 (11.11%)	9 (100%)
	乡镇合计	8 (25.00%)	21 (65.63%)	3 (9.37%)	32 (100%)
村级组织（含社区）		3 (30%)	6 (60%)	1 (10%)	10 (100%)
总计		13 (15.85%)	55 (67.07%)	14 (17.08%)	82 (100%)

这一现象产生的可能原因是学习和宣传不够深入，多样性保护专题的学习机会少。在全县开展的多样性宣传活动中，宣传册子、互联网学习占到了大多数，81人次当中仅仅23人次通过专题学习了解生物多样性；全县生态建设的重心工作以防沙治沙为主，生物多样性的宣传、具体措施基本上与防沙治沙捆绑，缺乏专题宣传和专题学习。

尽管62/82人次意识到生物多样性减少带来的危害非常严重，67/82人次认为青土湖生物多样性保护对于湖区及其周围土壤改良、种草植树成效、湖泊生态环境优化发挥着至关重要的作用，但系统的生物多样性保护的知识仍然缺乏。

二是对生物多样性保护责任的认识模糊。大多数机关工作人员认为地方政府是保护生物多样性的第一责任人，但仍然有相当一部分工作人员将第一责任人归为私人企业，其中乡镇、村社工作人员普遍认为企业解决生物多样性效果会更好。被访对象中41/82人次认为政府应该承担起保护生物多样性的第一责任，其最能改善湖区生物多样性；32/82人次认为企业是保护生物多样性的第一责任人，其更能改善湖区生物多样性；个别工作人员认为公益组织、个人才是保护生物多样性最重要的力量。相当一部分地方工作人员对于保护生物多样性的责任意识模糊，权责不对等。各部门工作人员对于保护第一责任人的认识见表7-6。

表7-6 生物多样性保护第一责任人的认识情况

部门	部门名称	个人	公益组织	企业	政府	不清楚	合计
县直机关（含派出机构）	林草系统	1	—	10	4	—	15
	水利系统	—	1	—	14	—	15
	环保系统	—	—	—	9	1	10
	县直合计	1（2.5%）	1（2.5%）	10（25%）	27（67.5%）	1（2.5%）	40（100%）
乡镇政府	东湖镇	—	—	6	2	—	8
	西渠镇	1	1	—	1	—	3
	收成镇	1	1	4	6	—	12
	红沙梁镇	—	—	5	3	1	9
	乡镇合计	2（6.25%）	2（6.25%）	15（46.875%）	12（37.5%）	1（3.125%）	32（100%）
村级组织（含社区）		—	—	7（70%）	2（20%）	1（10%）	10（100%）
总计		3（3.66%）	3（3.66%）	32（39.02%）	41（50%）	3（3.66%）	82（100%）

乡镇、村社基层是贯彻落实生态环境与生物多样性保护的重要力量，一定程度上影响着县直部门种草植树、防沙治沙等项目的实施成效，对于湖区多样性保护也起着重要的监管作用，需要引起县直部门重视。

2. 对生物多样性保护的行动

种草植树积极性高，但针对生物多样性保护的活动参与较少。种草植树、防沙治沙是全县的重点工作，样本中一半以上的工作人员参与过种草植树（45人次）、1/3人次（26人次）参与过压沙项目、17人次参与过封沙育林工作、23人次参与过辖区的节水灌溉工程、19人次参与过生态环境保护的教育宣传工作、14人次参与过垃圾合理处理的宣传和实施工作。但是，参与过生物多样性保护活动的仅5人次。虽然保护生物多样性的活动会在种草植树、防沙治沙等工作当中一并开展，但这类活动对生物多样性保护的针对性并不强。

3. 参与生物多样性保护活动的态度

一是基层工作人员开展保护生物多样性工作的态度端正。绝大多数基层工作人员认识到保护生物多样性的重要性（78/82人次）。25/82人次认为，对于全县而言，保护生物多样性的积极意义比主抓经济活动更有意义，抓好生态、做好生物多样性保护对于民勤县而言本身就是一场经济账；42/82人次认为生物多样性保护和经济活动一样重要；9/82人次认为经济活动理应先行，5/82人次对经济活动与生物多样性保护之间的排序不清楚。

二是农户积极性高、配合程度好。58/82的基层工作人员认为农户积极配合，十分支持湖区的生物多样性保护工作，14/82的基层工作人员认为农户勉强支持基层工作，在物质激励的条件下勉强支持湖区生物多样性保护工作；4/82的基层工作人员认为农户对湖区生物多样性保护工作的配合程度一般；2/82的基层工作人员不清楚农户对生物多样性保护工作的配合程度。

4. 对生物多样性保护工作的期待

工作中尚存成效提升空间，对未来的变化趋势充满期待。从全县环境保护成效的满意度来看，18/82 人次对当前的环境不满意，40/82 人次对当前的环境状况满意（比较满意 36 人次、非常满意 4 人次），24/82 人次认为环境状况一般。在对未来工作成效的预期中，绝大多数基层工作人员认为未来生态状况（包括生物多样性状况）会越来越好（72/82 人次），10/82 人次对未来不看好，认为维护当前的状况已经付出了巨大努力，对于未来的变化趋势持无法确定的态度。

7.4.2 基层工作人员对湖区生物多样性保护成效的客观认知

1. 对植物多样性保护成效的认知

一是熟见度。问卷所列的 25 种植物中，不存在基层工作人员未曾见过的植物品种。其中，超过 2/3 的工作人员熟悉的品种有 12 种，占所列植物种类的 48%，包括梭梭草、冰草、芦草、锁阳、肉苁蓉、沙葱、沙米、沙蓬、沙拐枣、苦豆子、黑果枸杞、胡杨；超过 1/3 但不到 2/3 的工作人员认识的品种有 13 种，包括鹿角草、红砂草、霸王草、珍珠草、白刺、绵刺、泡泡刺、骆驼刺、盐爪爪、罗布麻、花花柴、针茅、柽柳（为了被访谈者更熟知，问卷里表述为红柳）。25 种植物当中，锁阳、肉苁蓉为经济作物，沙葱、沙米、黑果枸杞是可食用植物。基层工作人员未额外补充植物品种（表 7-7）。

表 7-7 工作人员对植物多样性保护成效的认知统计表

编号	品种名称	熟见度	增减变化
1	梭梭草	62√√√√√	↑↑↑↑↑ 0 无 0 无 3 上 5 上 6 分
2	鹿角草	33√√√	● 0 下 0 下 0 无 0 上 0 分
3	红砂草	54√√√	↑ 0 无 0 无 1 上 0 无 1 分
4	冰草	67√√√√√	↑ 0 无 0 无 1 上 0 无 1 分
5	霸王草	30√√√	↑ 0 无 0 无 1 上 0 无 1 分
6	珍珠草	33√√√	↑ 0 无 0 无 1 上 0 无 1 分
7	芦草	79√√√√√	↑↑↑ 0 无 0 无 3 上 1 上 4 分
8	锁阳	74√√√√√	↑ 0 无 0 无 3 上 0 无 2 分

续表

编号	品种名称	熟见度	增减变化
9	肉苁蓉	71√√√√	↑↑↑0无0无3上1上4分
10	白刺	52√√√	↑0无0无1上0上1分
11	绵刺	47√√√	↑0无0无1上0上1分
12	泡泡刺	42√√√	↑0无0无1上0上1分
13	骆驼刺	54√√√	↑0无0无1上0上1分
14	沙葱	76√√√√	↑0无0无3上0无2分
15	沙米	77√√√√	↑↑↑0无1下3上1上4分
16	盐爪爪	52√√√	↑0无0无3上0无2分
17	罗布麻	28√√	↑0无0无1上0上1分
18	花花柴	41√√√	↑0无0无1上0上1分
19	针茅	48√√√	↑0无0无1上0上1分
20	沙蓬	63√√√	↑0无0无1上0上1分
21	沙拐枣	61√√√	↑0无0无3上0无2分
22	苦豆子	70√√√√	↑0无0无3上0无2分
23	黑果枸杞	74√√√√	↓↓↓5下1下3上0无-3分
24	胡杨	65√√√	↑0无1下3上0无1分
25	柽柳	48√√√	↑0无0无1上0上1分
26	其他1	—	—
27	其他2	—	—

注：熟见度样本容量为82，超过2/3熟悉品种标记为√√√√√，超过1/3不足2/3的标记为√√√，不足1/3的标记为√。增加很多标记为5个向上箭头，增加较多标记为3个向上箭头，有所增加标记为1个向上箭头，没有变化标记为黑色圆圈，减少很多标记为5个向下箭头，减少较多标记为3个向下箭头，减少一些标记为1个向下箭头。"下"表示a、b问题的答案，"上"表示c、d问题的答案，"下"或"上"前一位数字表示样本分布，5为超过2/3的样本，3为超过1/3但不到2/3的样本，1为低于1/3的样本。最后为根据表7-4计算的成效感知的分值，具体算法参照前文7.1的分析方法部分。表7-8标识相同。

二是保护成效感知。就25种植物近10年的保护成效而言，工作人员认为23种植物数量增长、1种植物数量持平、1种植物数量减少。近10年增长变化最多的植物品种是梭梭草，增长较多的是芦草、肉苁蓉和沙米。调查中被访对象纷纷补充道，湖区芦草面积随着地下水位与湖面水位的上升不断扩大，梭梭草的增长与连续20多年湖区种草植树有关。红砂草、冰草、霸王草、珍珠草、锁阳、白刺、绵刺、泡泡刺、骆驼刺、沙葱、盐爪爪、罗布麻、花花柴、针茅、沙蓬、沙拐枣、苦豆子、胡杨、柽柳近10年有所增长。鹿角草近10年没变化。近10年减少较多的植物是黑果枸杞。

2. 对动物多样性保护成效的认知

一是熟见度。相比植物，动物的熟见度略低。问卷所列的31种动物中，除鲇、小黄黝鱼、极边扁咽齿鱼外，其余动物都是基层工作人员近10年来见过的品种，另外在调查中基层工作人员还增加了狐狸、刺猬两种常见动物。最为常见的动物有麻雀和壁虎，熟悉的人数超过2/3，分别为52/73人次、60/73人次；鲫鱼、草鱼、灰斑鸠、苍鹭、山斑鸠、翘鼻麻鸭、斑尾榛鸡、狐狸、刺猬9种动物比较常见；鲢鱼、大鳞副泥鳅、野骆驼、荒野猫、羚牛、金翅雀、赤麻鸭、白眼潜鸭、青头潜鸭少见，其间见过的在10/73人次以上，但不超过24/73人次（不到1/3）；麦穗鱼、棒花鱼、鳙鱼、褐吻鰕虎鱼、重口裂腹鱼、野马、野驴、雪豹、鹅喉羚、岩羊难以见上一次，其间见到过的工作人员不超过10/73人次（表7-8）。

表7-8 工作人员对动物多样性保护成效的认知统计表

编号	品种名称	熟见度	增减变化
1	鲫鱼	30√√√	↑0 无0 无3 上0 无2 分
2	麦穗鱼	2√	●0 下0 下0 上0 上0 分
3	棒花鱼	3√	●0 下0 下0 上0 上0 分
4	鲢鱼	12√	↑0 无0 无1 上0 无1 分
5	草鱼	37√√√	↑0 无0 无3 上0 无2 分
6	鳙鱼	2√	●0 下0 下0 上0 上0 分
7	大鳞副泥鳅	15√	↑0 无0 无1 上0 无1 分
8	鲇	—	—
9	小黄黝鱼	—	—
10	褐吻鰕虎鱼	2√	●0 下0 下0 上0 上0 分
11	重口裂腹鱼	1√	●0 下0 下0 上0 上0 分
12	极边扁咽齿鱼	—	—
13	野骆驼	11√	●0 下0 下0 上0 上0 分
14	野马	4√	●0 下0 下0 上0 上0 分
15	野驴	7√	●0 下0 下0 上0 上0 分

续表

编号	品种名称	熟见度	增减变化
16	雪豹	1√	●0 下0 下0 上0 上0 分
17	荒漠猫	13√	●0 下1 下1 上0 上0 分
18	鹅喉羚	5√	↓0 无1 下0 无0 无-1 分
19	羚牛	16√	↑0 无0 无1 上0 无1 分
20	岩羊	5√	●0 下0 下0 上0 上0 分
21	灰斑鸠	45√√√	●0 下1 下1 上0 上0 分
22	山斑鸠	25√√√	●0 下1 下1 上0 上0 分
23	金翅雀	16√	↑0 0 无1 上0 无1 分
24	麻雀	52√√√√	↑0 无1 下3 上0 无1 分
25	苍鹭	36√√√	↑0 无1 下1 上0 无1 分
26	赤麻鸭	12√	↑0 无0 无1 上0 无1 分
27	翘鼻麻鸭	25√√√	↑0 无0 无1 上0 无1 分
28	白眼潜鸭	23√	↑0 无0 无1 上0 无1 分
29	青头潜鸭	14√	↑0 无0 无1 上0 无1 分
30	斑尾榛鸡	30√√√	↑0 无0 无1 上0 无1 分
31	壁虎	60√√√√	↑0 无0 无1 上0 无1 分
32	其他1：狐狸	24√√√	↑0 无0 无1 上0 无1 分
33	其他2：刺猬	31√√√	●0 下0 下0 上0 上0 分

注意：82人次当中9人次未填此栏，有效的样本容量为73个。本表根据73个样本进行统计分析，分析、标识方法与表7-7一致。

二是保护成效感知。动物种群、数量的增加是一个长期过程，问卷所列和增补的动物种类当中，接近半数的动物种群与数量近10年没有变化（14/30），15种动物数量有所增长，1种动物数量下降，不存在种群数量增长迅速的动物。其中，数量有所增加的动物包括鲫鱼、鲢鱼、草鱼、大鳞副泥鳅、羚牛、金翅雀、麻雀、苍鹭、赤麻鸭、翘鼻麻鸭、白眼潜鸭、青头潜鸭、斑尾榛鸡、壁虎、狐狸；麦穗鱼、棒花鱼、鳙鱼、褐吻鰕虎鱼、重口裂腹鱼、野骆驼、野马、野驴、雪豹、荒野猫、岩羊、灰斑鸠、山斑鸠、刺猬近10年增长变化不明显；鹅喉羚的数量有所下降。调查发现，狐狸数量的增加主要是生态投放所致，鲫鱼、草鱼数量增加与上游湖泊养殖有关，也与生态投放有关。

3. 工作人员对生物多样性保护成效的总体评价

一是产出成效感知。过半人次认为近 10 年生态建设与生物多样性保护成效显著。其中，48/82 人次认为保护成效显著，26/82 人次认为保护成效一般。就青土湖湖区人类活动强度而言，39/82 人次的工作人员认为近 10 年青土湖湖区人类活动强度增加，7/82 人次认为没变，剩余人次（36/82）要么认为湖区人类活动显著减少，要么未曾到过青土湖，不清楚情况。

二是投入变化感知。在湖区的生态投入上，除了每年常态化开展的压沙项目、种草植树项目以外，强化执法力度，必要的生态注水、技术投入也是湖区生物多样性建设的重要内容。对工作人员调查的结果表明，近 10 年湖区生态执法力度与生态注水投入不断增加，但技术投入仍然欠缺。在执法力度上，绝大多数工作人员认为，近 10 年对于破坏生态、影响生物多样性的打击力度不断增强（67/81 人次），个别工作人员认为没变（2/81 人次）或者减少（2/81 人次），10/81 人次对执法力度的变化不清楚。在每年必要的生态注水上，43/81 人次认为近 10 年流向青土湖的生态注水不断增加，13/81 人次认为湖区近 10 年生态注水没有变化，17/81 人次认为湖区近 10 年生态注水减少。在生态用水的花销上，大多数工作人员认为近 10 年生态注水的花销在不断增加（51/81 人次），少数认为没变（11/81 人次）或不清楚（16/81 人次）。在湖区多样化建设的技术投入上，大多数工作人员认为现有的湖区建设基本以项目制的形式开展，职能部门只对结果进行考核估计，核心技术由承包方解决，工作人员队伍当中缺乏技术人才支持。

7.4.3 农户对湖区生物多样性保护的主观认知

1. 对湖区生物多样性保护的认识

农户对生物多样性保护的概念模糊。从访谈结果上来看，一半以上的农户不清楚生物多样性保护为何物，不了解生态保护与生物多样性之间的区别。

130/220 人次不了解生物多样性保护，77/220 人次知道什么是生物多样性保护，13/220 人次非常熟悉生物多样性保护。考虑到各个乡镇样本容量不一，可能影响分析结论，我们采用各乡镇样本分布作为权重进行加权合计，得到的结果表明，概念模糊的比例仍然占到一半以上（58.60%）（表 7-9）。

表 7-9 农户对生物多样性内涵的认识

项目	不了解	一般了解	非常熟悉	合计
东湖镇	33（64.71%）	15（29.41%）	3（5.88%）	51（100%）
西渠镇	36（53.73%）	28（41.79%）	3（4.48%）	67（100%）
收成镇	42（60%）	22（31.43%）	6（8.57%）	70（100%）
红沙梁镇	16（57.14%）	11（39.29%）	1（3.57%）	28（100%）
其他	3（75%）	1（25%）	0（0%）	4（100%）
乡镇合计	130（59.09%）	77（35%）	13（5.91%）	220（100%）
加权合计	34.07（58.60%）	20.42（35.13%）	3.65（6.27%）	58.14（100%）

概念模糊的原因主要有以下几个方面：一是可感知的宣传力度不高。被访农户当中 90/220 人次认为没有进行该方面的宣传，占总人数的 40.91%，70/220 人次的农户认为偶尔有宣传，占比 31.82%，60/220 人次的农户认为经常进行宣传，占比最少，为 27.27%。另外，宣传方式有待优化。通过实物材料获得多样性知识的农户占大多数（40/130 人次），通过广播电视、互联网、专题学习获得多样性知识的农户人次分别为 23/130 人次、23/130 人次、38/130 人次，还有 6 人次以其他途径获得多样性保护的知识，下一阶段可考虑利用现代化数字技术，以及专题培训学习的方式，加深农户对生物多样性保护的认识。

二是普遍认识到多样性保护的重要性。尽管在多样性保护与生态保护上概念模糊、混淆不清，但提到生物多样性保护的重要性时，绝大多数农户认为保护生物多样性重要（204/220 人次），认为无论是对身体健康（180/220 人次），还是对当地天气（179/220 人次）、水源（178/220 人次）、土地质量

（179/220人次）都存在显著影响。各乡镇农户对湖区生物多样性保护重要性的认识见表7-10，并且普遍认为，一旦湖区的生物多样性减少，产生的后果将非常严重（165/220人次）。

表7-10 农户对湖区生物多样性保护重要性的认识

项目	不清楚	无关紧要	一般重要	重要	合计
东湖镇	3	1	—	47	51
西渠镇	4	—	1	62	67
收成镇	3	4	9	54	70
红沙梁镇	1	—	—	27	28
其他	—	—	—	4	4
乡镇合计	11（5%）	5（2.27%）	10（4.55%）	194（88.18%）	220（100%）
加权合计	3（5.15%）	1.50（2.59%）	3.16（5.45%）	50.47（86.81%）	58.14（100%）

三是湖区生物多样性保护责任认识比较清晰。被访农户普遍认为地方政府是保护湖区生物多样性的第一责任人，占总人次的76.82%（169/220人次）。当然也存在部分农户对于第一责任人认识不清的情况，占总样本的8.64%（19/220人次）。个别农户认为个人、公益组织、企业应该作为第一责任人，占比都不高，各自比重分别为5.91%（13/220人次）、6.36%（14/220人次）、2.27%（5/220人次）。加权合计结果仍然不改变分析结果，见表7-11。

表7-11 农户对生物多样性保护第一责任人的认识情况

项目	个人	公益组织	企业	政府	不清楚	合计
东湖镇	5	3	1	41	1	51
西渠镇	3	4	3	50	7	67
收成镇	1	3	1	59	6	70
红沙梁镇	4	4	—	17	3	28
其他	—	—	—	2	2	4
乡镇合计	13（5.91%）	14（6.36%）	5（2.27%）	169（76.82%）	19（8.64%）	220（100%）
加权合计	2.9（4.98%）	3.38（5.81%）	1.46（2.52%）	45.70（78.62%）	4.69（8.07%）	58.14（100%）

2. 对湖区生物多样性保护的行动

农户湖区生物多样性保护的行动参与不足。农户湖区生物多样性保护的参与形式多样，除了问卷当中罗列的常规行动，如种草植树、封沙育林、节水灌溉、防沙网工程等，访谈过程中农户还补充了保护区防护网工程、日常巡逻等保护行动，年平均参与次数3.69次。但从参与率来看，农户对湖区生物多样性保护活动的参与率并不高。参与人次过半的只有种草植树，其他活动均不过半，其中参与人次达到约1/3的行动有防沙网工程、学习培训和垃圾合理处理，各自比重分别为37.27%（82/220人次）、30.45%（67/220人次）、33.18%（73/220人次），封沙育林、节水灌溉的行动参与率在1/4上下。下一步可考虑提升农户生物多样性保护的行动参与度（表7-12）。

表7-12 农户参与湖区生物多样性保护的具体活动

项目	种草植树	封沙育林	节水灌溉	防沙网工程	学习培训	垃圾合理处理	其他
东湖镇	30	11	11	22	13	12	3
西渠镇	34	11	15	23	19	23	4
收成镇	42	14	18	26	25	26	2
红沙梁镇	16	7	12	11	10	12	0
其他	1	—	—	—	—	—	1
合计	123（55.91%）	43（19.55%）	56（25.45%）	82（37.27%）	67（30.45%）	73（33.18%）	10（4.55%）

3. 对湖区生物多样性保护的态度

绝大多数农户支持对湖区生物多样性保护。220人次当中210人次态度积极。剩余10人次持怀疑态度的原因主要有以下两个方面：①个别农户认为本地气候因素和地理条件导致现有的保护政策施行效果差，很难开展提升改良工程，没必要浪费钱；②个别农户认为下一代都进了城，对湖区施行生物多样性保护无关紧要了，因此选择不支持。这两种态度在今后的宣传工作中需要引起重视。能够维持目前的多样性程度已经极不容易，种群数量不减少本身也是在为当地生态建设作贡献，而多样性保护工程利在千秋万代，并非只是一两代受益的问题。

为进一步确认农户的态度,问卷中追问到"在经济活动与多样性保护活动哪个更重要"时,选择经济活动更重要的人次仅仅 41/220 人次,占比 18.64%;79/220 人次认为保护湖区生物多样性比抓经济生产更加重要,占比 35.91%;86/220 人次认为保护湖区生物多样性与抓经济生产一样重要,占比 39.09%;14/220 人次在二者之间无法做出选择,占比 6.36%。总体上,大多数农户重视湖区生物多样性的保护(79+86=165 人次),积极支持湖区多样性保护工作的开展。

4. 对未来湖区生物多样性保护的期待

绝大多数农户对当前的居住环境表示满意,包括 27/220 人次表示非常满意、122/220 人次表示比较满意、48/220 人次表示一般满意,其余人次当中,15 人次表示不太满意、4 人次表示非常不满、4 人次没有表态。就生物多样性保护程度而言,166/220 人次对当前的多样性保护成效表示满意,54/220 人次表示不满意,这部分不满意的主要原因在于,认为当前的保护措施还没能达到预期效果,同时自身生计也受其影响。这就要求在进一步开展工作的过程中,需要兼顾民生配套,在推进生态建设的过程中保障农户生计。

7.4.4 对湖区生物多样性保护成效的客观认知

按照前面的分析方法对访谈涉及的"4-2-1 植被总量与分布变化情况"(附录16)、"4-2-2 动物总量与种类变化情况"(附录16)中农户提供的答案,分别对植物、动物的熟见度、近 10 年的增长变化进行分析。

1. 对植物多样性保护成效的认知

一是熟见度。统计结果显示,访谈当中提及的 25 种植物品种农户都见过,并且访谈过程中被访农户还额外补充了碱菜、刺蓬两个品种。但在熟见度上各品种之间存在差异,其中最为熟悉的品种包括梭梭草、红砂草、冰草、芦草、锁阳、肉苁蓉、沙葱、沙米、苦豆子、黑果枸杞，这其中，锁阳、肉苁蓉为经济作物，现可人工培植，沙葱、沙米、黑果枸杞为可食用植物，如果将这些生产、生活可利用的植物品种剔除掉，那么剩余的梭梭草、红砂草、冰草、芦草、苦豆子为多数人所熟悉，说明其分布非常广泛。比较熟悉的植物品种包括鹿角草、霸王草、白刺、绵刺、泡泡刺、骆驼刺、盐爪爪、花花柴、针茅、沙蓬、沙拐枣、胡杨，说明这类品种的分布较为广泛。罗布麻、柽柳的熟见度不到1/3，说明这两类植物分布未能成片，视作零星分布、偶尔可见。农户对于植物品种熟见度的统计结果见表7-13第3列。

二是保护成效感知。从增减变化的统计结果来看，并不存在总评分数在 $(-\infty,-4)$、$[-4,2)$、$[-2,0)$ 的植物品种，说明近10年当中访谈所列植物数量至少保持稳定，不存在减少的植物品种。27种植物品种当中，2种近10年没有增减变化，10个品种近10年有所增长，13个品种近10年增长较为迅速，2个品种近10年增长非常迅速。具体而言，农户认为近10年无增长变化的植物品种为锁阳和柽柳，总评分数为0。近10年有所增长的植物品种包括鹿角草、珍珠草、肉苁蓉、沙米、罗布麻、针茅、沙蓬、黑果枸杞、碱菜、刺蓬，总评分数处在 $(0,2]$。近10年增长较为迅速的品种包括梭梭草、红砂草、霸王草、白刺、绵刺、泡泡刺、骆驼刺、沙葱、盐爪爪、花花柴、针茅、沙蓬、沙拐枣、苦豆子、胡杨，总评分数处在 $(2,4]$。近10年增长较为迅速的品种为冰草、芦草，总评分数超过4分。农户对植物品种近十年增减变化的统计结果见表7-13第4列。

表7-13 农户对于植物多样性保护客观认知的统计结果

编号	品种名称	熟见度	增减变化
1	梭梭草	202√√√√	↑↑↑1下1下5上1上4分
2	鹿角草	79√√	↑0无1下1上1上2分
3	红砂草	145√√√√	↑↑↑0无1下3上1上3分
4	冰草	191√√√√√	↑↑↑↑↑0无1下5上3上5分
5	霸王草	95√√	↑↑↑0无1下3上1上3分
6	珍珠草	100√√√	↑0无1下1上1上2分

续表

编号	品种名称	熟见度	增减变化
7	芦草	199√√√√	↑↑↑↑↑0无1下5上3上5分
8	锁阳	168√√√√	●1下3下3上1上0分
9	肉苁蓉	164√√√√	↑0无3下3上1上2分
10	白刺	134√√	↑↑↑0无1下3上1上3分
11	绵刺	106√√	↑↑↑0无1下3上1上3分
12	泡泡刺	105√√	↑↑↑0无1下3上1上3分
13	骆驼刺	114√√	↑↑↑0无1下3上1上3分
14	沙葱	191√√√√	↑↑↑0无3下5上1上3分
15	沙米	182√√√√	↑0无3下3上1上2分
16	盐爪爪	113√√√	↑↑↑0无1下3上1上3分
17	罗布麻	52√	↑0无0无1上0无1分
18	花花柴	111√√	↑↑↑0无1下3上1上3分
19	针茅	93√√√	↑0无1下1上1上2分
20	沙蓬	126√√	↑0无3下3上1上2分
21	沙拐枣	124√√	↑↑↑0无1下3上1上3分
22	苦豆子	169√√√√	↑↑↑0无1下3上3上4分
23	黑果枸杞	177√√√√	↑1下3下3上3上1分
24	胡杨	114√√	↑↑↑0无1下3上1上3分
25	柽柳	3√	●0无0无0无0无0分
26	其他1：碱菜	—	↑
27	其他2：刺蓬	—	↑

注：植物熟见度样本容量为212，超过2/3熟悉品种标记为√√√√，超过1/3不足2/3的标记为√√√，不足1/3的标记为√。增加很多标记为5个向上箭头，增加较多标记为3个向上箭头，有所增加标记为1个向上箭头，没有变化标记为黑色圆圈，减少很多标记为5个向下箭头、减少较多标记为3个向下箭头、减少一些标记为1个向下箭头。"下"表示a、b问题的答案，"上"表示c、d问题的答案，"下"或"上"前一位数字表示样本分布，5为超过2/3的回答样本，3为超过1/3但不到2/3的回答样本，1为低于1/3的回答样本。最后为根据表7-4计算的成效感知的分值，具体算法参照前文7.1的分析方法部分。本章以下表格标识方法相同。

2. 对动物多样性保护成效的认知

一是熟见度。相比植物，被访农户对于动物的熟见度整体变低。访谈中问及的鲇、小黄黝鱼和极边扁咽齿鱼在调查的村社无人见过，一定程度上说明这类动物种群在当地极为罕见，甚至绝迹。最为常见的品种有2个，分别为麻雀和壁虎，比较常见的品种有9个，分别为草鱼、灰斑鸠、苍鹭、翘鼻麻鸭、斑尾榛鸡、狐狸、刺猬、野兔和青蛙，其中狐狸、刺猬、野兔和青蛙为访谈过程中农户在列表之外补充的动物品种。其余21个品种偶尔见过，包括鲫鱼、麦穗鱼、棒花鱼、鲢鱼、鳙鱼、大鳞副泥鳅、褐吻鰕虎鱼、重口裂腹鱼、野骆驼、野马、野驴、雪豹、荒野猫、鹅喉羚、羚羊、岩羊、山斑鸠、金翅雀、赤麻鸭、白眼潜鸭、青头潜鸭，占到所列（含增列）品种的60%。熟见度一定程度上反映动物的分布特征，6成以上的动物种群零星分布，1/4以上的动物品种分布较为广泛（9/32）。农户对于动物种群熟见度的统计结果见表7-14第3列。

二是保护成效感知。除去极为罕见（也许绝迹）的三种动物种群以外，在剩余的32种动物当中，不存在近10年种群数量下降的物种，11种动物数量稳定不变，21种动物当中可感知的种群数量增加，不存在增长非常迅速的动物种群。具体而言，麦穗鱼、棒花鱼、鳙鱼、褐吻鰕虎鱼、重口裂腹鱼、野马、雪豹、荒野猫、鹅喉羚、岩羊、青蛙近10年数量没有发生增减变化，占访谈所列物种数量的约1/3；鲢鱼、大鳞副泥鳅、野骆驼、野驴、白眼潜鸭、青头潜鸭、野兔7种动物近10年可感知到数量有所增长，鲫鱼、草鱼、羚牛、灰斑鸠、山斑鸠、金翅雀、麻雀、苍鹭、赤麻鸭、翘鼻麻鸭、斑尾榛鸡、壁虎、狐狸、刺猬近10年数量增长较快，不存在种群数量增长非常迅速的物种。农户对于动物种群近10年增减变化的统计结果见表7-14第4列。

表7-14 农户对于动物多样性保护客观认知的统计结果

编号	品种名称	熟见度	增减变化
1	鲫鱼	35√	↑↑↑0无1下1上3上3分
2	麦穗鱼	11√	●0下0下0上0上0分
3	棒花鱼	3√	●0下0下0上0上0分
4	鲢鱼	17√	↑0无0无1上0无1分
5	草鱼	82√√√	↑↑↑0无0无3上1上4分
6	鳙鱼	4√	●0下0下0上0上0分

续表

编号	品种名称	熟见度	增减变化
7	大鳞副泥鳅	23√	↑0无0无1上0无1分
8	鲇	—	—
9	小黄黝鱼	—	—
10	褐吻鰕虎鱼	1√	●0下0下0上0上0分
11	重口裂腹鱼	3√	●0下0下0上0上0分
12	极边扁咽齿鱼	—	—
13	野骆驼	25√	↑0无0无1上0无1分
14	野马	9√	●0下0下0上0上0分
15	野驴	17√	↑0无0无0无1上2分
16	雪豹	1√	●0下0下0上0上0分
17	荒漠猫	36√	●0下1下1上0上0分
18	鹅喉羚	5√	●0下0下0上0上0分
19	羚牛	22√	↑↑↑0无0无1上1上3分
20	岩羊	9√	●0下0下0上0上0分
21	灰斑鸠	99√√√	↑↑↑0无1下3上1上3分
22	山斑鸠	59√	↑↑↑0无0无3上1上4分
23	金翅雀	57√	↑↑↑0无0无1上1上3分
24	麻雀	122√√√√	↑↑↑0无1下3上1上3分
25	苍鹭	75√√	↑↑↑0无0无3上1上4分
26	赤麻鸭	45√	↑↑↑0无0无1上1上3分
27	翘鼻麻鸭	68√√	↑↑↑0无1下3上1上3分
28	白眼潜鸭	53√	↑0无0无3上0上2分
29	青头潜鸭	54√	↑0无1下1上1上2分
30	斑尾榛鸡	86√√√	↑↑↑0无1下3上1上3分
31	壁虎	139√√√√	↑↑↑0无1下3上1上3分
32	其他1：狐狸	62√√	↑↑↑0无0无1上1上3分
33	其他2：刺猬	66√√√	↑↑↑0无0无1上1上3分
34	其他3：野兔	65√√√	↑0无1下1上1上2分
35	其他4：青蛙	76√√√	●0下0下0上0上0分

注：动物熟见度的总样本为179，分析与标识方法和表7-13一致。

3. 对动物多样性保护的产出成效认知

一是湖区人类活动的频次上升。仅仅只有53/220人次认为近10年湖区人类活动频次减少，大多数农户认为近10年湖区人类活动频繁（124/220人次），其中，85人次认为近10年湖区人类活动增加一些，39人次认为近10年湖区人类活动增加很多。首先是观光旅游的人次增加，其次是生态建设项目、道路维护的活动增多。

二是农户保护湖区生物多样性的主观意识增强。在农户的日常活动当中，绝大多数农户不再食用野生动植物（135/220人次），也不会将野生动植物用于其他用途，占总样本的61.36%；166/220人次一年进入湖区的次数不超过一次，39/220人次近10年从未进过湖区，127/220人次表示1年进入湖区的次数不到1次。在进入湖区的181人次的样本当中，观光旅游的人次占大多数，共144/181人次，采摘野菜、中草药的人次变少，仅为13/181人次，进入湖区种草植树、压沙、道路工程作业的有9/181人次，极个别农户存在进入湖区进行野钓的行为（3/181人次）。进入湖区采砂取土、挖矿、露营、垦荒、放牧、拾柴火等行为已经不存在。

三是多样性保护的生态溢出效应尚不明显。首先，农业亩用水量改善不明显。尽管多数被访农户都认为1亩[①]地耗水量和地下水位、降水量的提高有关，但141/220人次认为近10年1亩地耗水量至少没有改变，其中43/220人次认为跟10年前相比，近10年1亩地用水量反而在增加（即便单位水费也在增加），感受到1亩地用水量下降的样本仅仅37个，多样性保护对于农业投入的影响不显著。其次，多样性保护对于庄稼种植难易程度的溢出不明显。86/220人次认为近10年庄稼种植变难，12/220人次认为种植难易程度没有变化，94/220人次认为种植变得容易，其中，对于变得难的样本而言，绝大多数人认为种植成本提高是主要因素，包括农药、化肥以及人工价格的提升（用量上没有太大变化），对于主观认为变得容易的样本而言，他们更多地将其归咎于

---

① 1亩≈666.7m²。

水利设施优化改善（143/220人次）、品种改良（139/220人次）上，并不会意识到种植变得容易是和土壤改良、地下水位提升，以及对动植物进行病虫害防范等有关。

7.5 结果汇总与比对-校正

7.5.1 主观认知结果

机构访谈和农户主观认知的统计结果汇总至表7-15，可以有以下几点发现。

表7-15 主观认知统计结果汇总

评价内容	机构	农户
对生物多样性保护工作的认识	（1）专业知识匮乏 （2）能认识到重要性，重视程度可提升 （3）主体责任认识比较模糊	（1）混淆生态保护与生物多样性 （2）能认识到重要性 （3）主体责任认识比较清晰
参与生物多样性保护的行动	种草植树积极性高，针对生物多样性保护的活动参与较少	参与不足
对于生物多样性保护所持的态度	（1）端正积极 （2）感知到农户积极性高、配合程度好	端正积极
对生物多样性保护工作的期待	工作中尚存成效提升空间，期待越来越好	多数表示满意，期待越来越好

（1）认识层面：无论是县直部门和乡镇、村社层面的工作人员，还是湖区周围的农户，都存在着生物多样性知识的模糊地带，尤其是无法厘清生态保护与生物多样性之间的区别，容易造成盲目地开展生态建设工作。对于县直机关和乡镇层级而言，还面临着主体责任认识模糊的问题，需要在工作中引起重视。

（2）行动层面：无论是县直部门和乡镇、村社层面的工作人员，还是湖区周围的农户，多样性保护工作的参与度都不高，具体表现在，机构工作人员的工作开展中，对于生物多样性保护的针对性活动组织和参与较少；对于农户而言，表现出整体的参与不足，在全部以项目制进行种草治沙以来尤其明显。

（3）态度层面：无论是县直部门和乡镇、村社层面的工作人员，还是湖区周围的农户，都积极支持生物多样性保护的活动。

（4）期待层面：无论是县直部门和乡镇、村社层面的工作人员，还是湖区周围的农户，多数对目前的保护效果满意，也期待湖区生态建设与多样性程度越来越好。

7.5.2 客观认知结果

1. 对动物多样性保护产出成效的总体认知

无论是县直部门和乡镇、村社层面的工作人员，还是湖区周围的农户，都认可近10年的多样性保护工作有一定成效，这一成效将在下一部分通过校正后的客观证据进行佐证。与此同时，其仍存在很大的进步空间，包括工作开展中亟待解决的技术人才问题，以及农户在生物多样性保护活动中获得感的提升问题。汇总结果见表7-16。

表7-16 保护成效总体认知的统计结果汇总

评价内容	机构	农户
产出维度	过半人次认为保护成效显著	（1）湖区人类活动的频次上升 （2）农户保护湖区生物多样性的主观意识增强 （3）多样性保护的生态溢出效应尚不明显
投入维度	生态执法力度与生态投入不断增加，但技术投入仍然欠缺	

2. 对熟见度结果比对-校正

比对-校正方法：将机构人员访谈的统计结果和农户访谈的统计结果放在同一个表内进行对比，同时采取如下的结果校正处理：①当机构和农户的统计结果一致时，结果无须校正；②当机构和农户的统计结果不一致时，谨慎起见，取二者当中数值（符号）较低（低阶）者作为校正结果；③当机构或农户任一缺乏该品种统计结果时，取存在统计结果的数值（符号）作为校正结果。该比对-校正方法适用于分析动/植物的熟见度/分布特征，以及近10年的增长变化。比对-校正结果见表7-17～表7-20。

表7-17 植物熟见度比对-校正结果

编号	品种名称	机构	农户	校正结果
1	梭梭草	62√√√√	202√√√√	√√√√
2	鹿角草	33√√√	79√√√	√√√
3	红砂草	54√√√	145√√√√	√√√
4	冰草	67√√√√	191√√√√	√√√√
5	霸王草	30√√√	95√√√	√√√
6	珍珠草	33√√√	100√√√	√√√
7	芦草	79√√√√	199√√√√	√√√√
8	锁阳	74√√√√	168√√√√	√√√√
9	肉苁蓉	71√√√√	164√√√√	√√√√
10	白刺	52√√√	134√√√	√√√
11	绵刺	47√√√	106√√√	√√√
12	泡泡刺	42√√√	105√√√	√√√
13	骆驼刺	54√√√	114√√√	√√√
14	沙葱	76√√√√	191√√√√	√√√√
15	沙米	77√√√√	182√√√√	√√√√
16	盐爪爪	52√√√	113√√√	√√√
17	罗布麻	28√√√	52√	√
18	花花柴	41√√√	111√√√	√√√
19	针茅	48√√√	93√√√	√√√
20	沙蓬	63√√√√	126√√√	√√√
21	沙拐枣	61√√√√	124√√√	√√√
22	苦豆子	70√√√√	169√√√√	√√√√
23	黑果枸杞	74√√√√	177√√√√	√√√√
24	胡杨	65√√√√	114√√√	√√√
25	柽柳	28√√√	3√	√
26	其他1：碱菜	—	—	
27	其他2：刺蓬	—	—	

表 7-18 动物熟见度比对-校正结果

编号	品种名称	机构	农户	校正结果
1	鲫鱼	30√√√	35√	√
2	麦穗鱼	2√	11√	√
3	棒花鱼	3√	3√	√
4	鲢鱼	12√	17√	√
5	草鱼	37√√√	82√√√	√√√
6	鳙鱼	2√	4√	√
7	大鳞副泥鳅	15√	23√	√
8	鮡	—	—	罕见/绝迹
9	小黄黝鱼	—	—	罕见/绝迹
10	褐吻鰕虎鱼	2√	1√	√
11	重口裂腹鱼	1√	3√	√
12	极边扁咽齿鱼	—	—	罕见/绝迹
13	野骆驼	11√	25√	√
14	野马	4√	9√	√
15	野驴	7√	17√	√
16	雪豹	1√	1√	√
17	荒漠猫	13√	36√	√
18	鹅喉羚	5√	5√	√
19	羚牛	16√	22√	√
20	岩羊	5√	9√	√
21	灰斑鸠	45√√√	99√√√	√√√
22	山斑鸠	25√√√	59√	√
23	金翅雀	16√	57√	√
24	麻雀	52√√√√	122√√√√	√√√√
25	苍鹭	36√√√	75√√	√√
26	赤麻鸭	12√	45√	√
27	翘鼻麻鸭	25√√√	68√√	√√
28	白眼潜鸭	23√	53√	√
29	青头潜鸭	14√	54√	√
30	斑尾榛鸡	30√√√	86√√	√√
31	壁虎	60√√√√	139√√√√	√√√√
32	其他1	狐狸√√√	狐狸√√√	√√√
33	其他2	刺猬√√√	刺猬√√√	√√√
34	其他3	未作补充	野兔√√√	√√√
35	其他4	未作补充	青蛙√√√	√√√

表 7-19 植物增减变化比对-校正结果

编号	品种名称	机构	农户	校正结果
1	梭梭草	↑↑↑↑↑	↑↑↑	↑↑↑
2	鹿角草	●	↑	●
3	红砂草	↑	↑↑↑	↑
4	冰草	↑	↑↑↑↑↑	↑
5	霸王草	↑	↑↑↑	↑
6	珍珠草	↑	↑	↑
7	芦草	↑↑↑	↑↑↑↑↑	↑↑↑
8	锁阳	↑	●	●
9	肉苁蓉	↑↑↑	↑	↑↑↑
10	白刺	↑	↑↑↑	↑
11	绵刺	↑	↑↑↑	↑
12	泡泡刺	↑	↑↑↑	↑
13	骆驼刺	↑	↑↑↑	↑
14	沙葱	↑	↑↑↑	↑
15	沙米	↑↑↑	↑	↑
16	盐爪爪	↑	↑↑↑	↑
17	罗布麻	↑	↑	↑
18	花花柴	↑	↑↑↑	↑
19	针茅	↑	↑	↑
20	沙蓬	↑	↑	↑
21	沙拐枣	↑	↑↑↑	↑
22	苦豆子	↑	↑↑↑	↑
23	黑果枸杞	↓↓↓	↑	↓↓↓
24	胡杨	↑	↑↑↑	↑
25	柽柳	↑	●	●
26	其他1：碱菜	未作补充	↑	↑
27	其他2：刺蓬	未作补充	↑	↑

表 7-20 动物增减变化比对-校正结果

编号	品种名称	机构	农户	校正结果
1	鲫鱼	↑	↑↑↑	↑
2	麦穗鱼	●	●	●
3	棒花鱼	●	●	●
4	鲢鱼	↑	↑	↑
5	草鱼	↑	↑↑↑	↑
6	鳙鱼	●	●	●
7	大鳞副泥鳅	↑	↑	↑
8	鲇	—	—	罕见/绝迹
9	小黄黝鱼	—	—	罕见/绝迹
10	褐吻鰕虎鱼	●	●	●
11	重口裂腹鱼	●	●	●
12	极边扁咽齿鱼	—	—	罕见/绝迹
13	野骆驼	●	↑	●
14	野马	●	●	●
15	野驴	●	↑	●
16	雪豹	●	●	●
17	荒漠猫	●	●	●
18	鹅喉羚	↓	●	↓
19	羚牛	↑	↑↑↑	↑
20	岩羊	●	●	●
21	灰斑鸠	●	↑↑↑	●
22	山斑鸠	●	↑↑↑	●
23	金翅雀	↑	↑↑↑	↑
24	麻雀	↑	↑↑↑	↑
25	苍鹭	↑	↑↑↑	↑
26	赤麻鸭	↑	↑↑↑	↑

续表

编号	品种名称	机构	农户	校正结果
27	翘鼻麻鸭	↑	↑↑↑	↑
28	白眼潜鸭	↑	↑	↑
29	青头潜鸭	↑	↑	↑
30	斑尾榛鸡	↑	↑↑↑	↑
31	壁虎	↑	↑↑↑	↑
32	其他1：狐狸	↑	↑↑↑	↑
33	其他2：刺猬	●	↑↑↑	●
34	其他3：野兔	未作补充	↑	↑
35	其他4：青蛙	未作补充	●	●

表 7-17 是采用上述方法对植物熟见度/分布特征进行校正的结果。不难发现，问卷所列植物当中，除红砂草、罗布麻、沙蓬、沙拐枣、胡杨、柽柳在机构工作人员与农户之间存在差异以外，其余 19 种植物分布特征在机构工作人员和农户的认知当中并无差别，占到品种的 76%，说明前文的分析结果可信。

表 7-17 的植物熟见度校正结果表明：①所列植物品种中无罕见/绝迹品种；②近 10 年湖区最为常见的植物品种有 9 种，分别为梭梭草、冰草、芦草、锁阳、肉苁蓉、沙葱、沙米、苦豆子和黑果枸杞，表明这类植物呈现片状分布，容易被熟识；③湖区较为常见的品种有 14 种，分别为鹿角草、红砂草、霸王草、珍珠草、白刺、绵刺、泡泡刺、骆驼刺、盐爪爪、花花柴、针茅、沙蓬、沙拐枣、胡杨，说明这类品种接近块状分布，一旦被人发现便容易留下印象；④剩下的罗布麻、柽柳的分布较为零星（调查中发现，很多农户无法有效识别柽柳与梭梭草，将柽柳归在梭梭草类别当中，从而造成柽柳分布存在被低估的可能）。

表 7-18 为动物熟见度比对-校正结果。机构工作人员和农户访谈的结果当中，除鲫鱼、山斑鸠分布特征的认知存在差异外，其余品种二者均保持一致，校正结果可行。从最终的校正结果来看：①麻雀、壁虎 2 种为非常常见的动

物，湖区周围分布非常广泛，容易为人熟识；②草鱼、灰斑鸠、苍鹭、翘鼻麻鸭、斑尾榛鸡、刺猬、狐狸、野兔、青蛙9种较为常见，说明在湖区周围分布比较广泛，重复发现而留下了印象；③鲫鱼、麦穗鱼、棒花鱼、鲢鱼、鳙鱼、大鳞副泥鳅、褐吻鰕虎鱼、重口裂腹鱼、野骆驼、野马、野驴、雪豹、荒漠猫、鹅喉羚、羚羊、岩羊、山斑鸠、金翅雀、赤麻鸭、白眼潜鸭、青头潜鸭偶尔可见，说明在湖区周围有种群活动；④鲇、小黄黝鱼、极边扁咽齿鱼3种动物在机关和农户的认知当中都未曾见过，说明这3种动物罕见/绝迹，或者并不适合湖区目前的生态状况。

7.5.3 对增减变化的结果比对-校正

利用同样的比对-校正方法对湖区生物多样性保护成效——近10年动植物（种群）数量增长变化进行估计，所得结果见表7-19、表7-20。其中，表7-19为植物增减变化的比对-校正结果，表7-20是动物增减变化的比对-校正结果。

表7-19的比对-校正结果中，机构工作人员和农户之间在植物数量的增减变化的认知上存在系统性差异，但是否增长或减少的总体结论不受太大影响，为了确保估计结果的精准性，也为谨慎起见，我们选择较低（低阶）的数值（符号）作为校正结果，从而保证结果可信。

从校正结果来看：①并不存在近10年增长非常迅速的植物品种；②梭梭草、芦草2种植物近10年增长较为迅速，保护效果显著；③黑果枸杞1种植物近10年数量减少；④有所增长的植物品种有21种，分别是红砂草、冰草、霸王草、珍珠草、肉苁蓉、白刺、绵刺、泡泡刺、骆驼刺、沙葱、沙米、盐爪爪、罗布麻、花花柴、针茅、沙蓬、沙拐枣、苦豆子、胡杨、碱菜、刺蓬；⑤3种植物数量没有增减变化，分别是鹿角草、锁阳和怪柳。

表7-20是采用相同处理方法得到的动物增减变化的比对-校正结果。机构工作人员和农户之间在是否增长或减少的总体结论上基本一致，为了保证估计结果的精准性，也为了谨慎起见，我们选择较低（低阶）的数值（符号）进行校正。校正结果依然可信。

剔除掉罕见/绝迹的三种动物种群之后,从校正结果不难发现:①近10年湖区周围并不存在增减比较迅速、非常迅速的动物品种;②有所增长的动物品种有16种(16/32),分别是鲫鱼、鲢鱼、草鱼、大鳞副泥鳅、羚牛、金翅雀、麻雀、苍鹭、赤麻鸭、翘鼻麻鸭、白眼潜鸭、青头潜鸭、斑尾榛鸡、壁虎、狐狸和野兔;③近10年没有增长变化的动物有15种(15/32),分别是麦穗鱼、棒花鱼、鳙鱼、褐吻鰕虎鱼、重口裂腹鱼、野骆驼、野马、野驴、雪豹、荒野猫、岩羊、山斑鸠、灰斑鸠、刺猬、青蛙;④减少的品种有1种,为鹅喉羚。

7.6 青土湖生物多样性研究结论

7.6.1 遥感监测方面

通过近10年的遥感数据比较发现,随着青土湖生态输水工程的推进实施,整个研究区水域面积增加,植被面积扩大,生长状况明显好转,沙化和盐渍化程度均有所减轻,生态环境状况不断好转,尤以青土湖及其周边区域的变化最为明显。由此可知,青土湖生态输水工程的实施对改善青土湖周边生态环境状况具有一定的积极作用。

7.6.2 水生生物方面

一是共鉴定出浮游植物113种(变种),隶属于7门64属。其中,硅藻门最多,有28属64种,约占总种类数的57.5%。平均密度为5436cells/L,平均生物量为0.0221mg/L。常年优势种为膨胀桥弯藻、放射舟形藻、尖针杆藻、肘状针杆藻、转板藻和泥生颤藻。浮游植物群落的平均Shannon-Wiener多样性指数平均值为4.25,Pielou's均匀度指数平均值为1.19。

二是共检出浮游动物48种,其中原生动物16种、轮虫24种、枝角类5

种、桡足类 2 种、节肢动物 1 种。平均密度为 35ind./L，平均生物量为 0.2021mg/L。浮游动物数量优势种有 10 种，原生动物有普通表壳虫、陀螺侠盗虫，轮虫有螺形龟甲轮虫、梨形单趾轮虫、针簇多肢轮虫、前节晶囊轮虫、月形腔轮虫、长肢多肢轮虫，枝角类为大型溞，桡足类为毛饰拟剑水蚤。浮游动物 Shannon-Wiener 多样性指数平均值为 3.24，Margalef 丰富度指数平均值为 3.24，Pielou's 均匀度指数平均值为 0.63。

三是共检出底栖动物 13 种，其中节肢动物 10 种、软体动物 3 种。平均密度为 3252ind./m²，平均生物量为 5.90g/m²。底栖动物的 Shannon-Wiener 多样性指数平均值为 2.03，Margalef 丰富度指数平均值为 1.62，Pielou's 均匀度指数平均值为 1.40。

四是共采集到鱼类样本 1126 尾，结合走访调查，青土湖鱼类共有 11 种，隶属于 3 目 5 科 11 属，以鲤形目、鲤科鱼类为主。其中，鲫、鲤、麦穗鱼为优势种，棒花鱼、大鳞副泥鳅、褐吻鰕虎鱼为常见种。鲫、麦穗鱼、棒花鱼、褐吻鰕虎鱼和小黄黝鱼 5 种鱼类能够在青土湖水域完成生活史过程。

五是在夏季，青土湖水位较低，水体中总氮超过 3mg/L，总磷超过 0.1mg/L，处于地表水环境质量标准 Ⅳ 类至 Ⅴ 类水之间，水体质量较差，且在白天水体溶解氧含量为 4mg/L，在夜间水生植物光合作用减弱，呼吸作用增强，水体溶解氧含量可能会更低，这将导致不耐低氧的鱼类不适宜生存，仅仅存在一些耐低氧的种类或者一些小型耐低氧的种类。

7.6.3 陆生植物方面

一是调查区域共有维管植物 11 科 25 属 30 种。其中，中国特有植物 1 种，为白刺科的白刺（Nitraria tangutorum）；国家保护植物 1 种，为茄科的黑果枸杞（Lycium ruthenicum）；入侵植物 2 种，分别为苋科的刺沙蓬（Salsola tragus）和灰绿藜（Chenopodium glaucum）。本调查区的降水较少，植物群落简单，乔木种类非常少，形成了荒漠、灌丛、草原、草甸 4 个植被型组，温带荒漠草原、温带荒漠、温带灌丛、盐化草甸 4 个植被类型，丛生禾草荒漠草原，小半灌木荒漠草原，小乔木荒漠，半灌木、小半灌木荒漠，盐生小半灌木荒漠，盐地沙生灌丛，禾草盐化草甸7个植被亚型以及11个群系，其主要植物群系为芦苇群系和白刺群系。

二是不同区域植物群落的特征属性。根据建群物种的差异，本调查区大致可以分为草甸区、盐化草甸区、荒漠区和梭梭人工林4个植被区域。其中，草甸区以芦苇为主要建群物种，无灌木层；盐化草甸区的灌木层以白刺为主要建群物种，草本层以芦苇为主要建群物种；荒漠区的灌木层以白刺为主要建群物种，草本层植物稀少，大多无建群物种；梭梭人工林的灌木层以梭梭为主要建群物种，草本层植物稀少，大多无建群物种。调查发现，草甸区的平均植被盖度为86.6%，显著高于盐化草甸区的49%和荒漠区的32.7%；草甸区的地上生物量为1066.1g/m^2，显著高于盐化草甸区的51.3g/m^{2}和荒漠区的32.7g/m^2。这种情况的出现主要是由于人工输水促进了芦苇分布范围和数量的提升。从多样性指数看，荒漠区要比草甸区略高，这说明荒漠区的植物种类要多于草甸区，并且各物种的比例更均匀；从物种组成上看，荒漠区和盐化草甸区以白刺为主，而草甸区以芦苇为主，主要原因在于草甸区的水分作为主要的环境因子，筛选了适合水生的物种（芦苇），而排除了旱生物种。

三是植物群落响应土壤理化性质的变化，草甸区的土壤有机碳和含水量均显著高于荒漠区。荒漠区的平均土壤含水量仅有4.3%，而草甸区和盐化草甸区达到20%以上。这表明，随着持续的生态输水，土壤含水量显著增加，土壤环境得到显著改善。生态输水不仅有利于土壤养分的积累，也有利于植物生物量和盖度的增加，研究发现，土壤含水量对群落水平和物种水平都有非常显著的影响，对本区域的植物物种分布格局也产生了重要作用。青土湖区域在进行人工输水后，灌木在群落中逐渐消减，芦苇群落成为区域优势群落，人工输水加速植物群落的演替过程。在盐化草甸区，白刺没有完全退出区域性的植物群落，只是芦苇的优势度增加，是一种此消彼长的变化，这种变化体现了土壤养分和水资源的不同配置，是植物群落格局适应环境的演替过程。

7.6.4 认知方面

近年来的生态投入在生态建设与生物多样性保护上的效果是显著的，流沙基本得到了有效控制。2017年实施《武威市祁连山山水林田湖生态保护修复工程青土湖修复治理项目》以来，青土湖区域的植被恢复明显，尤其是植物物种多样性保护的效果更加明显。动物特别是鸟类的数量明显增加，鱼类等水生生物从无到有，部分动物的种群数量初步呈现出增长趋势。具体结论如下：

一是机构认知，基层工作人员对生物多样性保护的主观认知。基层工作人员开展保护生物多样性工作的态度端正，种草植树积极性高，但是针对生物多样性保护的活动参与较少。基层工作人员对生物多样性保护缺乏相关理论知识。从机构工作人员的访谈式调查当中，本书所在的课题组了解到仍有相当一部分工作人员，尤其是乡镇和村社工作人员，不清楚什么是生物多样性，混淆生物多样性保护和生态保护、防沙治沙之间的区别，认为种草植树、防沙治沙就是在进行生物多样性保护。基层工作人员对生物多样性保护责任的认识模糊。大多数基层工作人员认为地方政府是保护生物多样性的第一责任人，但仍然有相当一部分工作人员将第一责任人归为个人、企业，其中乡镇、村社工作人员普遍认为企业解决生物多样性效果会更好。

二是农户认知，农户积极性高、配合程度好。58/82人次的基层工作人员认为农户积极配合，十分支持湖区的生物多样性保护工作，且参与形式多样，除了问卷当中罗列的常规行动外，还有如种草植树、封沙育林、节水灌溉、防沙网工程等，访谈过程中农户还补充了保护区防护网工程、日常巡逻等保护行动，年平均参与次数3.69次。但是农户对生物多样性保护的概念模糊，参与湖区生物多样性保护的行动仍有不足。湖区人类活动的频次上升，农户保护湖区生物多样性的主观意识增强，但对动物的熟见度和保护感知能力欠佳，使得多样性保护的生态溢出效应尚不明显。

三是工作中尚存成效提升空间，对未来的变化趋势充满期待。从工作人员对全县环境保护成效的满意度来看，40/82人次对当前的环境状况满意（比较满意36人次、非常满意4人次）。48/82人次认为保护成效显著。近10年湖区生态执法力度与生态注水投入不断增加，但技术投入仍然欠缺。从农户的认识上来看，绝大多数农户认为保护生物多样性重要（204/220人次），因此，绝大多数农户支持对湖区生物多样性保护，220人次当中210人次态度积极。绝大多数农户对当前的居住环境表示满意，就生物多样性保护程度而言，166/220人次对当前的多样性保护成效表示满意。

四是问卷访谈结果和本底调查结果有重合，但仍然存在一定偏差。例如，通过问卷访谈调研得到的结果是：草鱼较为常见，鲫鱼、麦穗鱼、棒花鱼、鲢鱼、鳙鱼、大鳞副泥鳅、褐吻鰕虎鱼、重口裂腹鱼偶尔可见；鲇、小黄黝鱼、极边扁咽齿鱼3种动物在机关和农户的认知当中都未曾见过。对比水生生物本底调查结果，鲢鱼、草鱼和鳙鱼以及鲇鱼均未在实地调研中采集到，鲇鱼是走访垂钓者说见到过。而重口裂腹鱼在长江流域分布，极边扁咽齿鱼在黄河玛曲段分布，在研究区域并未采集到。又如，通过我们对植物认知访谈的校正结果可知，3种植物数量没有增减变化的分别是鹿角草、锁阳和柽柳，但是根据我们对陆生植物的本底调查结果以及对机构专业人员的访谈，研究区域并未采集到鹿角草。这种偏差的原因是多元的，一是生物多样性自身的复杂性决定了公众对具体物种的识别有较大的难度。二是从一定程度上反映生物多样性保护专题工作开展的必要性。三是受访者可能存在理解偏差，即受访者理解湖区时不自主地扩大了研究范围，是根据自己生活所在地的认知回答了相关问题。

7.7 青土湖生物多样性保护管理的途径

根据区域生物多样性保护管理的原则、目的、重点以及青土湖生物多样性调查结果和生物多样性特点，我们针对青土湖地区生物多样性保护管理提出了"一稳、二构、三权衡"的对策建议，即：稳定生态恢复，构建全方位综合监测系统、现代化决策支撑体系，权衡输水量、多主体和多举措。这些建议旨在通过科学规划、统筹协调、自然恢复及强化责任等多维度策略，确保青土湖地区的生物多样性得到有效保护和可持续发展。

1. "一稳"

稳定生态恢复。一是继续实行并强化生态输水，以维持来之不易的水域湿地生态系统；二是继续实行防风固沙、人工造林、自然保育等一系列生态恢复措施，以巩固和扩大已有成效；三是要加快做好水资源论证，合理配置必需的生态补水，实现全流域水资源的合理分配和高效利用。

2. "二构"

构建全方位综合监测系统。一是借助卫星遥感技术（空）、无人机技术（天）和地面调查（地），构建青土湖生态环境"空–天–地"一体化综合监测系统，以实现区域生态环境的全方位综合监测；二是重点加强长期地面监测，选取生物多样性脆弱、胁迫等压力敏感重点区域，强化长期综合性定位检测建设，监测内容包括气象因子、水环境因子、水生生物多样性动态，以及域内与周边植物、动物、微生物等多样性变化；三是加强湿地周边的经济社会活动及发展情况变化的持续监测等。

构建现代化决策支撑体系。一是加强科学研究，夯实决策支撑。通过对区域生态环境的长期动态监测，摸清区域生态环境及生物多样性变化的规律、趋势、驱动因素及其作用机理和维度响应，为生态恢复活动提供基础支撑；二是加强科学指导，提升综合实效，如水生生物增殖放流对生态、生产、生活具有很好的共促作用，但现有水环境条件并不适宜增殖放流草鱼、鲢、鳙，而宜选取一些耐低氧的小型鱼类，如鲫、叶尔羌高原鳅和适量的鲇鱼；三是建立智能化决策支撑系统、引入科学化决策机制，提供专项资金和智力支持，建设"青土湖智能化决策支撑系统"，提升管理部门决策和管理人员履职的科学化能力、水平和实效，引入生态系统综合管理等先进理念和方法，开展适应性管理，及时、有针对性地制定或调试相关保护措施和行为。

3. "三权衡"

权衡输水量。一是科学测算青土湖区域生态、生产、生活用水总量，并保证青土湖区域能够获得持续输水；二是根据青土湖区域可获得水量进行动态科学分配，特别是争取能够在夏季向青土湖尽可能补充更多生态用水，以维持其湿地水位，提高水环境质量；三是做好不同草甸区输水量需求权衡，在输水时优先向土壤含水量较低的区域进行输送。

权衡多主体。多样性保护工作是一项政策引导、全民参与的工作，任何一方参与积极性不高，都可能影响保护效果。一是优化保护站点、林区基层工作人员"坚守奋斗"激励机制，确保人员队伍规模稳定，不断强化基层专业人员年龄、专业、资历等结构上的合理性；二是优化以工代赈人员参与范围，激励农户参与治理保护的积极性，项目制实现了专款专用、执行效率和考核评价上的最优，但项目实施的最终效果尚需当地民众的积极配合和大力支持，采取项目制+项目所在地民众、以工代赈的模式可在一定程度上化解农户配合度不高、参与不足等问题；三是出台鼓励社会力量参与生物多样性保护的优惠政策，并实施规范管理、科学指导和民主监督。

权衡多举措。一是强化宣传教育和培训，加大乡镇、村社基层干部集中培训，减少多样性保护认知模糊与认识盲区，强化责任意识，提高政策执行效率，灵活宣传教育方式和手段，加大对农户和利益相关者多样性保护知识的宣传和教育力度，提高其对生物多样性保护的认识以及自觉运用中的获得感；二是集思广益，强化保护举措制定实施的科学性、可行性和长效性，加强与高等院校、科研机构和有经验的企事业单位的合作，同时重视地方知识的运用，如聘请有经验的农户"土专家"参与到保护工作的论证和实施当中来；三是建立定期评估机制，以3~5年为一个周期，聘请专家团队对项目实施效果、参与人认知变化、多方共治中可能的激励兼容等问题进行及时发现和研判，提出有效解决方案，对涉及的一些重大、关键科学问题和技术，可以设立专项，以"揭榜挂帅"或"披挂上阵"等形式进行重点专项攻关。多措并举，科学巩固保护成效的持续性。

本章小结

通过实地调查和问卷访谈，对青土湖区域的生物多样性保护现状进行了全面评估。调查涉及县直部门、乡镇政府、村委以及农户，内容包括机构职能、保护活动参与、存在问题、迫切需求和对策建议等。调查发现，基层工作人员和农户对于保护工作的重要性有共识，都能积极、主动支持保护活动，但对生物多样性保护的认识有限，普遍存在概念模糊、生物多样性保护工作参与度不高的问题。生物多样性保护成效方面，近10年梭梭草和芦草增长迅速，黑果枸杞数量减少。鲫鱼、鲢鱼等动物品种数量有所增长，而鹅喉羚数量有所下降。工作人员和农户对保护成效表示满意，并期待未来保护成效提升。总体而言，青土湖区域的生物多样性保护工作虽取得了一定成效，但未来仍需要进一步加强保护管理工作。我们针对青土湖地区生物多样性保护管理提出了"一稳、二构、三权衡"的对策建议。

"一稳"强调稳定生态恢复。通过继续实行并强化生态输水、人工造林等生态恢复措施，以及合理配置生态补水，确保青土湖地区的水域湿地生态系统得到有效维持和巩固。

"二构"包括构建全方位综合监测系统和现代化决策支撑体系。通过一系列技术手段建立"空-天-地"一体化综合监测系统。同时，加强科学研究，建立智能化决策支撑系统，引入科学化决策机制，为生态恢复活动提供基础支撑和科学指导。

"三权衡"涉及权衡输水量、多主体和多举措。在输水量方面，科学测算多用途用水总量，进行动态科学分配。在多主体方面，优化激励机制，鼓励社会各方力量参与生物多样性保护。在多举措方面，强化宣传教育，集思广益制定科学可行的保护举措，并建立定期评估机制，确保保护成效的持续性。

参考文献

安树青，朱学雷，王峥峰，等．1999．海南五指山热带山地雨林植物物种多样性研究．生态学报，19（6）：803-809．

曹铭昌，乐志芳，雷军成，等．2013．全球生物多样性评估方法及研究进展．生态与农村环境学报，29（1）：8-16．

陈灵芝．1997．中国森林多样性及其地理分布．北京：科学出版社．

戴声佩，张勃，王海军．2010．中国西北地区植被 NDVI 的时空变化及其影响因子分析．地球信息科学学报，12（3）：315-321．

丁祖年．2021-12-24．我国生物多样性保护的立法历程．上海法治报，B6 版．

董帅．2024．西藏自治区生物多样性法治保障建设研究．拉萨：西藏大学．

董众祥，赵小平．2018．甘肃酒泉生物多样性评价与保护管理对策研究．现代农业研究，(5)：16-19．

段晓梅．2017．城乡绿地系统规划．北京：中国农业大学出版社．

段学花，王兆印，徐梦珍．2010．底栖动物与河流生态评价．北京：清华大学出版社．

傅伯杰，于丹丹，吕楠．2017．中国生物多样性与生态系统服务评估指标体系．生态学报，37（2）：341-348．

甘春英，王兮之，李保生，等．2011．连江流域近 18 年来植被覆盖度变化分析．地理科学，31（8）：1019-1024．

高东，何霞红．2010．生物多样性与生态系统稳定性研究进展．生态学杂志，29（12）：2507-2513．

韩茂森．1978．淡水浮游生物图谱．北京：农业出版社．

郝媛媛．2017．基于 GIS/RS 的西北内陆河流域生态恢复效果评价研究——以石羊河下游民勤盆地为例．兰州：兰州大学．

何春光，崔丽娟，盛连喜．2015．生物多样性保育学．沈阳：东北师范大学出版社．

何洪盛，田青，王理德，等．2021．青土湖退耕地植被群落特征与土壤理化性质分析．干旱区研究，38（1）：223-232．

贺金生，陈伟烈．1997．陆地植物群落物种多样性的梯度变化特征．生态学报，17（1）：91-99．

胡雄蛟，林亦晴，高晓龙，等．2024．生物多样性价值内涵和评估方法研究进展．生态学报，44（20）：8957-8967．

胡志昂，王洪新 . 1996. 遗传多样性的定义、研究新进展和新概念//中国科学院生物多样性委员会，林业部野生动物和森林植物保护司，国家环保局自然保护司 . 生物多样性与人类未来——第二届全国生物多样性保护与持续利用研讨会论文集 . 北京：中国科学院植物研究所：32-36.

黄建辉 . 1994. 物种多样性的空间格局及其形成机制初探 . 生物多样性，2（2）：103-107.

贾云飞，李云飞，范天程，等 . 2022. 基于长时间序列 NDVI 的黄土高原延河流域及其沟壑区植被覆盖变化分析 . 水土保持研究，29（4）：240-247.

姜海兰 . 2015. 利用多时相 Landsat 卫星影像直接提取沙漠化区域的简便方法 . 兰州：兰州大学 .

蒋燮治，堵南山 . 1979. 中国动物志–淡水枝角类 . 北京：科学出版社 .

蒋有绪，刘世荣 . 1993. 关于区域生物多样性保护研究的若干问题 . 自然资源学报，8（4）：289-298.

蒋有绪 . 1998. 区域生物多样性保护的基本构想//刘世荣 . 中国暖温带森林生物多样性研究 . 北京：中国林业出版社：37-44.

蒋志刚，马克平 . 1997. 保护生物学 . 杭州：浙江科学技术出版社 .

李登科，范建忠，王娟 . 2010. 陕西省植被覆盖度变化特征及其成因 . 应用生态学报，(11)：2896-2903.

刘汉梁 . 2023. 我国生物多样性保护法律制度研究 . 昆明：昆明理工大学 .

刘世荣，蒋有绪，史作民 . 1998. 中国暖温带森林生物多样性研究 . 北京：中国林业出版社 .

刘淑娟，袁宏波，刘世增，等 . 2017. 青土湖水面形成过程的荒漠植物群落演替 . 生态科学，36（4）：64-72.

罗剑华 . 2008. 我国的生物多样性保护法律制度研究 . 重庆：重庆大学 .

潘若云，黄峰 . 2021. 甘肃省青土湖绿洲生态输水后地下水功能恢复调查评价 . 中国防汛抗旱，31（8）：36-41.

钱迎倩，马克平 . 1994. 生物多样性研究的原理与方法 . 北京：中国科学技术出版社 .

乔丹玉，郑进辉，鲁晗，等 . 2021. 面向不同环境背景的 Landsat 影像水体提取方法适用性研究 . 地球信息科学学报，23（4）：710-722.

全国科学技术名词审定委员会 . 2007. 生态学名词 . 中国科技术语，4：11-14.

施立明，贾旭，胡志昂 . 1993. 遗传多样性//陈灵芝 . 中国的生物多样性 . 北京：科学出版社：99-113.

史娜娜，肖能文，汉瑞英，等 . 2019. 青海省生物多样性保护区划及管理对策 . 生态经济，35（11）：188-193.

世界资源研究所 . 1993. 全球生物多样性策略——拯救，研究和持续，公平地利用地球生物资源的行动纲领 . 北京：中国标准出版社 .

宋怡，马明国 . 2008. 基于 GIMMS AVHRR NDVI 数据的中国寒旱区植被动态及其与气候因子的关系 . 遥感学报，12（3）：499-505.

孙龙，国庆喜，孙慧珍 . 2013. 生态学基础 . 北京：中国建材工业出版社 .

孙一帆，徐梦菲，汪霞 . 2024. 洛阳市土地利用景观格局时空演变与预测分析 . 人民黄河，46（8）：110-

116，129.

王焕校，常学秀．2003．环境与发展．北京：高等教育出版社．

王家楫．1961．中国淡水轮虫志．科学通报，北京：科学出版社．

王林园，廖思维，席玥．2024-11-04．保护生物多样性，中国发挥引领作用．新华每日电讯，6版．

王峥峰，安树青，Campbell D G，等．1999．海南吊罗山热带雨林的物种多样性．生态学报，19（1）：45-51.

翁建中，徐恒省．2010．中国常见浮游藻类图谱．上海：上海科学技术出版社．

吴甘霖．2004．生态系统多样性的测度方法及其应用分析．安庆师范学院学报：自然科学版，10（3）：4.

吴淼，乔建芳，张元明，等．2023．咸海生态治理：深化与中亚科技合作的重要路径．中国科学院院刊，38（6）：917-931.

肖能文，赵志平，李果，等．2022．中国生物多样性保护优先区域生物多样性调查和评估方法．生态学报，42（7）：2523-2531.

肖雪．2022．生物多样性保护法律制度研究．哈尔滨：黑龙江大学．

叶平．2014．基于生态伦理的环境科学理论和实践观念．哈尔滨：哈尔滨工业大学出版社．

于道德，宋静静，刘凯凯，等．2021．大型年长鱼类对海洋生态系统生物资源养护的作用．生态学报，41（18）：7432-7439.

臧润国，刘静艳，董大方．1999．林隙动态与森林生物多样性．北京：中国林业出版社．

张步翀，李凤民，黄高宝．2006．生物多样性对生态系统功能及其稳定性的影响．中国生态农业学报，14（4）：12-15.

张宏达．1998．植物的特有现象与生物多样性．生态科学，16（2）：9-17.

张鹏．2023．生物多样性保护视角下我国预防性环境民事公益诉讼制度的完善．太原：山西大学．

张平平，李艳红，殷浩然，等．2022．中国南北过渡带生态系统碳储量时空变化及动态模拟．自然资源学报，37（5）：1183-1197.

张芝萍，安富博，赵艳丽，等．2020．青土湖间断性水淹干扰对白刺沙堆土壤特性与生物量的影响．安徽农业科学，48（1）：70-72，82.

赵士洞，郝占庆．1996．从"DIVERSITAS计划新方案"看生物多样性研究的发展趋势．生物多样性，4（3）：125.

赵文．2005．水生生物学．北京：中国农业出版社．

中国环境保护部．2009．中国履行《生物多样性公约》第四次国家报告．北京：中国环境科学出版社．

《中国生物多样性保护行动计划》编写组．1994．中国生物多样性行动计划．北京：中国环境科学出版社．

《中国生物多样性国情研究报告》编写组．1998．中国生物多样性国情研究报告．北京：中国环境科学出版社．

周晋峰．2022．生态文明时代的生物多样性保护理念变革．学术前沿，（4）：16-23.

周毅. 2015. 中国西部脆弱生态环境与可持续发展研究. 北京：新华出版社.

朱红苏，邱杰. 2016. 生物多样性保护. 贵阳：贵州科技出版社.

Adams J M, Woodward F I. 1989. Patterns in tree species richness as a test of the glacial extinction hypothesis. Nature, 339: 699-701.

Aiba S, Kitayama K. 1999. Structure, composition and species diversity in an altitude-substrate matrix of rain forest communities on Mount Kinabalu, Borneo. Plant Ecology, 140: 139-157.

Aldrich P R, Hamrick J L. 1998. Reproductive dominance of pasture trees in a fragmented tropical forest mosaic. Science, 281: 103-105.

Alkemade R, van Oorschot M, Miles L, et al. 2009. GLOBIO3: A framework to investigate options for reducing global terrestrial biodiversity loss. Ecosystems, 12 (3): 374-390.

Allan E, Manning P, Alt F, et al. 2015. Land use intensification alters ecosystem multifunctionality via loss of biodiversity and changes to functional composition. Ecology Letters, 18 (8): 834-843.

Anderson B, Armsworth P, Eigenbrod F, et al. 2009. Spatial covariance between biodiversity and other ecosystem service priorities. Journal of Applied Ecology, 46 (4): 888-896.

Aplet G H, Hughes R F, Vitousek P M. 1998. Ecosystem development on Hawaiian lava flows: biomass and species composition. Vegetation Science, 9: 17-26.

Avigliano E, Rosso J, Lijtmaer D, et al. 2019. Biodiversity and threats in non-protected areas: a multidisciplinary and multi-taxa approach focused on the atlantic forest. Heliyon, 5 (8): e02292.

Bairey E, Kelsic E D, Kishony R. 2016. High-order species interactions shape ecosystem diversity. Nature Communications, 7 (1): 12285.

Bellwood D R, Hoey A S, Choat J H. 2003. Limited functional redundancy in high diversity systems: resilience and ecosystem function on coral reefs. Ecology Letters, 6 (4): 281-285.

Bongers F, Poorter L, van Rompaey R S A R, et al. 1999. Distribution of twelve moist forest canopy tree species in Liberia and Côte d'Ivoire: response curves to a climatic gradient. Journal of Vegetation Science, 10: 371-382.

Braakhekke W G, Hooftman D A P. 1999. The resource balance hypothesis of plant species diversity in grassland. Vegetation Science, 10: 187-200.

Brokaw N V L, Scheiner S M. 1989. Species composition in gaps and structure of a tropical forest. Ecology, 70: 538-541.

Brosofske K D, Chen J, Crow T R, et al. 1999. Vegetation response to landscape structure at multiple scales across a northern Wisconsin, USA, pine barrens landscape. Plant Ecology, 143: 203-218.

Busing R T, White P S. 1997. Species diversity and small-scale disturbance in an old-growth temperate forest: a consideration of gap partitioning concepts. Oikos, 87: 562-568.

Butchart S H M, Walpole M, Collen B, et al. 2010. Global biodiversity: indicators of recent declines. Science, 328 (5982): 1164-1168.

Börgeson L, Höjer M, Dreborg K H, et al. 2006. Scenario types and techniques towards a user's guide. Futures, 38 (7): 723-739.

Caley M J, Schiluter D. 1997. The relationship between local and regional diversity. Ecology, 78 (1): 70-80.

Caley M J. 1997. Local endemism and the relationship between local and regional diversity. Oikos, 79 (3): 612-615.

Cannon C, Peart D R, Leighton M. 1998. Tree species diversity in commercially logged Bornean rainforest. Science, 281: 1366-1368.

Chang J, Symes W, Lim F, et al. 2016. International trade causes large net economic losses in tropical countries via the destruction of ecosystem services. Ambio, 45 (4): 387-397.

Chapin Ⅲ F S, Sturm M, Serreze M C, et al. 2005. Role of land-surface changes in Arctic summer warming. Science, 310 (5748): 657-660.

Chapin Ⅲ F S, Walker B H, Hobbs R J, et al. 1997. Biotic control over the functioning of ecosystem. Science, 277: 500-504.

Chaudhary A, Verones F, Baan L, et al. 2015. Quantifying land use impacts on biodiversity: combining species-area models and vulnerability indicators. Environmental Science & Technology, 49 (16): 9987-9995.

Chen L, Swenson N G, Ji N, et al. 2019. Differential soil fungus accumulation and density dependence of trees in a subtropical forest. Science, 366 (6461): 124-128.

Cheng C, Zhang S, Zhou M, et al. 2022. Identifying important ecosystem service areas based on distributions of ecosystem services in the beijing-tianjin-hebei region, China. Peerj, 10: e13881.

Chermack T J, Lynham S A. 2002. Definitions and outcome variables of scenario planning. Human Resource Development Review, 1 (3): 366-383.

Chunyu X, Huang F, Xia Z, et al. 2019. Assessing the ecological effects of water transport to a lake in arid regions: a case study of Qingtu Lake in Shiyang River Basin, Northwest China. Environmental Research and Public Health, 16: 145-159.

Civitello D, Cohen J, Fatima H, et al. 2015. Biodiversity inhibits parasites: broad evidence for the dilution effect. Proceedings of the National Academy of Sciences, 112 (28): 8667-8671.

Clark D B, Clark D A, Read J M. 1998. Edaphic variation and the mesoscale distribution of tree species in a neo-tropical rain forest. Ecology, 86: 101-112.

Clarke A, Johnston N M. 2003. Antarctic marine benthic diversity//Oceanography and Marine Biology. New York: CRC Press: 55-57.

Clay K, Holah J. 1999. Fungal endophyte symbiosis and plant diversity in successional fields. Science, 285:

1742-1744.

Clinebell H R R, Phillips O L, Gentry A H, et al. 1995. Prediction of neotropical tree and liana species richness from soil and climatic data. Biodiversity and Conversation, 4: 56-90.

Coelho M T P, Barreto E, Rangel T F, et al. 2023. The geography of climate and the global patterns of species diversity. Nature, 622 (7983): 537-544.

Collins S L, Knapp A K, Briggs J M, et al. 1998. Modulation of diversity by grazing and mowing in native tallgrass prairie. Science, 280: 745-747.

Cottingham K L, Brown B L, Lennon J T. 2001. Biodiversity may regulate the temporal variability of ecological systems. Ecology Letters, 4 (1): 72-85.

Cuesta F, Peralvo M, Merino-Viteri A, et al. 2017. Priority areas for biodiversity conservation in mainland ecuador. Neotropical Biodiversity, 3 (1): 93-106.

Currie D J, Paquin V. 1987. Large-scale biogeographical patterns of species richness of trees. Nature, 329: 326-327.

Davies B F R, Gernez P, Geraud A, et al. 2023. Multi- and hyperspectral classification of soft-bottom intertidal vegetation using a spectral library for coastal biodiversity remote sensing. Remote Sensing of Environment, 290: 113554.

Davis M B, Calcote R R, Sugita S, et al. 1998. Patchy invasion and the origin of a hemlock-hardwoods forest mosaic. Ecology, 79 (8): 2641-2659.

DEFRA (Department for Environment, Food and Rural Affairs). 2011. Biodiversity Indicators in Your Pocket 2007: Measuring Progress Towards Halting Biodiversity Loss. http://jnce.defra.gov.uk/pdf/2010-BIYP2007.pdf. [2011-12-02].

Denslow J S. 1995. Disturbance and diversity in tropical rain forests: the density effect. Ecological Applications, 5 (4): 962-968.

Duivenvoorden J F. 1996. Patterns of tree species richness in rain forests of the middle Caqueta area, Colombia, NW Amazonia. Biotropica, 28 (2): 142-158.

EEA (European Environment Agency). 2007. Halting the Loss of Biodiversity by 2010: Proposal for a First Set of Indicators to Monitor Progress in Europe. EEA Technical Report No. 11. Copenhagen, Denmark: EEA.

Egoh B, Reyers B, Carwardine J, et al. 2010. Safeguarding biodiversity and ecosystem services in the little karoo, south africa. Conservation Biology, 24 (4): 1021-1030.

Enserink M. 1997. Life on the edge: rainforest margins may spawn species. Science, 276: 1791-1792.

Failing L, Gregory R. 2003. Ten common mistakes in designing biodiversity indicators for forest policy. Journal of Environmental Management, 68 (2): 121-132.

Foster B L, Grass K L. 1998. Species richness in a successional grassland: effects of nitrogen enrichment and plant litter. Ecology, 79 (8): 2593-2602.

Francis A P, Currie K J. 1998. Global patterns of tree species richness in moist forests: another look. Oikos, 81: 598-602.

Frison E A, Jeremy C, Hodgkin T. 2011. Agricultural biodiversity is essential for a sustainable improvement in food and nutrition security. Sustainability, 3 (12): 238-253.

Gilbert N. 2023. Epic voyage finds astonishing microbial diversity among coral reefs. Nature, https://doi.org/10.1038/d41586-023-01807-2.

Gilliam F S, Turrill N L, Adams M B. 1995. Herbaceous-layer and overstory species in clear-cut and mature central Appalachian hardwood forests. Ecological Applications, 5 (4): 947-955.

Givnish T J. 1999. On the causes of gradients in tropical tree diversity. Ecology, 87: 193-210.

Gough L, Grace J B. 1999. Effects of environmental change on plant species density: comparing predictions with experiments. Ecology, 80 (3): 880-890.

Gray C, Hill S, Newbold T, et al. 2016. Local biodiversity is higher inside than outside terrestrial protected areas worldwide. Nature Communications, 7 (1): 12306.

Groombridge B. 1992. Global Biodiversity, Status of the Earth's Living Resources. London, England: Chapman & Hall.

Guo Q F, Berry W L. 1998. Species richness and biomass: dissection of the hump-shaped relationships. Ecology, 79 (7): 2555-2559.

Hacker S D, Bertness M D. 1999. Experimental evidence for factors maintaining plant species diversity in new England salt marsh. Ecology, 80 (6): 2064-2073.

Hacker S D, Gaines S D. 1997. Some implications of direct positive interactions for community species diversity. Ecology, 78 (7): 1990-2003.

Halpern C B, Spies T A. 1995. Plant species diversity in natural and managed forests of the Pacific Northwest. Ecological Applications, 5 (4): 913-934.

Harrison I, Green P, Farrell T, et al. 2016. Protected areas and freshwater provisioning: a global assessment of freshwater provision, threats and management strategies to support human water security. Aquatic Conservation Marine and Freshwater Ecosystems, 26 (S1): 103-120.

Harrison S. 1999. Local and regional diversity in patchy landscape: native, alien, and endemic herbs on serpentine. Ecology, 80: 70-80.

Harrison S. 1997. How natural habitat patchiness affects the distribution of diversity in Californian serpentine chaparral. Ecology, 78 (6): 1898-1906.

Hector A, Schmid B, Beierkuhnlein C, et al. 1999. Plant diversity and productivity experiments in European grassland. Science, 286: 1123-1127.

Hochkirch A, Samways M J, Gerlach J, et al. 2021. A strategy for the next decade to address data deficiency in neglected biodiversity. Conservation Biology, 35（2）：502-509.

Hooper D U, Vitousek P M. 1997. The effects of plant composition and diversity on ecosystem processes. Science, 277：1302-1305.

Hubbell S P, Foster R B, O'Brein S T, et al. 1999. Light-gap disturbances, recruitment limitation, and tree diversity in a neotropical forest. Science, 283：554-557.

Hughes J B, Daily G C, Ehrlich P R. 1997. Population diversity：its extent and extinction. Science, 278：689-692.

Huston M A, Aarssen L W, Austin M P, et al. 2000. No consistent effect of plant diversity on productivity. Science, 289：1255a.

Huston M A. 1994. Biological Diversity：The Coexistence of Species on Changing Landscape. Cambridge：Cambridge University Press.

Huston M A. 1999. Local processes and regional patterns：appropriate scales for understanding variation in the diversity of plants and animals. Oikos, 86（3）：393-401.

Hutchinson T F, Boerner R E J, Iverson L R, et al. 1999. Landscape patterns of understory composition and richness across a moisture and nitrogen mineralization gradient in Ohio（U.S.A.）Quercus Forests. Plant Ecology, 144：177-189.

IEEP, ALTERRA, ECOLOGIC, et al. 2009. Scenarios and Models for Exploring Future Trends of Biodiversity and Ecosystem Services Changes. Final Report to the European Commission, DG Environment on Contract ENV. G. 1/ETU/2008/0090r. Institute for European Environmental Policy, Alterra Wageningen UR, Ecologic, Netherlands Nations Environment Program, World Conservation Monitoring Centre, 2009.

IMAGE-Team. 2001. The IMAGE 2.2 Implementation of the SRES Scenarios. CD-ROM Publication 481508018. National Institute for Public Health and the Environment. Bilthoven, the Netherlands：Netherlands Environmental Assessment Agency.

Ives A R, Gross K, Klug J L. 1999. Stability and variability in competitive communities. Science, 286：542-544.

Jeffries M J. 1997. Biodiversity and Conservation. London and New York：Routledge.

Jiang F, Lutz J A, Guo Q, et al. 2021. Mycorrhizal type influences plant density dependence and species richness across 15 temperate forests. Ecology, 102（3）：e03259.

Jiang F, Zhu K, Cadotte M W, et al. 2020. Tree mycorrhizal type mediates the strength of negative density dependence in temperate forests. Journal of Ecology, 108（6）：2601-2610.

Jones J P G, Collen B, Atkinson G, et al. 2011. The why, what and how of global biodiversity indicators beyond the 2010 target. Conservation Biology, 25（3）：450-457.

Kadmon R, Danin A. 1990. Distribution of plant species in Israel in relation to spatial variation in rainfall. Vegetation Science, 10：421-432.

Kaleka A S, Bali G P K. 2021. Community conservation. Endangered Plants.

Keune H, Kretsch C, Blust G, et al. 2013. Science-policy challenges for biodiversity, public health and urbanization: examples from belgium. Environmental Research Letters, 8 (2): 025015.

Lieberman D, Lieberman M, Peralta R, et al. 1996. Tropical forest structure and composition on a large-scale altitudinal gradient in Costa Rica. Ecology, 84: 137-152.

Lionetto M, Caricato R, Giordano M. 2021. Pollution biomarkers in the framework of marine biodiversity conservation: state of art and perspectives. Water, 13 (13): 1847.

MA (Millennium Ecosystem Assessment). 2005. Ecosystems and Human Well-Being, Scenarios Assessment. Washington DC, USA: World Resources Institute.

Mace G M, Baille J E M. 2007. The 2010 biodiversity indicators challenges for science and policy. Conservation Biology, 21 (6): 1406-1413.

Mann C, Plummer M. 1997. Qualified thumbs up for habitat plan science. Science, 278: 2052-2053.

McNeely J A, Miller K R, Reid W V, et al. 1990. Conserving the World's Biological Diversity. Gland, Switzerland and Washington, DC: IUCN, World Resources Institute, Conservation International, WWF-US and the World Bank.

McPeek M A. 1996. Linking local species interactions to rates of speciation in communities. Ecology, 77 (5): 1355-1366.

Meier A J, Bratton S P, Duffy D C. 1995. Possible ecological mechanisms for loss of vernal-herb diversity in logged eastern deciduous forest. Ecological Applications, 5 (4): 935-946.

Mills K E, Bever J. 1998. Maintenance of diversity within plant community: soil pathogens as agents of negative feedback. Ecology, 79 (5): 1595-1601.

Mittelbach G G, Schemske D W, Cornell H V, et al. 2007. Evolution and the latitudinal diversity gradient: speciation, extinction and biogeography. Ecology Letters, 10 (4): 315-331.

MNP. 2006. Integrated Modelling of Global Environmental Change: An overview of IMAGE 2.4. Bilthoven, the Netherlands: Netherlands Environmental Assessment Agency.

Moloney K A, Levin S A. 1996. The effects of disturbance architecture on landscape-level population dynamics. Ecology, 77 (2): 375-394.

Moreira F, Allsopp N, Esler K J, et al. 2019. Priority questions for biodiversity conservation in the mediterranean biome: heterogeneous perspectives across continents and stakeholders. Conservation Science and Practice, 1 (11): e118.

Moss A, Jensen E, Gusset M. 2017. Impact of a global biodiversity education campaign on zoo and aquarium visitors. Frontiers in Ecology and the Environment, 15 (5): 243-247.

Naeem S, Hakendon K, Lawton J H, et al. 1996. Biodiversity and plant productivity in a model assemblage of plant species. Oikos, 76: 259-264.

Naeem S, Thompson L J, Lawler S P, et al. 1994. Declining biodiversity can alter the performance of ecosystems. Nature, 368: 734-737.

Nakicenovic N, Alcamo J, Davis G, et al. 2000. Special Report of Working Group of the Intergovernmental Panel for Climate Change. Cambridge: Cambridge University Press.

Newbold T, Oppenheimer P, Etard A, et al. 2020. Tropical and mediterranean biodiversity is disproportionately sensitive to land-use and climate change. Nature Ecology & Evolution, 4 (12): 1630-1638.

Newbold T. 2018. Future effects of climate and land-use change on terrestrial vertebrate community diversity under different scenarios. Proceedings of the Royal Society B Biological Sciences, 285 (1881): 20180792.

Okuda T, Kachi N, Yap S K, et al. 1997. Tree distribution pattern and fate of juveniles in a lower land tropical rain forest-implications for regeneration and maintenance of species diversity. Plant Ecology, 131: 155-171.

O'Brien E M, Field R, Whittaker R J. 2000. Climatic gradients in woody plant (tree and shrub) diversity: water-energy dynamics, residual variation, and topography. Oikos, 89: 588-600.

O'Hara C, Villaseñor-Derbez J, Ralph G, et al. 2019. Mapping status and conservation of globalat-risk marine biodiversity. Conservation Letters, 12 (4): e12651.

Penfold G C, Lamb D. 1999. Species co-existence in an Australian subtropical rain forest: evidence for compensatory mortality. Ecology, 87: 316-329.

Pereira H M, Leadley P W, Proenca V, et al. 2010. Scenarios for global biodiversity in the 21st century. Science, 330 (6010): 1496-1501.

Peterson G D, Cumming G S, Carpenter S R. 2003. Scenario planning: a tool for conservation in an uncertain world. Conservation Biology, 17 (2): 358-366.

Pinheiro H T, MacDonald C, Quimbayo J P, et al. 2023. Assembly rules of coral reef fish communities along the depth gradient. Current Biology, 33 (8): 1421-1430.

Pollock M M, Naiman R J, Hanley T A. 1998. Plant species richness in riparian wetlands-a test of biodiversity theory. Ecology, 79 (1): 94-105.

Porter M. 1985. Competitive Advantage Creating and Sustaining Superior Performance. New York, USA: The Free Press.

Qian H, Klinka K, Kayahara G J. 1998. Longitudinal patterns of plant diversity in the North American boreal forest. Plant Ecology, 138: 167-178.

Richards S A, Possingham H P, Tizard J. 1999. Optimal fire management for maintaining community diversity. Ecological Application, 9 (3): 880-892.

Ricklefs R E, Schluter D. 1993. Species Diversity in Ecological Communities: Historical and Geographical Perspectives. Chicago and London: The University of Chicago Press.

Roberts M R, Gilliam F S. 1995. Patterns and mechanisms of plant diversity in forested ecosystems: implications for forest management. Ecological Applications, 5 (4): 969-977.

Rohde K. 1992. Latitudinal gradients in species diversity: the search for the primary cause. Oikos, 65: 514-527.

Romanelli C, Corvalán C, Cooper H, et al. 2014. From manaus to maputo: toward a public health and biodiversity framework. Ecohealth, 11 (3): 292-299.

Satersdal M, Birks H J B, Peglar S M. 1998. Predicting changes in Fennoscandian vascular-plant species richness as a result of future climatic change. Biogeography, 25: 111-122.

Schmeller D S, Julliard R, Bellingham P J, et al. 2015. Towards a global terrestrial species monitoring program. Journal for Nature Conservation, 25: 51-57.

Seddon J, Barratt T W, Love J, et al. 2010. Linking site and regional scales of biodiversity assessment for delivery of conservation incentive payments. Conservation Letters, 3 (6): 415-424.

Shilling F. 1997. Do habitat conservation plans protect endangered species? Science, 276: 1662-1663.

Smith T B, Wayne R K, Girman D J, et al. 1997. A role for ecotones in generating rainforest biodiversity. Science, 176: 1855-1857.

Sollins P. 1998. Factors influencing species composition in tropical lowland rain forest: does soil matter? Ecology, 79 (1): 23-30.

Sugden A M. 2000. Tropical tree communities. Science, 287: 193.

Sugden A M. 2001. Ecology: reciprocal subsidies. Science, 291: 399-401.

Terborgh J, Foster R B, Nuflez V P. 1996. Tropical tree communities: a test of the non-equilibrium hypothesis. Ecology, 77: 561-567.

Thieme A, Glennie E, Oddo P, et al. 2020. Application of remote sensing for ex ante decision support and evaluating impact. American Journal of Evaluation, 43 (1): 26-45.

Thomsen M, Garcia C, Bolam S, et al. 2017. Consequences of biodiversity loss diverge from expectation due to post-extinction compensatory responses. Scientific Reports, 7 (1): 43695.

Tilman D, Knopps J, Wedin D, et al. 1997. The influence of functional diversity and composition on ecosystem processes. Science, 277: 1300-1302.

Tilman D, Wedin D, Knops J. 1996. Productivity and sustainability influenced by biodiversity in grassland ecosystem. Nature, 379: 718-720.

Tilman D. 1999. The Ecological consequences of changes in biodiversity: a search for general principle. Ecology, 80 (5): 1455-1474.

UNEP-WCMC. 2009. International Expert Workshop on the 2010 Biodiversity Indicators and Post-2010 Indicator Development. Cambridge: UNEP-WCMC.

van Klink R, Bowler D E, Gongalsky K B, et al. 2020. Meta-analysis reveals declines in terrestrial but increases in freshwater insect abundances. Science, 368 (6489): 417-420.

Vanderheijden K. 1996. Scenarios: the art of strategic conversation. Futures, 29 (9): 877-880.

Vandermeer J, Boucher D, Perfecto I, et al. 1996. A theory of disturbance and species diversity: evidence from Nicaragua after hurricane Joan. Biotropica, 28 (4a): 600-613.

Vauez J A G, Givnish T J. 1998. Altitudinal gradients in tropical forest composition, structure, and diversity in the Sierra de Manantlan, Jalisco, Mexico. Ecology, 86: 999-1020.

Venter O, Sanderson E, Magrach A, et al. 2016. Sixteen years of change in the global terrestrial human footprint and implications for biodiversity conservation. Nature Communications, 7 (1): 12558.

Vipat A, Bharucha E. 2014. Sacred groves: the consequence of traditional management. Journal of Anthropology, 9: 1-8.

Wagg C, Bender S, Widmer F, et al. 2014. Soil biodiversity and soil community composition determine ecosystem multifunctionality. Proceedings of the National Academy of Sciences, 111 (14): 5266-5270.

Wahlberg N, Moilanen A, Hanski I. 1996. Predicting the occurrence of endangered species in fragmented landscapes. Science, 273: 1536-1538.

Walpole M, Almond R E A, Besancon C, et al. 2009. Tracking progress toward the 2010 biodiversity target and beyond. Science, 325 (5947): 1503-1504.

Webb E L, Fa'aumu S. 1999. Diversity and structure of tropical rain forest of Tutuila, American Samoa: effects of site age and substrate. Plant Ecology, 144: 257-274.

Weelie D V, Wals A. 2002. Making biodiversity meaningful through environmental education. International Journal of Science Education, 24 (11), 1143-1156.

Whittaker R H. 1986. 植物群落排序. 王伯荪译. 北京: 科学出版社.

Wilson W G, Nisbet R M. 1997. Cooperation and competition along smooth environmental gradients. Ecology, 78 (7): 2004-2017.

Wohlgemuth T. 1998. Modelling floristic species richness on a regional scale: a case study in Switzerland. Biodiversity and Conservation, 7: 159-177.

Wood C, Lafferty K, Leo G, et al. 2014. Does biodiversity protect humans against infectious disease? Ecology, 95 (4): 817-832.

Xu H G, Tang X P, Liu J Y, et al. 2009. China's progress toward the significant reduction of the rate of biodiversity loss. BioScience, 59 (10): 843-852.

Yao S, Hu W, Ji M, et al. 2024. Distribution, species richness, and relative importance of different plant life forms across drylands in China. Plant Diversity, 47 (2): 273-281.

2010 BIP (2010 Biodiversity Indicators Partnership). 2010-10-01. Biodiversity Indicators and the 2010 Target: Experiences and Lessons Learnt From the 2010 Biodiversity Partnership. Technical Series No. 53. Secretariat of the Convention on Biodiversity Diversity (CBD) Montreal, Canada. http://www.cbd.int/doc/publications/cbd-ts-53-en.pdf. [2011-12-01].

附　录

附录1　青土湖浮游植物名录

硅藻门（Bacillariophyta）
  曲壳藻属（*Achnanthes*）
    短小曲壳藻（*Achnanthes exigua*）
    极小曲壳藻（*Achnanthes minutissima*）
  双眉藻属（*Amphora*）
    双眉藻（*Amphora* sp.）
  异菱藻属（*Anomoeoneis*）
    具球异菱藻（*Anomoeoneis sphaerophora*）
  星杆藻属（*Asterionella*）
    美丽星杆藻（*Asterionella formosa*）
  美壁藻属（*Caloneis*）
    蛇形美壁藻（*Caloneis amphisbaena*）
  小环藻属（*Cyclotella*）
    广缘小环藻（*Cyclotella bodanica*）
    梅尼小环藻（*Cyclotella meneghiniana*）
  桥弯藻属（*Cymbella*）
    高山桥弯藻（*Cymbella alpina*）
    膨胀桥弯藻（*Cymbella tumida*）
    偏肿桥弯藻（*Cymbella ventricosa*）

附 录

新月型桥弯藻（*Cymbella cymbiformis*）

细小桥弯藻（*Cymbella pusilla*）

极小桥弯藻（*Cymbella perpusilla*）

小头桥弯藻（*Cymbella microcephala*）

等片藻属（*Diatoma*）

普通等片藻（*Diatoma vulgare*）

双壁藻属（*Diploneis*）

卵圆双壁藻（*Diploneis ovalis*）

短缝藻属（*Eunotia*）

弧形短缝藻（*Eunotia arcus*）

月形短缝藻（*Eunotia lunaris*）

脆杆藻属（*Fragilaria*）

巴豆叶脆杆藻（*Fragilaria crotonensis*）

肋缝藻属（*Frustulia*）

普通肋缝藻（*Frustulia vulgaris*）

异极藻属（*Gomphonema*）

缢缩异极藻头状变种（*Gomphonema constrictum* var. *capitatum*）

中间异极藻（*Gomphonema intricatum*）

异极藻（*Gomphonema pseudosphaerophorum*）

近棒形异极藻（*Gomphonema subclavatum*）

平顶异极藻（*Gomphonema truncatum*）

异极藻属一种（*Gomphonema* sp.）

布纹藻属（*Gyrosigma*）

尖布纹藻（*Gyrosigma acuminatum*）

细柱藻属（*Leptocylindrus*）

小细柱藻（*Leptocylindrus minimus*）

泥生藻属（*Luticola*）

钝泥生藻（*Luticola mutica*）

胸隔藻属（*Mastogloia*）

 裂缝胸隔藻（*Mastogloia rimosa*）

 胸隔藻属一种（*Mastogloia* sp.）

直链藻属（*Melosira*）

 颗粒直链藻（*Melosira granulata*）

 变异直链藻（*Melosira varians*）

舟形藻属（*Navicula*）

 放射舟形藻（*Navicula radiosa*）

 尖头舟形藻含糊变种（*Navicula cuspidata* var. *ambigua*）

 细长舟形藻（*Navicula gracilis*）

 群生舟形藻（*Navicula gregaria*）

 多枝舟形藻（*Navicula ramosissima*）

 远距舟形藻（*Navicula distans*）

长篦藻属（*Neidium*）

 彩虹长篦藻（*Neidium iridis*）

 长篦藻属一种（*Neidium* sp.）

菱形藻属（*Nitzschia*）

 克劳斯菱形藻（*Nitzschia clausii*）

 洛伦菱形藻（*Nitzschia lorenziana*）

 线形菱形藻（*Nitzschia linearis*）

 变异菱形藻（*Nitzschia commutata*）

 丝状菱形藻（*Nitzschia filiformis*）

 谷皮菱形藻（*Nitzschia palea*）

 辐射菱形藻（*Nitzschia radicula*）

 菱形藻属一种（*Nitzschia* sp.）

羽纹藻属（*Pinnularia*）

 分歧羽纹藻（*Pinnularia divergens*）

 大羽纹藻（*Pinnularia major*）

微绿羽纹藻（*Pinnularia viridis*）

棒杆藻属（*Rhopalodia*）

　　弯棒杆藻（*Rhopalodia gibba*）

骨条藻属（*Skeletonema*）

　　江河骨条藻（*Skeletonema potamos*）

辐节藻属（*Stauroneis*）

　　格氏辐节藻（*Stauroneis gremmenii*）

双菱藻属（*Surirella*）

　　双菱藻属一种（*Surirella* sp.）

针杆藻属（*Synedra*）

　　尖针杆藻（*Synedra acus*）

　　头状针杆藻（*Synedra capitata*）

　　美小针杆藻（*Synedra pulchella*）

　　爆裂针杆藻（*Synedra rumpens*）

　　肘状针杆藻（*Synedra ulna*）

　　针杆藻属一种（*Synedra* sp.）

粗纹藻属（*Trachyneis*）

　　粗纹藻（*Trachyneis aspera*）

绿藻门（*Chlorophyta*）

衣藻属（*Chlamydomonas*）

　　衣藻（*Chlamydomonas zimbabwiensis*）

　　卵形衣藻（*Chlamydomonas ovalis*）

刚毛藻属（*Cladophora*）

　　亮刚毛藻（*Cladophora laetevirens*）

新月藻属（*Closterium*）

　　针状新月藻近直变种（*Closterium acicular* var. *subprorum*）

　　针状新月藻（*Closterium aciculare*）

鼓藻属（*Cosmarium*）

美丽鼓藻（*Cosmarium formosulum*）

十字藻属（*Crucigenia*）

四角十字藻（*Crucigenia quadrata*）

空球藻属（*Eudorina*）

空球藻（*Eudorina elegans*）

微孢藻属（*Microspora*）

丛毛微孢藻（*Microspora floccosa*）

单针藻属（*Monoraphidium*）

细小单针藻（*Monoraphidium minutum*）

转板藻属（*Mougeotia*）

微细转板藻（*Mougeotia parvula*）

转板藻（*Mougeotia* sp1.）

转板藻（*Mougeotia* sp2.）

转板藻（*Mougeotia* sp3.）

梭形鼓藻属（*Netrium*）

梭形鼓藻（*Netrium digitus*）

卵囊藻属（*Oocystis*）

菱形卵囊藻（*Oocystis rhomboidea*）

游丝藻属（*Planctonema*）

游丝藻（*Planctonema lauterbornii*）

杂球藻属（*Pleodorina*）

杂球藻（*Pleodorina* sp.）

辐丝藻属（*Radiofilum*）

辐丝藻（*Radiofilum* sp.）

根枝藻属（*Rhizoclonium*）

孤枝根枝藻（*Rhizoclonium hieroglyphicum*）

栅藻属（*Scenedesmus*）

四尾栅藻（*Scenedesmus quadricauda*）

　　　　斜生栅藻（*Scenedesmus obliquus*）
　　　球囊藻属（*Sphaerocystis*）
　　　　球囊藻（*Sphaerocystis schroeteri*）
　　　水绵属（*Spirogyra*）
　　　　拟波皱水绵（*Spirogyra daedaleoides*）
　　　　李氏水绵（*Spirogyra lians*）
　　　　水绵（*Spirogyra* sp.）
　　　毛枝藻属（*Stigeoclonium*）
　　　　小毛枝藻（*Stigeoclonium tenue*）
　　　丝藻属（*Ulothrix*）
　　　　环丝藻（*Ulothrix zonata*）
金藻门（Chrysophyta）
　　　锥囊藻属（*Dinobryon*）
　　　　分歧锥囊藻（*Dinobryon divergens*）
　　　　密集锥囊藻（*Dinobryon sertularia*）
隐藻门（Cryptophyta）
　　　蓝隐藻属（*Chroomonas*）
　　　　尖尾蓝隐藻（*Chroomonas acuta*）
　　　　具尾蓝隐藻（*Chroomonas caudata*）
　　　隐藻属（*Cryptomonas*）
　　　　啮蚀隐藻（*Cryptomonas erosa*）
蓝藻门（Cyanophyta）
　　　鱼腥藻属（*Anabaena*）
　　　　类颤鱼腥藻（*Anabaena oscillarioides*）
　　　隐球藻属（*Aphanocapsa*）
　　　　美丽隐球藻（*Aphanocapsa pulchra*）
　　　色球藻属（*Chroococcus*）
　　　　束缚色球藻（*Chroococcus tenax*）

腔球藻属（*Coelosphaerium*）
　　居氏腔球藻（*Coelosphaerium kuetzingianum*）
柯孟藻属（*Komvophoron*）
　　柯孟藻（*Komvophoron* sp.）
平裂藻属（*Merismopedia*）
　　微小平裂藻（*Merismopedia tenuissima*）
念珠藻属（*Nostoc*）
　　念珠藻（*Nostoc* sp.）
颤藻属（*Oscillatoria*）
　　泥生颤藻（*Oscillatoria limosa*）
　　简单颤藻（*Oscillatoria simplicissima*）
　　小颤藻（*Oscillatoria tenuis*）
伪鱼腥藻属（*Pseudoanabaena*）
　　链状伪鱼腥藻（*Pseudoanabaena catenata*）

甲藻门（Dinophyta）
　角甲藻属（*Ceratium*）
　　飞燕角甲藻（*Ceratium hirundinella*）
　薄甲藻属（*Glenodinium*）
　　薄甲藻（*Glenodinium pulvisculus*）

裸藻门（Euglenophyta）
　裸藻属（*Euglena*）
　　尾裸藻（*Euglena caudata*）
　　梭形裸藻（*Euglena acus*）
　扁裸藻属（*Phacus*）
　　圆形扁裸藻（*Phacus orbicularis*）

附录2 青土湖浮游动物名录

轮虫（Rotifer）
    舞跃无柄轮虫（*Ascomorpha saltans*）
    无柄轮虫（*Ascomorpha* sp.）
    前节晶囊轮虫（*Asplachna priodonta*）
    角突臂尾轮虫（*Brachionus angularis*）
    花箧臂尾轮虫（*Brachionus capsuliflorus*）
    褶皱臂尾轮虫（*Brachionus plicatilis*）
    萼花臂尾轮虫（*Brachionus calyciflorus*）
    凸背巨头轮虫（*Cephalodella gibba*）
    实心宿轮虫（*Habrotrocha solida*）
    螺形龟甲轮虫（*Keratella cochlearis*）
    月形腔轮虫（*Lecane luna*）
    蹄形腔轮虫（*Lecane ungulata*）
    凹顶腔轮虫（*Lecane papuana*）
    盘状鞍甲轮虫（*Lepadella patella*）
    三翼鞍甲轮虫（*Lepadella triplera*）
    多棘轮虫属一种（*Macrochaetus* sp.）
    梨形单趾轮虫（*Monostyla pyriformis*）
    长肢多肢轮虫（*Polyarthra dolichoptera*）
    针簇多肢轮虫（*Polyarthra trigla*）
    懒轮虫（*Rotaria tardigrada*）
    长足轮虫（*Rotaria neptunia*）
    暗小异尾轮虫（*Trichocerca pusilla*）
    方块鬼轮虫（*Trichotria letractis*）
    盘镜轮虫（*Testudinella patina*）

桡足类（Copepoda）
　　粗壮温剑水蚤（*Thermocyclops dybowskii*）
　　毛饰拟剑水蚤（*Paracyclops fimbriatus*）

枝角类（Cladocera）
　　大型溞（*Daphnia magna*）
　　点滴尖额溞（*Alona guttata*）
　　长额象鼻溞（*Bosmina longirostris*）
　　长刺溞（*Daphnia longispina*）
　　多刺裸腹溞（*Moina macrocopa*）

原生动物（Protozoa）
　　阔口游仆虫（*Euplotes eurystomus*）
　　游仆虫（*Euplotes* sp.）
　　斜叶虫（*Loxophyllum* sp.）
　　杯形拟铃虫（*Tintinnopsis cratera*）
　　普通表壳虫（*Arcella vulgaris*）
　　旋口虫（*Spirostomum* sp.）
　　匣壳虫（*Pyxidicula* sp.）
　　砂壳虫（*Difflugia* sp.）
　　义棘刺胞虫（*Acanthocystis chaetophora*）
　　钟形钟虫（*Vorticella campanula*）
　　卵形柔页虫（*Sathrophilus oviformis*）
　　陀螺侠盗虫（*Strobilidium velox*）
　　旋回侠盗虫（*Strobilidium gyrans*）
　　辐射变形虫（*Amoeba radiosa*）
　　肉足虫类（*Plagiophrys scutiformis*）
　　尖底类瓮虫（*Amphorellopsis acuta*）

节肢动物（Arthropoda）
　　卤虫（*Artemia salina*）

附录3 青土湖底栖动物名录

软体动物门（Mollusca）
 椎实螺科（Lymnaeidae）
  萝卜螺属（*Radix*）
   椭圆萝卜螺（*Radix swinboei*）
 膀胱螺科（Physidae）
  膀胱螺属（*Physa*）
   泉膀胱螺（*Physa fontinalis*）
 扁蜷螺科（Planorbidae）
  旋螺属（*Gyraulus*）
   白旋螺（*Gyraulus albus*）

节肢动物门（Arthropoda）
 匙指虾科（Atyidae）
  米虾属（*Caridina*）
   中华齿米虾（*Caridina denticulate sinensis*）
 长臂虾科（Palaemonidae）
  沼虾属（*Macrobrachium*）
   日本沼虾（*Macrobrachium nipponense*）
 钩虾科（Gammaridae）
  钩虾属（*Gammarus*）
   钩虾（*Gammarus* sp.）
 龙虱科（Dytiscidae）
  龙虱属（*Cybister*）
   龙虱（*Cybister* sp.）
 伪蚊科（Tanyderidae）
  原伪蚊属（*Protanyderus*）

原伪蚊（*Protanyderus* sp.）

蝇科（Muscidae）

 蝇属（*Musca*）

  家蝇（*Musca domestica*）

蠓科（Ceratopogouidae）

 蠓科一种（*Ceratopogonidae* sp.）

食蚜蝇科（Syrphidae）

 管蚜蝇属（*Eristalis*）

  管蚜蝇（*Eristalis* sp.）

大蚊科（Tipulidae）

 双大蚊属（*Dicranota*）

  双大蚊（*Dicranota* sp.）

摇蚊科（Chironomidae）

 枝长跗摇蚊属（*Cladotanytarsus*）

  范氏枝长跗摇蚊（*Cladotanytarsus vanderwulpi*）

附录 4 青土湖鱼类名录及采集信息

目	科	属	种名	4月 数量/尾	4月 重量/g	8月 数量/尾	8月 重量/g	12月 数量/尾	12月 重量/g	备注
鲤形目 (Cypriniformes)	鲤科 (Cyprinidae)	鲫属 (Carassius)	鲫 (Carassius auratus auratus)	9	190.6	14	585.7	1	1.5	
		鲤属 (Cyprinus)	鲤 (Cyprinus carpio)	0	0	1	1280	—	—	
		麦穗鱼属 (Pseudorasbora)	麦穗鱼 (Pseudorasbora parva)	782	1800.4	249	488.7	38	60.5	
		棒花鱼属 (Abbottina)	棒花鱼 (Abbottina rivularis)	4	17.3	2	6.8	—	—	
		鲢属 (Hypophthalmichthys)	鲢 (Hypophthalmichthys molitrix)	—	—	—	—	—	—	增殖放流种
		草鱼属 (Ctenopharyngodon)	草鱼 (Ctenopharyngodon idella)	—	—	—	—	—	—	增殖放流种
		鳙属 (Aristichthys)	鳙 (Aristichthys nobilis)	—	—	—	—	—	—	增殖放流种
	鳅科 (Cobitidae)	副泥鳅属 (Paramisgurnus)	大鳞副泥鳅 (Paramisgurnus dabryanus)	6	75.5	4	98.8	—	—	
	鲇科 (Siluridae)	鲇属 (Silurus)	鲇 (Silurus asotus)	—	—	—	—	—	—	走访垂钓者
鲈形目 (Perciformes)	沙塘鳢科 (Odontobutidae)	小黄黝鱼属 (Micropercops)	小黄黝鱼 (Micropercops swinhonis)	4	2.7	1	0.3	—	—	
	鰕虎鱼科 (Gobiidae)	吻鰕虎鱼属 (Rhinogobius)	褐吻鰕虎鱼 (Rhinogobius brunneus)	10	9	1	0.3	—	—	
合计				815	2095.5	272	2460.6	39	62	

附录5　青土湖浮游植物图谱

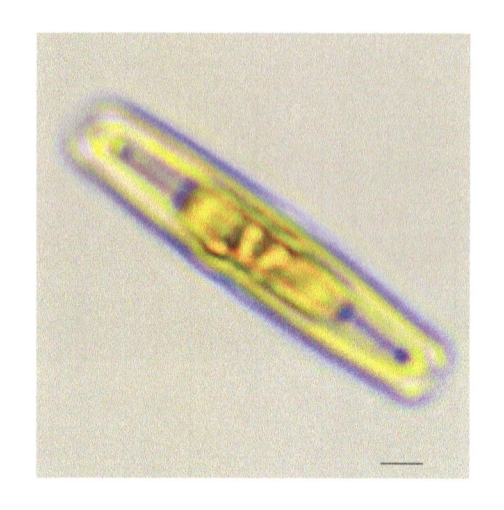

短小曲壳藻（*Achnanthes exigua*）

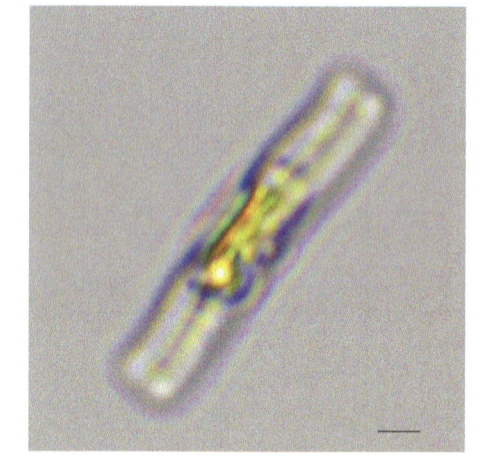

极小曲壳藻（*Achnanthes minutissima*）

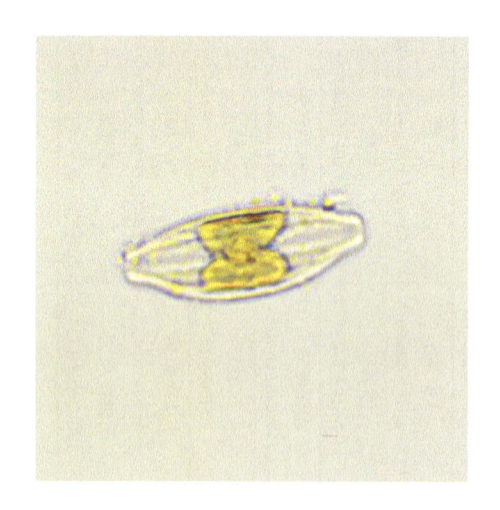

双眉藻（*Amphora* sp.）

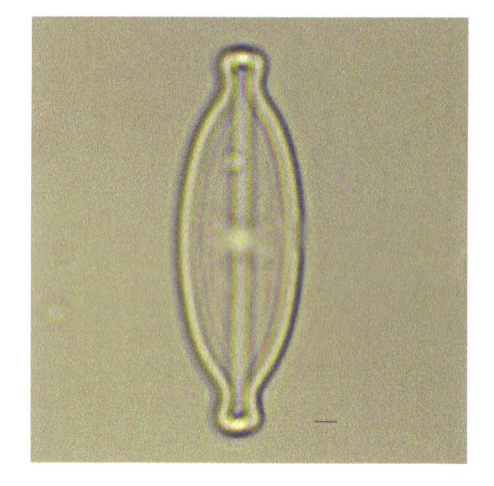

具球异菱藻（*Anomoeoneis sphaerophora*）

| 附　录 |

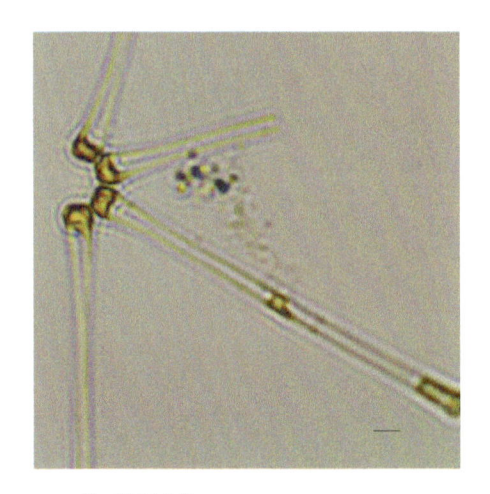

美丽星杆藻（*Asterionella formosa*）

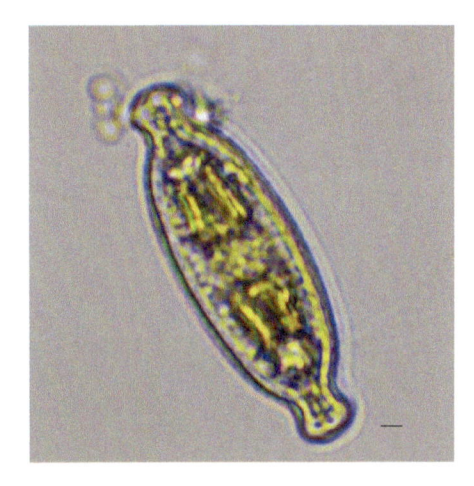

蛇形美壁藻（*Caloneis amphisbaena*）

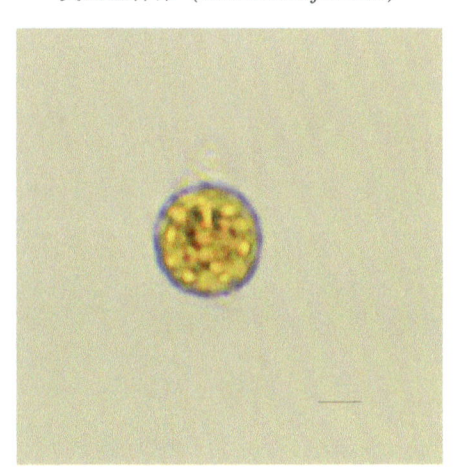

广缘小环藻（*Cyclotella bodanica*）

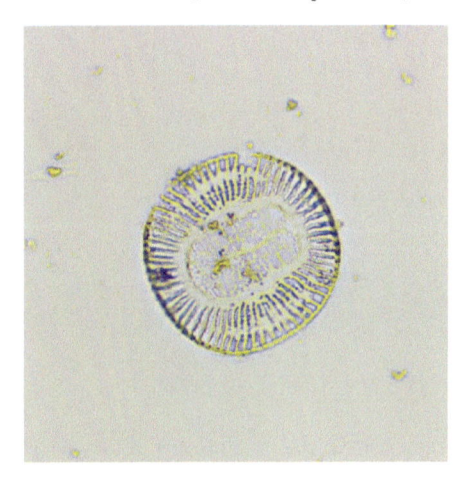

梅尼小环藻（*Cyclotella meneghiniana*）

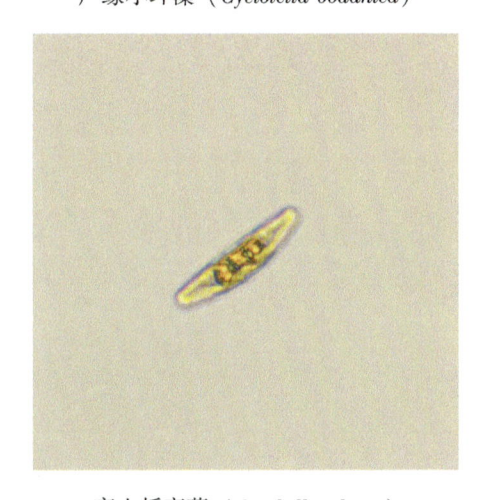

高山桥弯藻（*Cymbella alpina*）

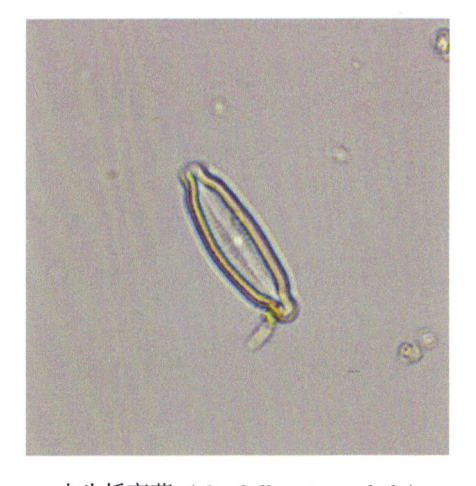

小头桥弯藻（*Cymbella microcephala*）

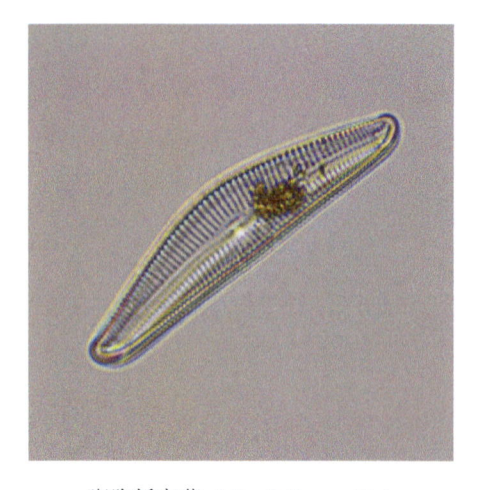

膨胀桥弯藻（*Cymbella tumida*） 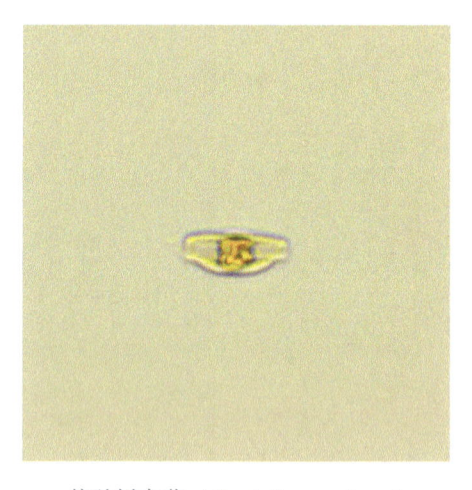　　　　　　偏肿桥弯藻（*Cymbella ventricosa*）

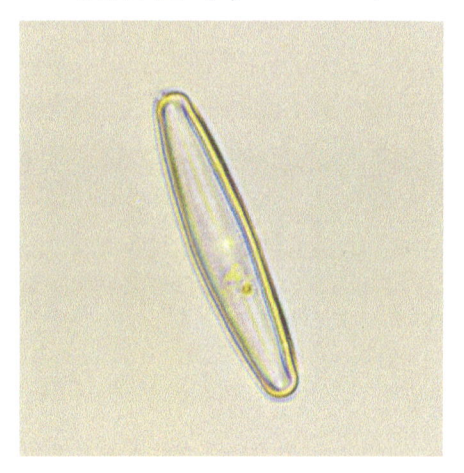

新月型桥弯藻（*Cymbella cymbiformis*） 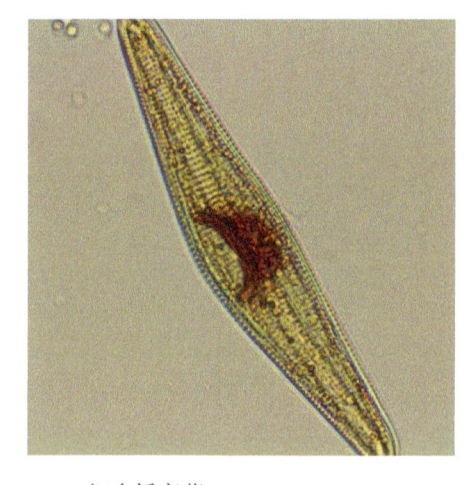　　　细小桥弯藻（*Cymbella pusilla*）

极小桥弯藻（*Cymbella perpusilla*） 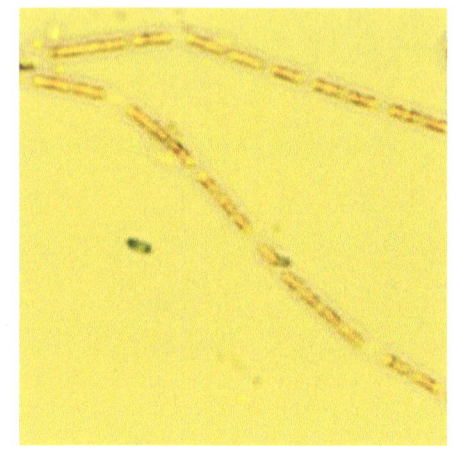　　　　江河骨条藻（*Skeletonema potamos*）

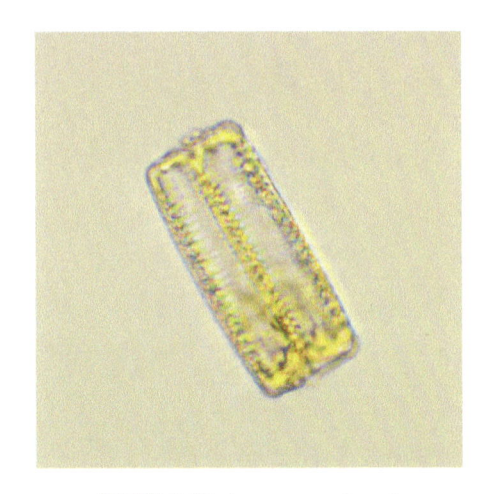

| 附　录 |

普通等片藻（*Diatoma vulgare*） 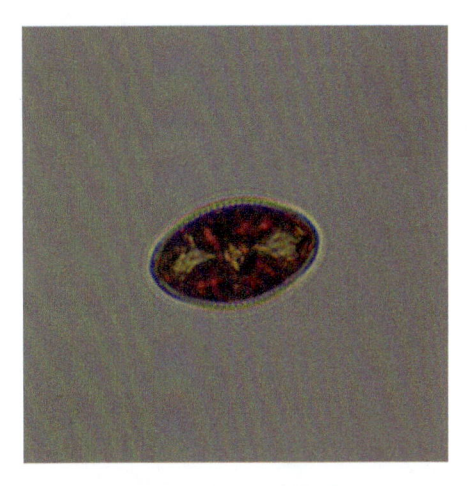　　　　　　　卵圆双壁藻（*Diploneis ovalis*）

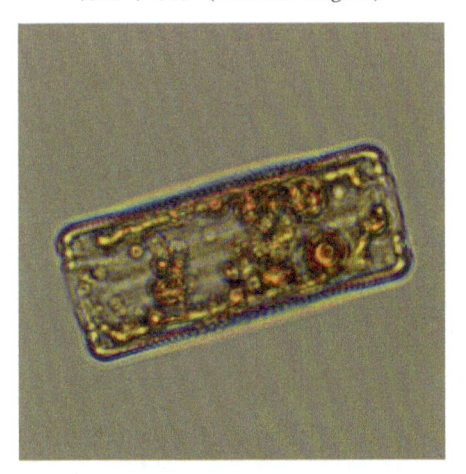

弧形短缝藻（*Eunotia arcus*） 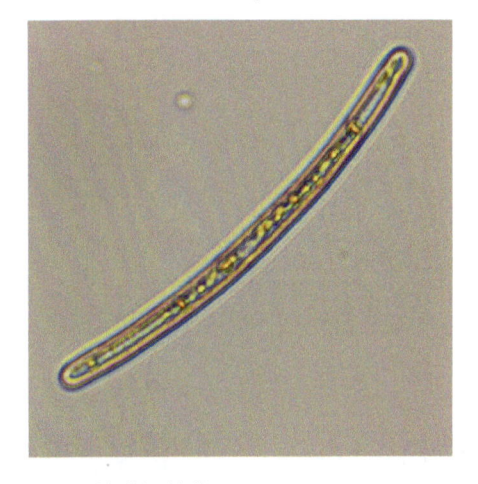　　　　　　　月形短缝藻（*Eunotia lunaris*）

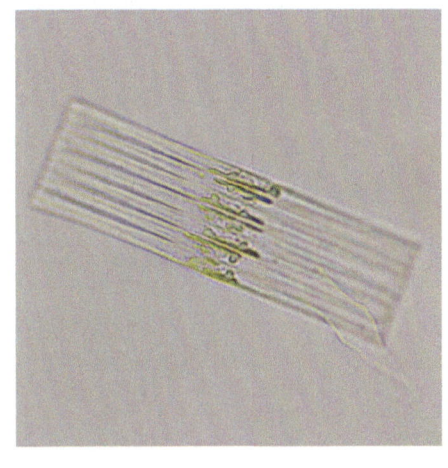

巴豆叶脆杆藻（*Fragilaria crotonensis*） 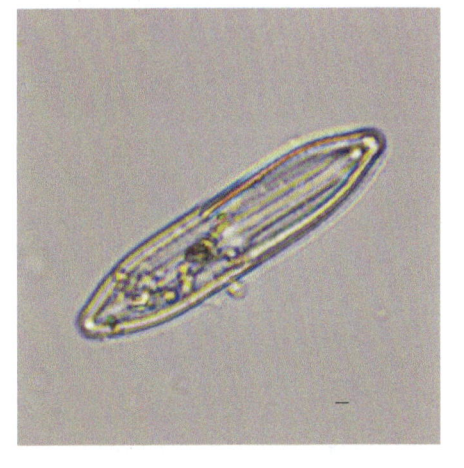　　　　普通肋缝藻（*Frustulia vulgaris*）

| 205 |

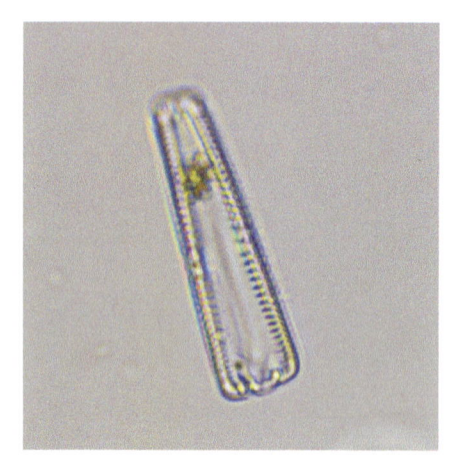

缢缩异极藻头状变种（*Gomphonema constrictum* var. *capitatum*）

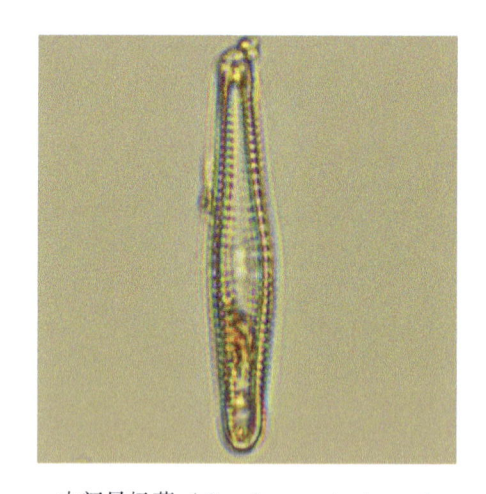

中间异极藻（*Gomphonema intricatum*）

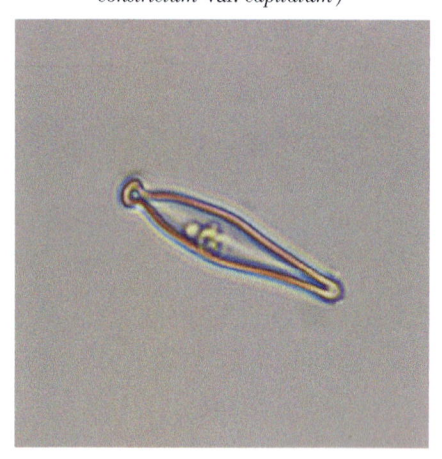

异极藻（*Gomphonema pseudosphaerophorum*）

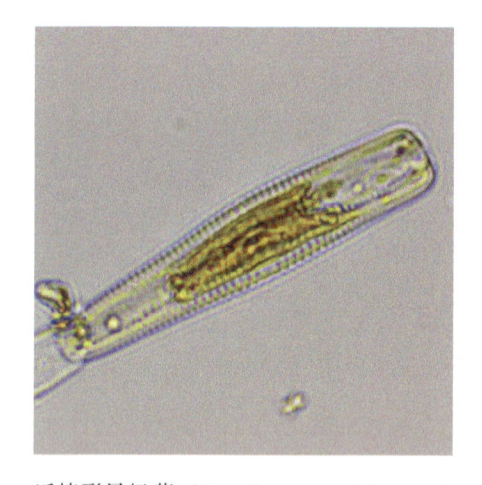

近棒形异极藻（*Gomphonema subclavatum*）

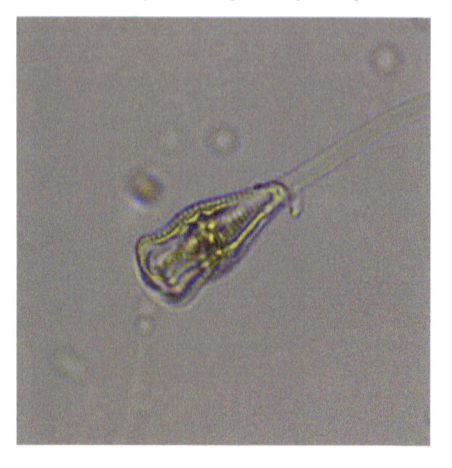

平顶异极藻（*Gomphonema truncatum*）

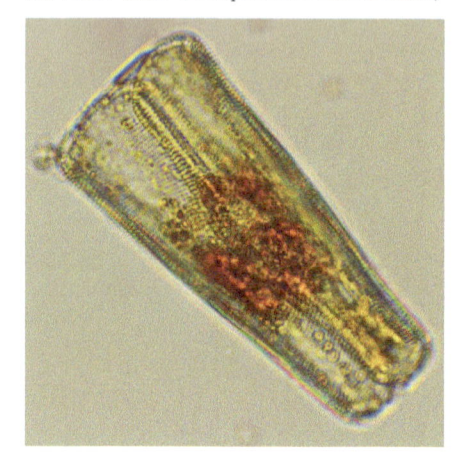

异极藻属一种（*Gomphonema* sp.）

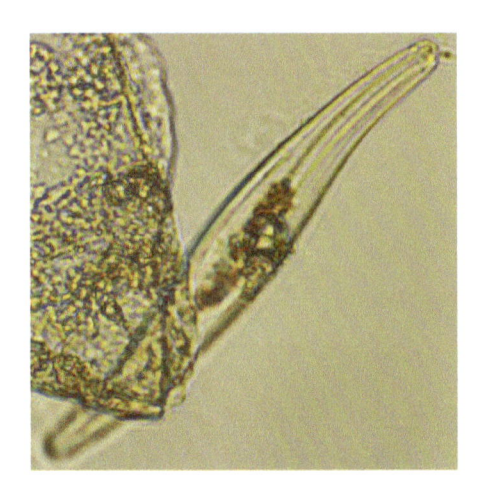

| 附 录 |

尖布纹藻（*Gyrosigma acuminatum*） 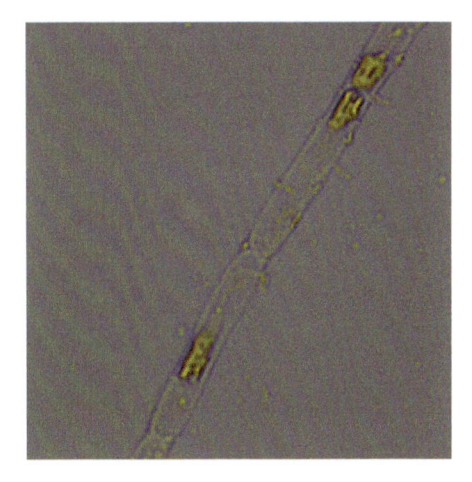　　　　小细柱藻（*Leptocylindrus minimus*）

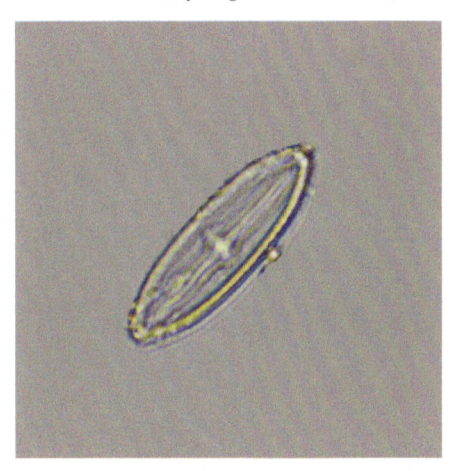

钝泥生藻（*Luticola mutica*） 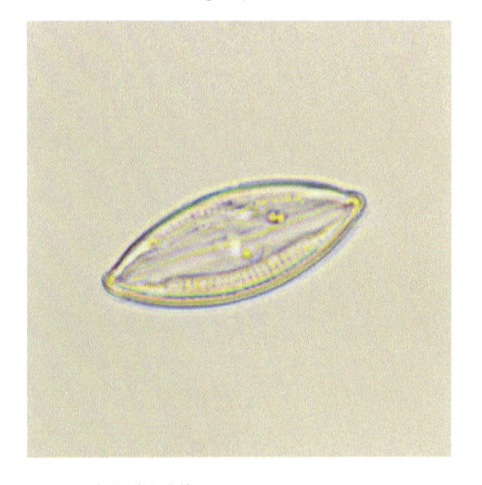　　　　裂缝胸隔藻（*Mastogloia rimosa*）

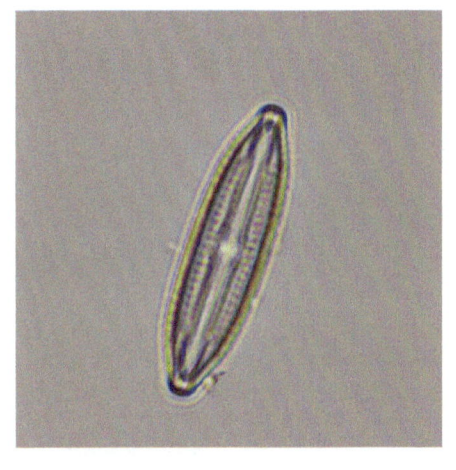

胸隔藻属一种（*Mastogloia* sp.） 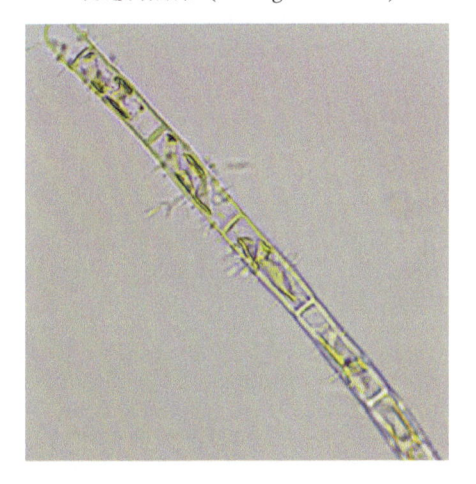　　　　颗粒直链藻（*Melosira granulata*）

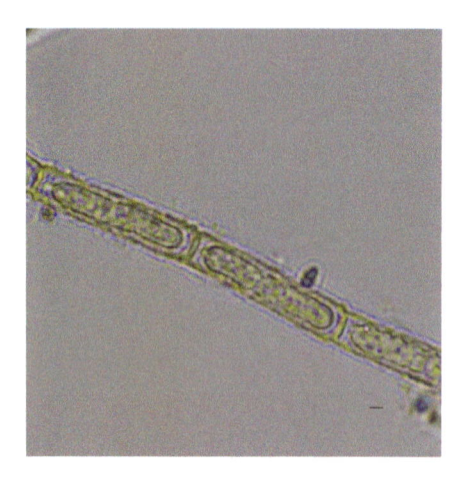

变异直链藻（*Melosira varians*) 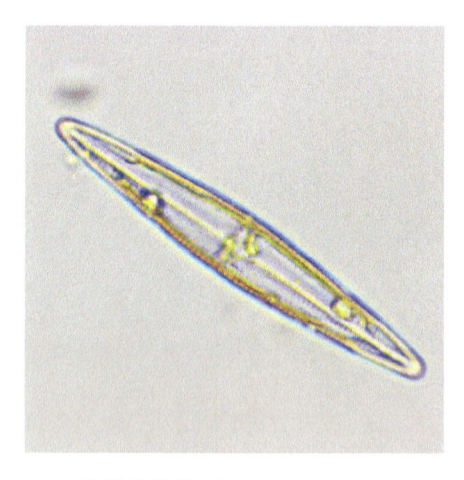　　　　放射舟形藻（*Navicula radiosa*）

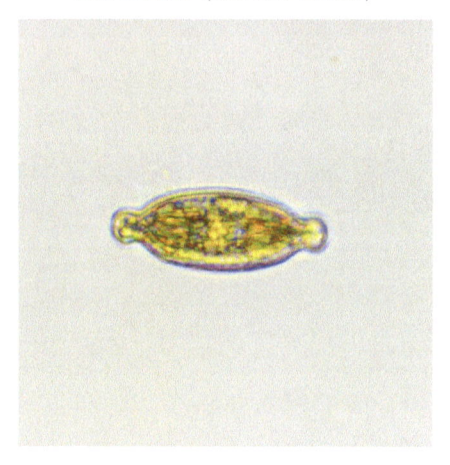

尖头舟形藻含糊变种（*Navicula cuspidata* var. *ambigua*） 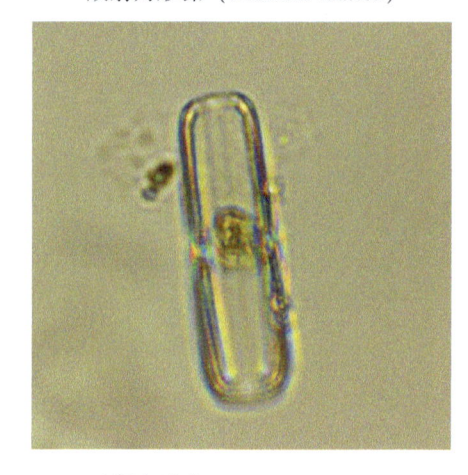　　　　远距舟形藻（*Navicula distans*）

细长舟形藻（*Navicula gracilis*） 　　　　群生舟形藻（*Navicula gregaria*）

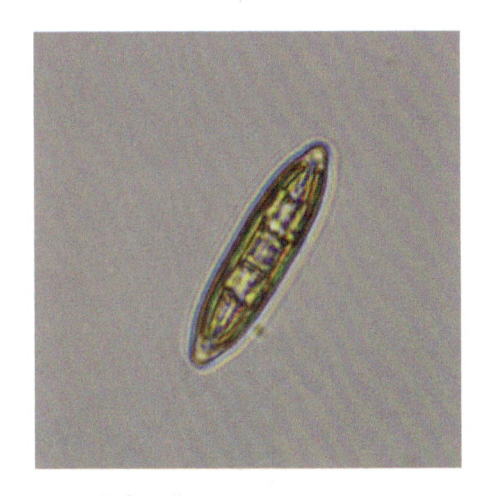

| 附　录 |

多枝舟形藻（*Navicula ramosissima*） 　　　　　彩虹长篦藻（*Neidium iridis*）

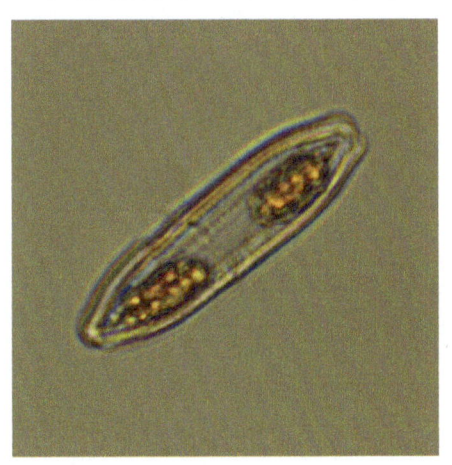

长篦藻属一种（*Neidium* sp.） 　　　　　克劳斯菱形藻（*Nitzschia clausii*）

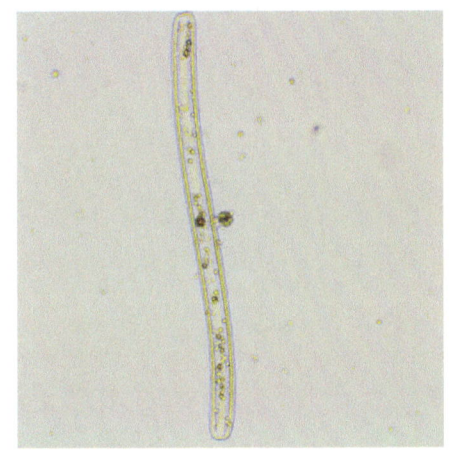

洛伦菱形藻（*Nitzschia lorenziana*） 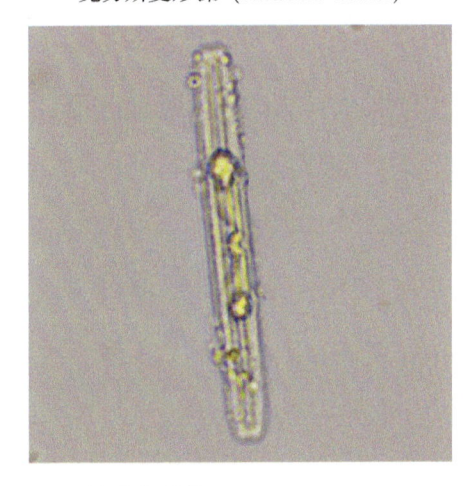　　　　　线形菱形藻（*Nitzschia linearis*）

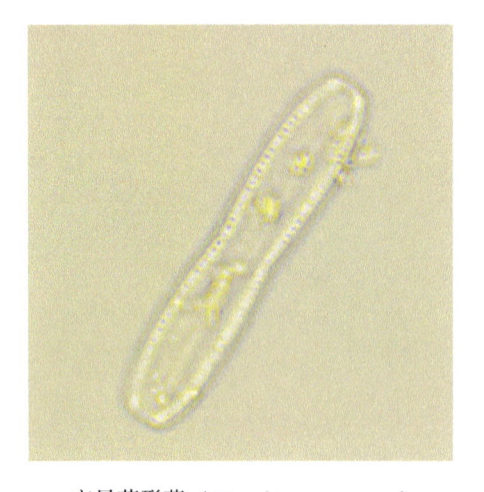

变异菱形藻（*Nitzschia commutata*） 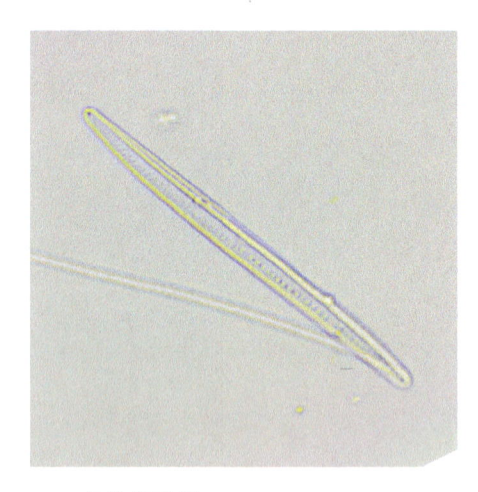　　丝状菱形藻（*Nitzschia filiformis*）

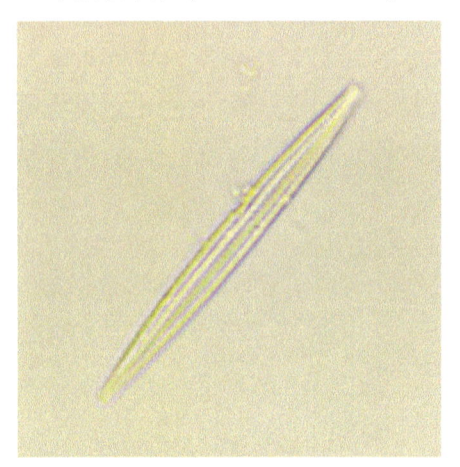

谷皮菱形藻（*Nitzschia palea*） 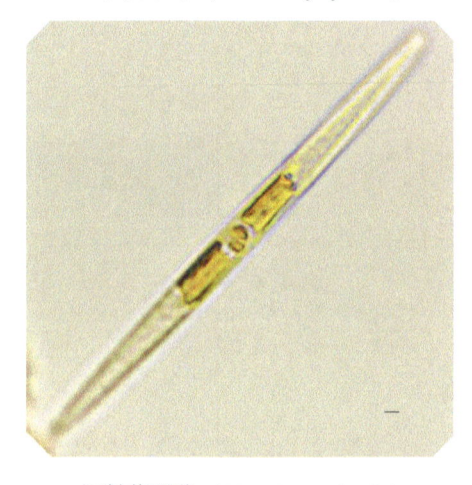　　辐射菱形藻（*Nitzschia radicula*）

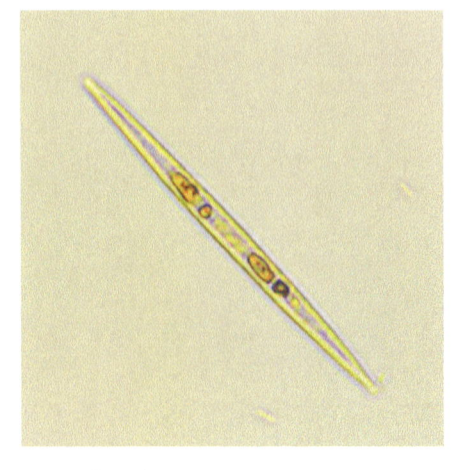

菱形藻属一种（*Nitzschia* sp.） 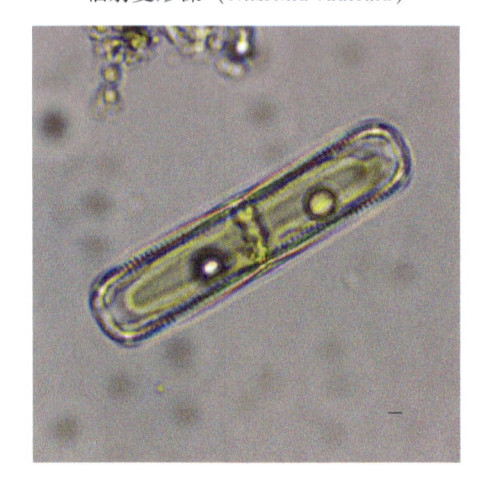　　分歧羽纹藻（*Pinnularia divergens*）

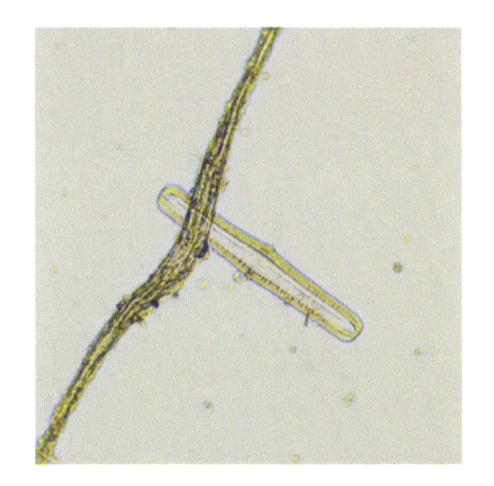

| 附　　录 |

大羽纹藻（*Pinnularia major*）

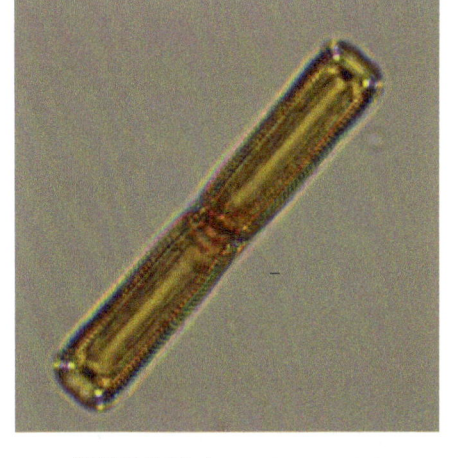

微绿羽纹藻（*Pinnularia viridis*）

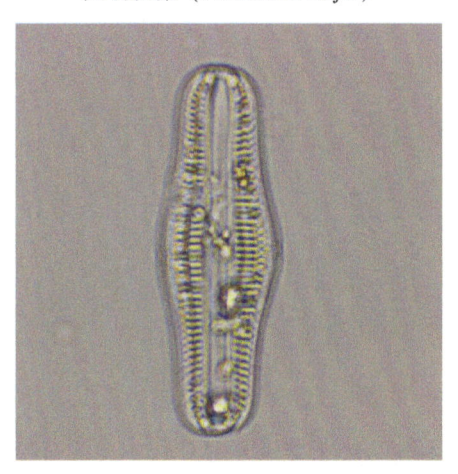

弯棒杆藻（*Rhopalodia gibba*）

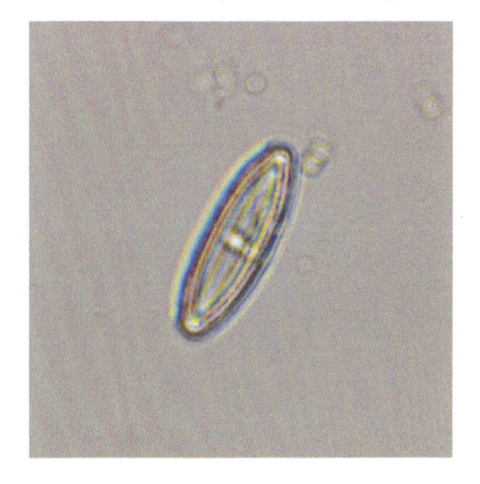

格氏辐节藻（*Stauroneis gremmenii*）

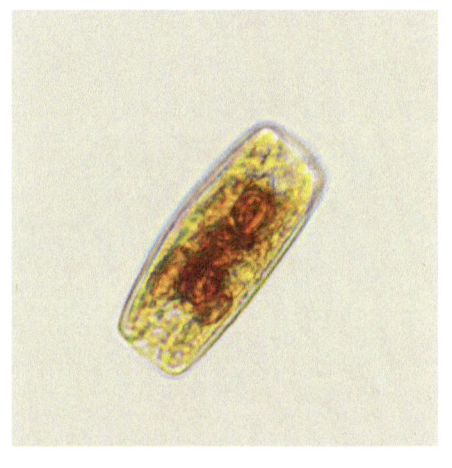

双菱藻属一种（*Surirella* sp.）

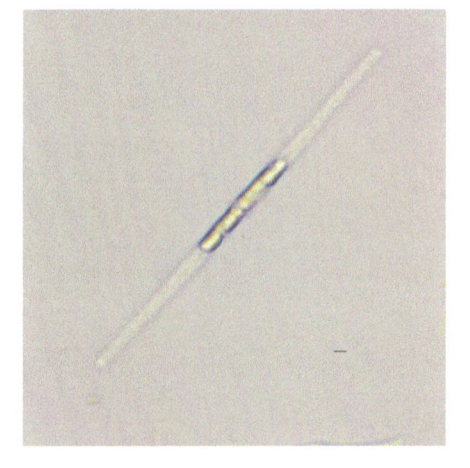

尖针杆藻（*Synedra acus*）

| 211 |

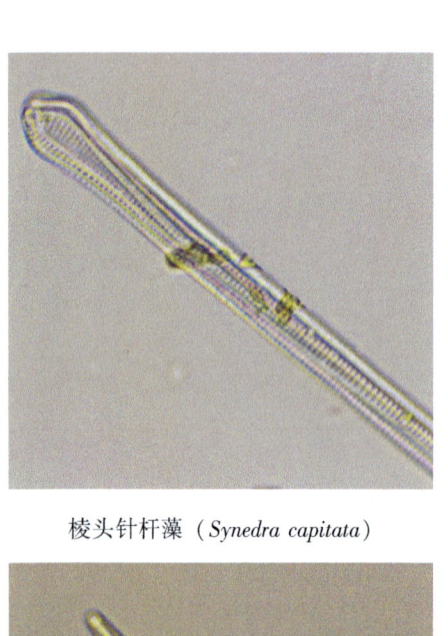

棱头针杆藻（*Synedra capitata*） 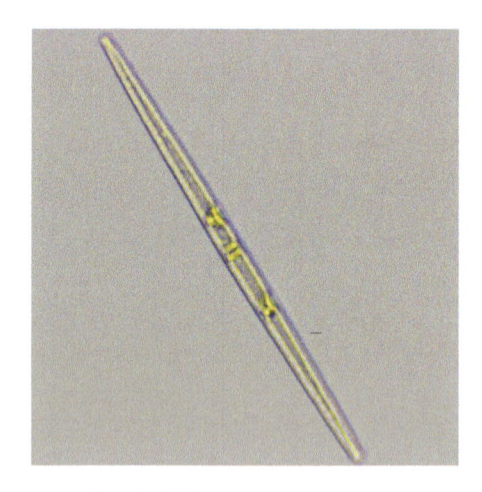   美小针杆藻（*Synedra pulchella*）

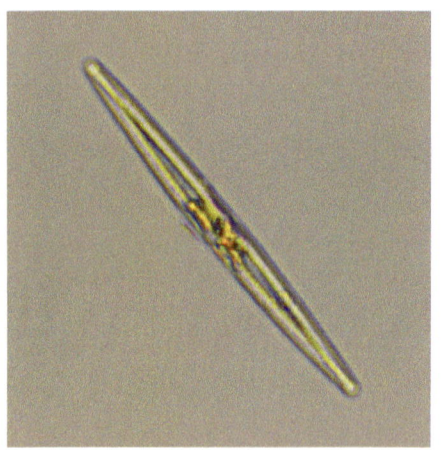

爆裂针杆藻（*Synedra rumpens*） 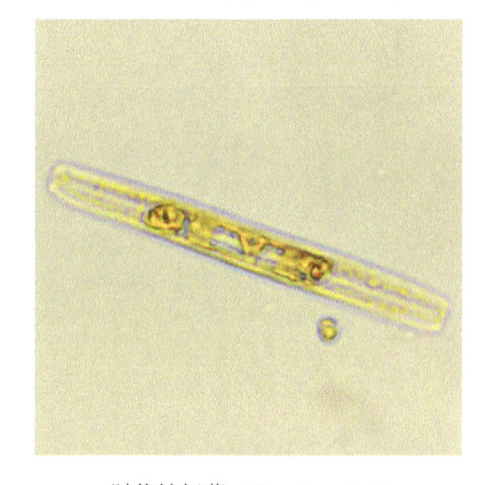   肘状针杆藻（*Synedra ulna*）

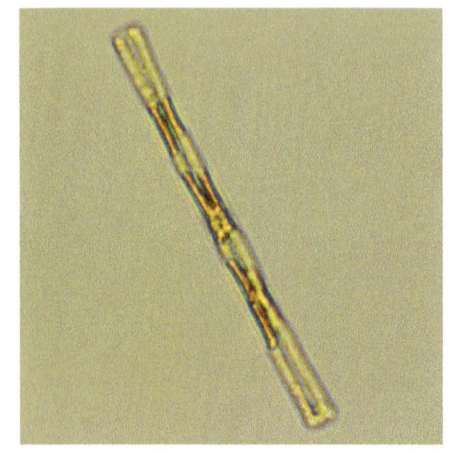

针杆藻属一种（*Synedra* sp.） 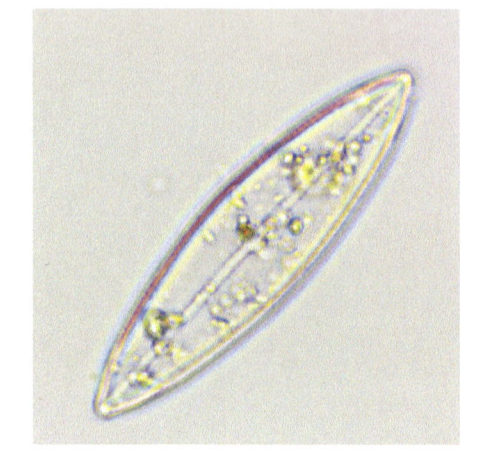   粗纹藻（*Trachyneis aspera*）

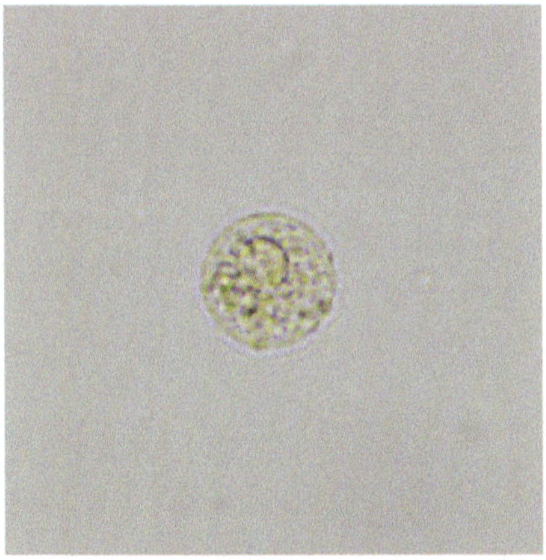

| 附 录 |

衣藻（*Chlamydomonas zimbabwiensis*） 　　卵形衣藻（*Chlamydomonas ovalis*）

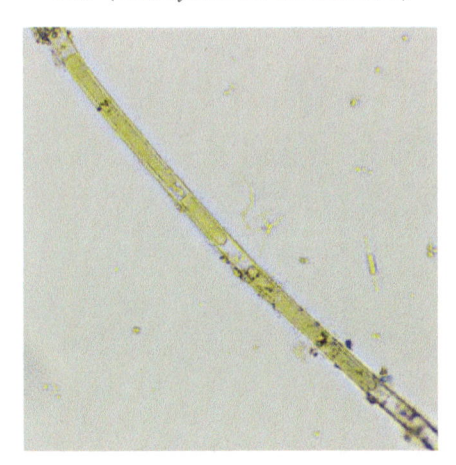

亮刚毛藻（*Cladophora laetevirens*） 　　细小单针藻（*Monoraphidium minutum*）

针状新月藻近直变种（*Closterium acicular var. subprorum*） 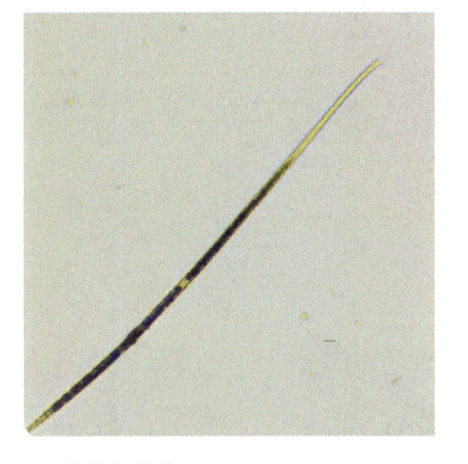　　针状新月藻（*Closterium aciculare*）

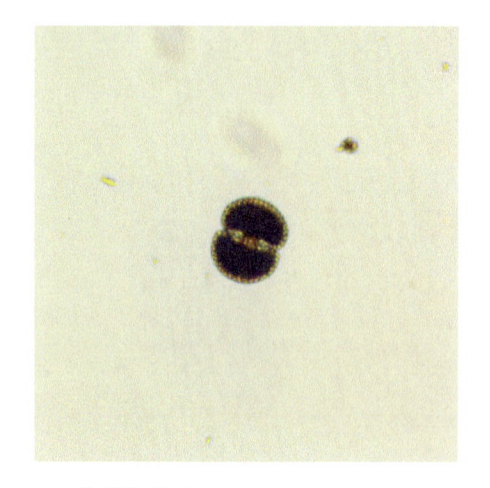

美丽鼓藻（*Cosmarium formosulum*）

四角十字藻（*Crucigenia quadrata*）

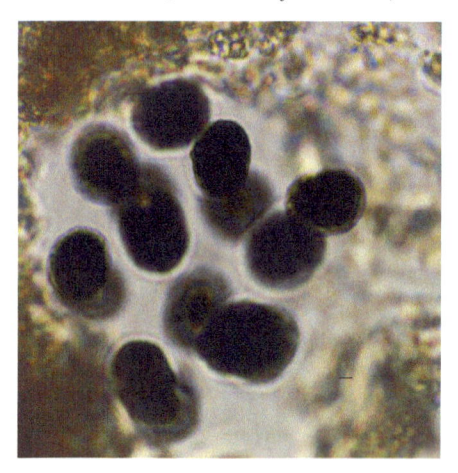

空球藻（*Eudorina elegans*）

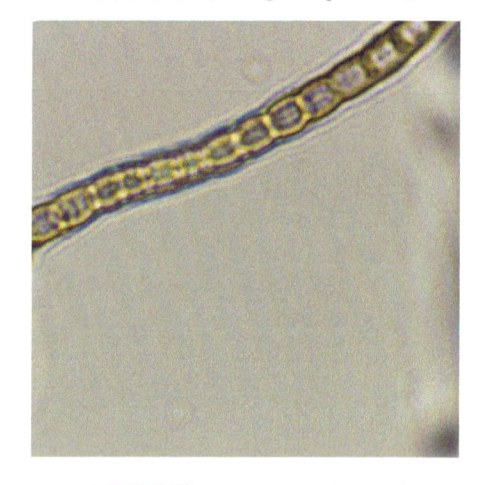

丛毛微孢藻（*Microspora floccosa*）

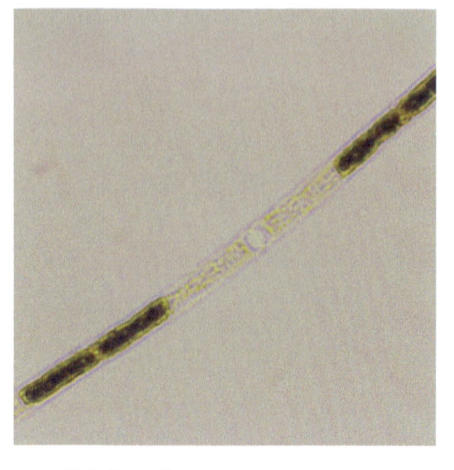

微细转板藻（*Mougeotia parvula*）

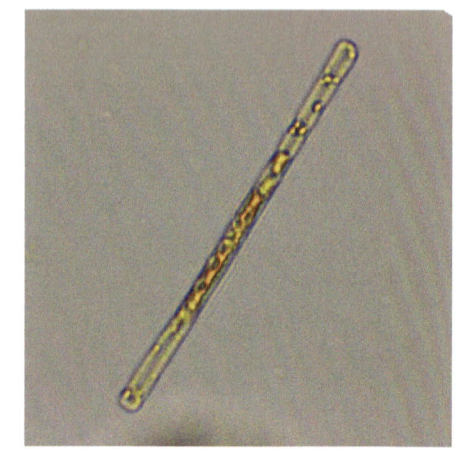

转板藻（*Mougeotia* sp1.）

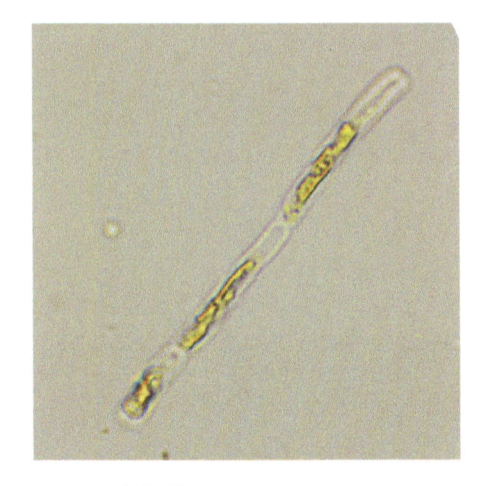

| 附　录 |

转板藻（*Mougeotia* sp2.） 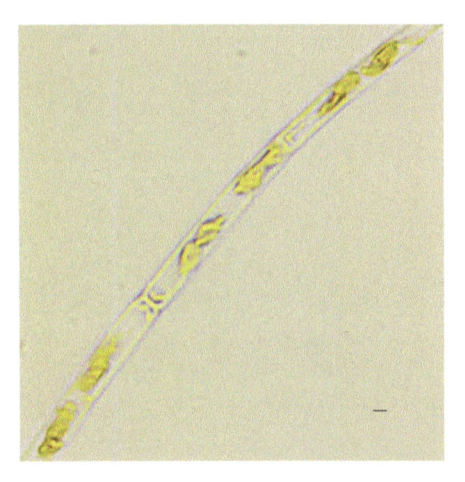　　　　　　转板藻（*Mougeotia* sp3.）

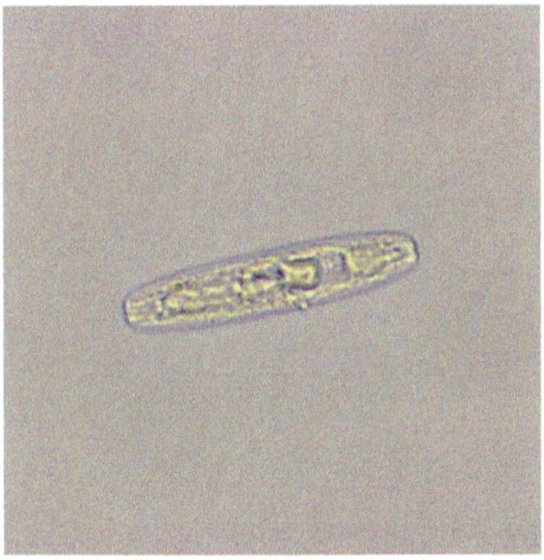

梭形鼓藻（*Netrium digitus*） 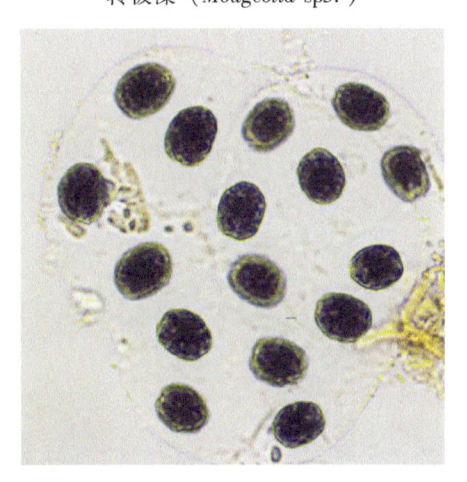　　　　　菱形卵囊藻（*Oocystis rhomboidea*）

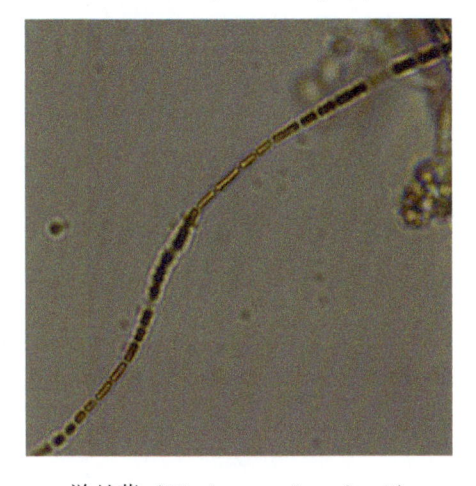

游丝藻（*Planktonema lauterbornii*） 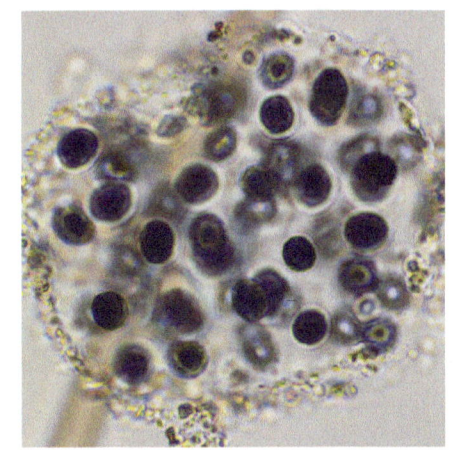　　杂球藻（*Pleodorina* sp.）

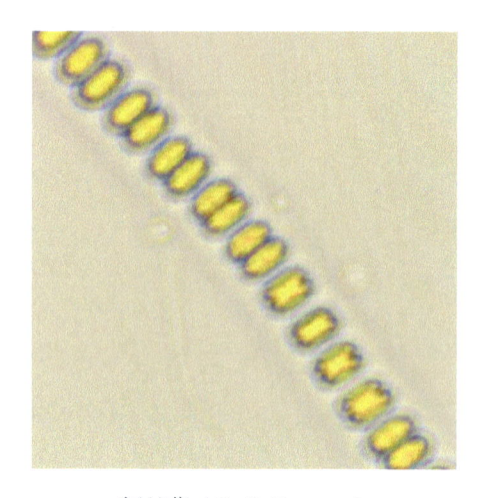

辐丝藻（*Radiofilum* sp.）

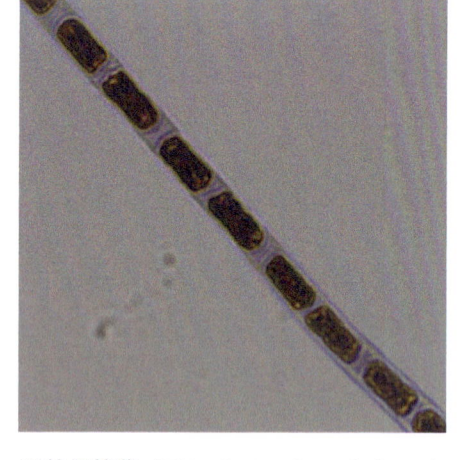

孤枝根枝藻（*Rhizoclonium hieroglyphicum*）

四尾栅藻（*Scenedesmus quadricauda*）

斜生栅藻（*Scenedesmus obliquus*）

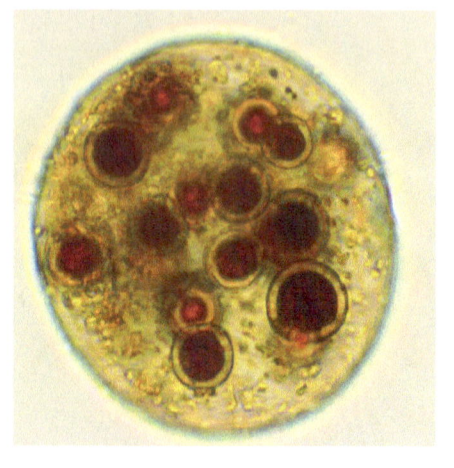

球囊藻（*Sphaerocystis schroeteri*）

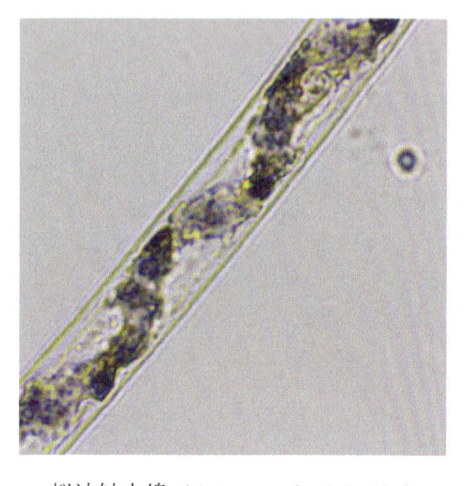

拟波皱水绵（*Spirogyra daedaleoides*）

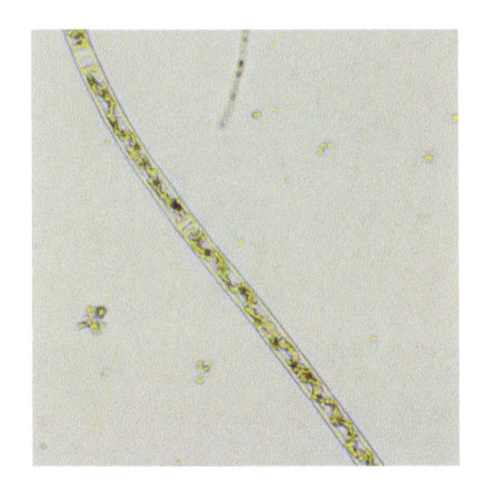

| 附 录 |

李氏水绵（*Spirogyra lians*） 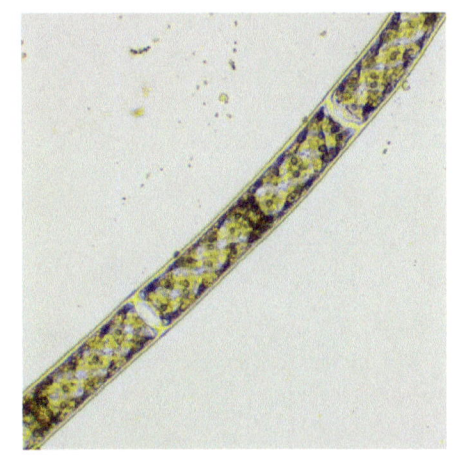　　　　　　　　水绵（*Spirogyra* sp.）

小毛枝藻（*Stigeoclonium tenue*） 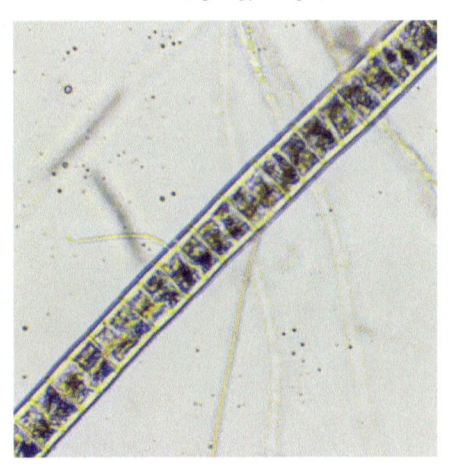　　　　　　环丝藻（*Ulothrix zonata*）

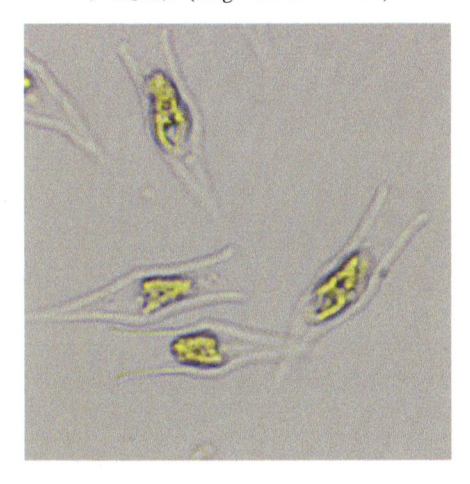

分歧锥囊藻（*Dinobryon divergens*） 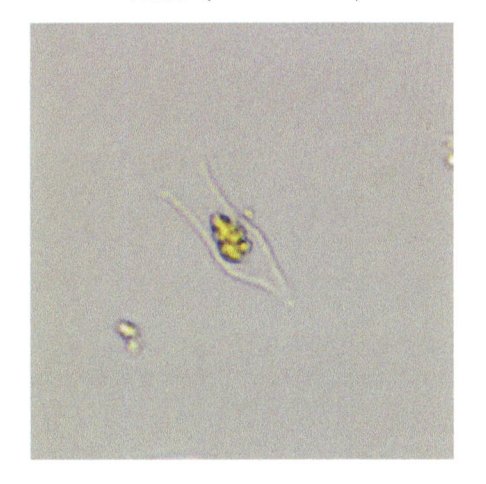　　　　　密集锥囊藻（*Dinobryon sertularia*）

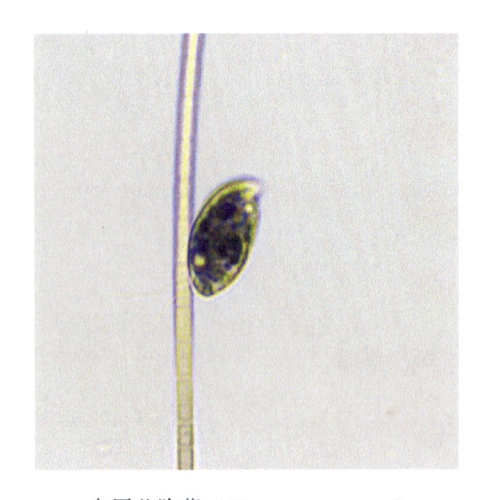

尖尾蓝隐藻（*Chroomonas acuta*） 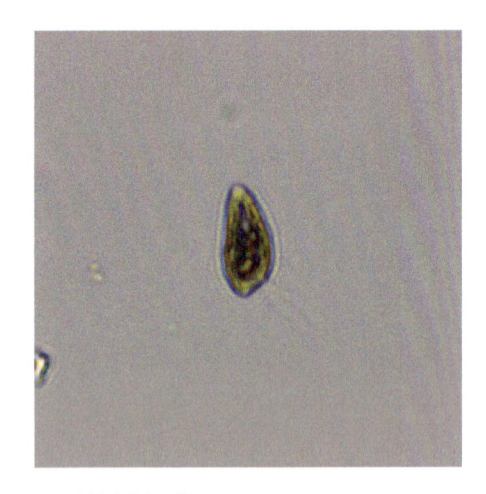　　　具尾蓝隐藻（*Chroomonas caudata*）

啮蚀隐藻（*Cryptomonas erosa*） 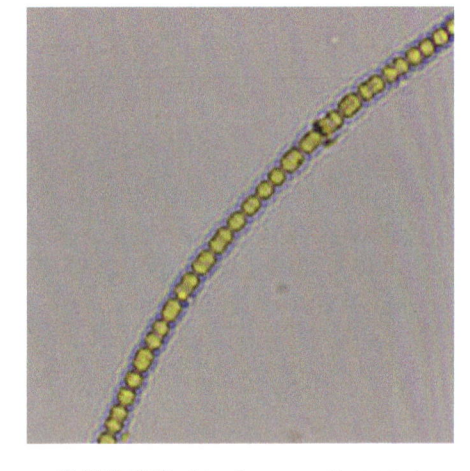　　　类颤鱼腥藻（*Anabaena oscillarioides*）

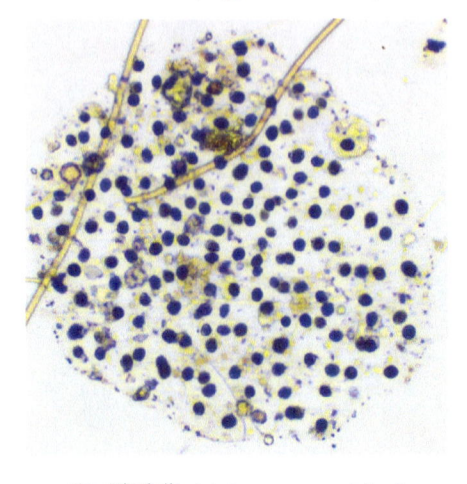

美丽隐球藻（*Aphanocapsa pulchra*） 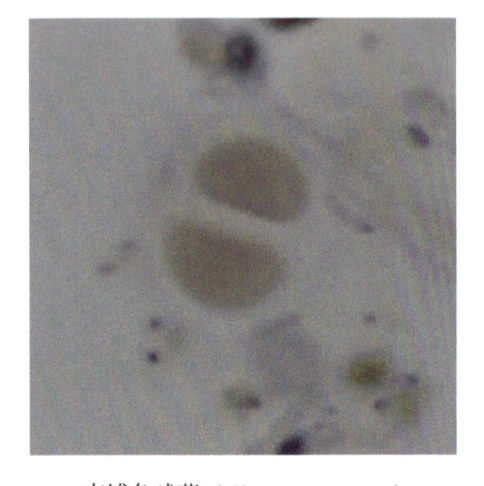　　　束缚色球藻（*Chroococcus tenax*）

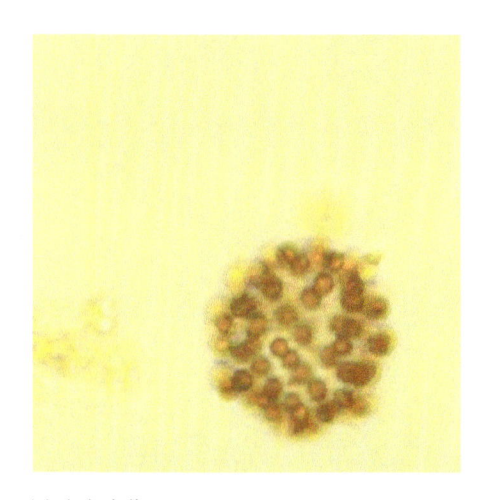

| 附　录 |

居氏腔球藻（*Coelosphaerium kuetzingianum*） 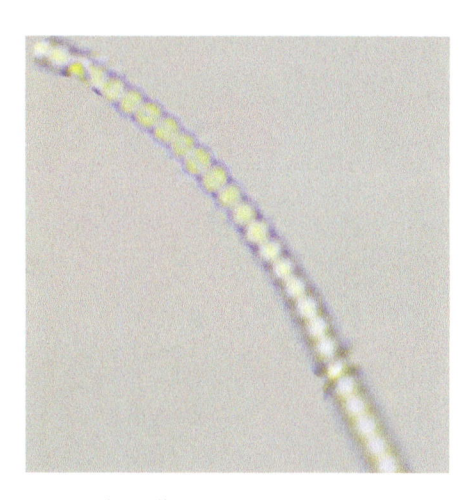　　　　柯孟藻（*Komvophoron* sp.）

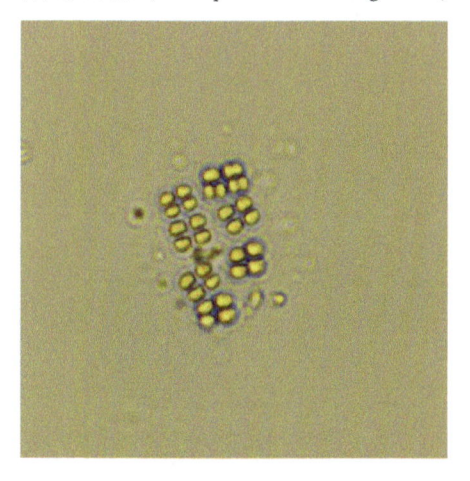

微小平裂藻（*Merismopedia tenuissima*） 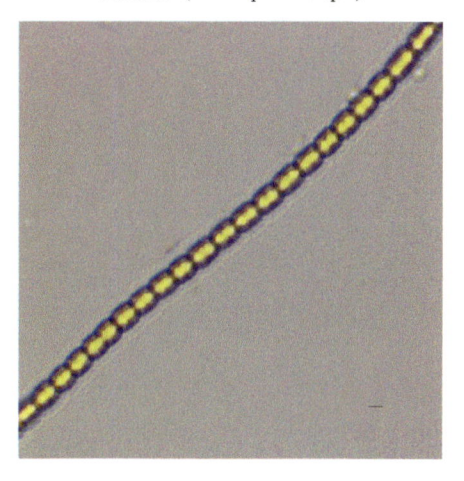　　　　念珠藻（*Nostoc* sp.）

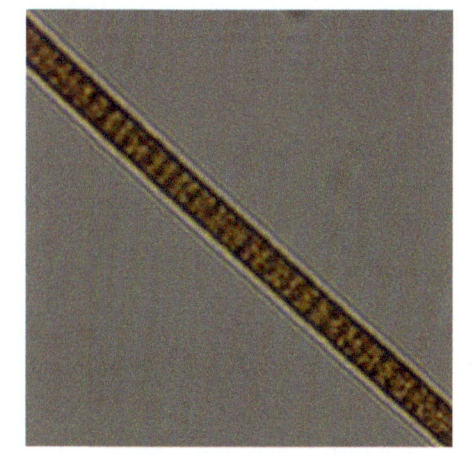

泥生颤藻（*Oscillatoria limosa*） 　　　　简单颤藻（*Oscillatoria simplicissima*）

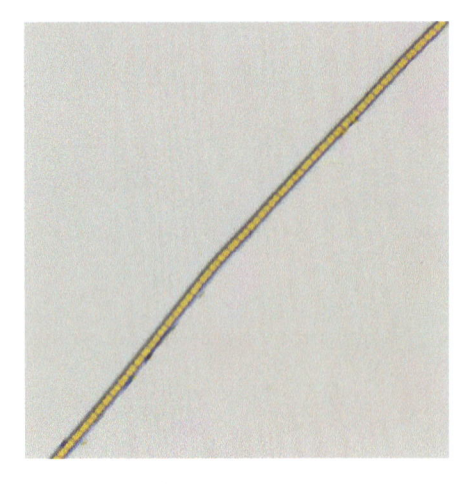

小颤藻（*Oscillatoria tenuis*）

链状伪鱼腥藻（*Pseudoanabaena catenata*）

飞燕角甲藻（*Ceratium hirundinella*）

薄甲藻（*Glenodinium pulvisculus*）

尾裸藻（*Euglena caudata*）

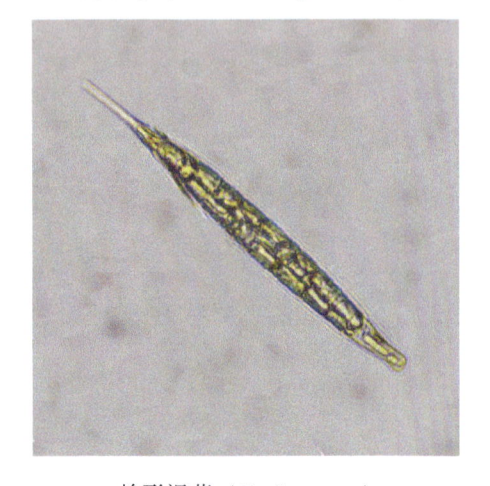

梭形裸藻（*Euglena acus*）

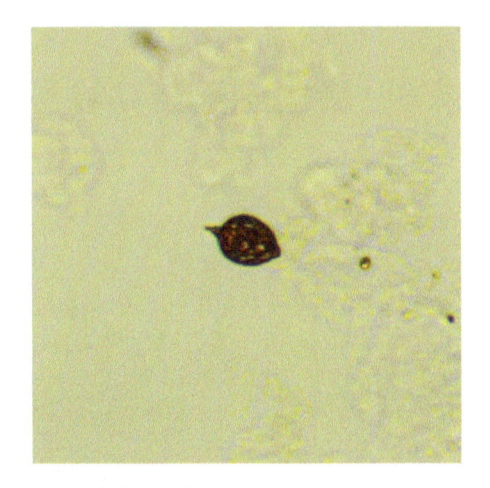

圆形扁裸藻（*Phacus orbicularis*）

附录6 青土湖浮游动物图谱

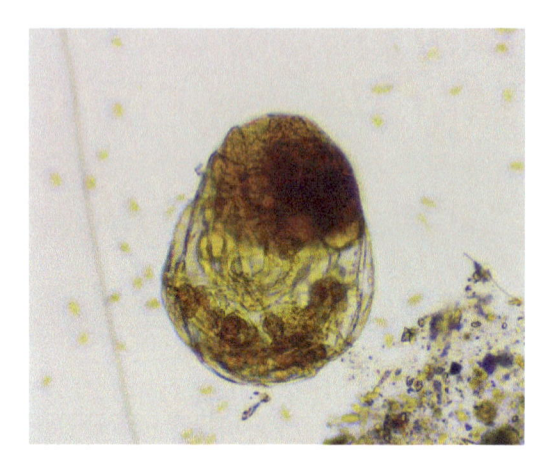

舞跃无柄轮虫（*Ascomorpha saltans*）

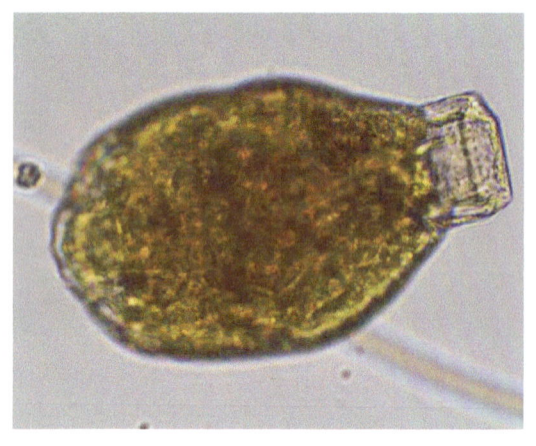

无柄轮虫（*Ascomorpha* sp.）

前节晶囊轮虫（*Asplachna priodonta*）

角突臂尾轮虫（*Brachionus angularis*）

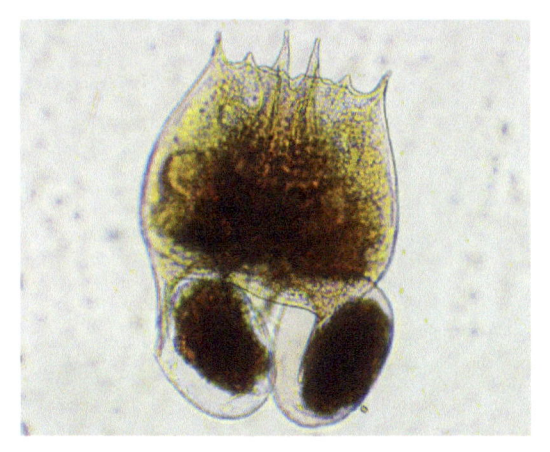

| 附 录 |

花篮臂尾轮虫（*Brachionus capsuliflorus*） 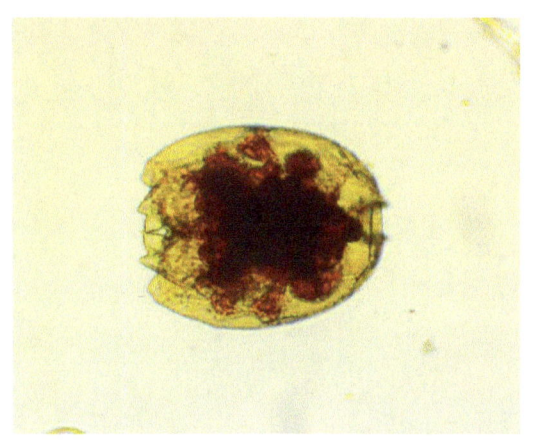　　　　褶皱臂尾轮虫（*Brachionus plicatilis*）

萼花臂尾轮虫（*Brachionus calyciflorus*） 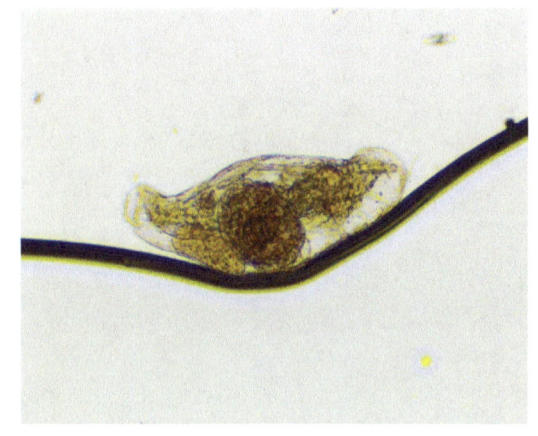　　　　凸背巨头轮虫（*Cephalodella gibba*）

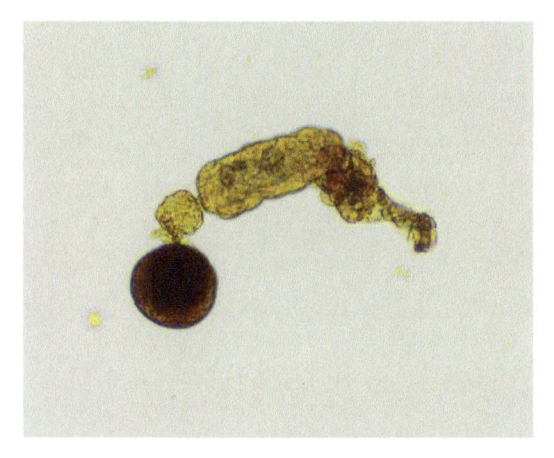

实心宿轮虫（*Habrotrocha solida*） 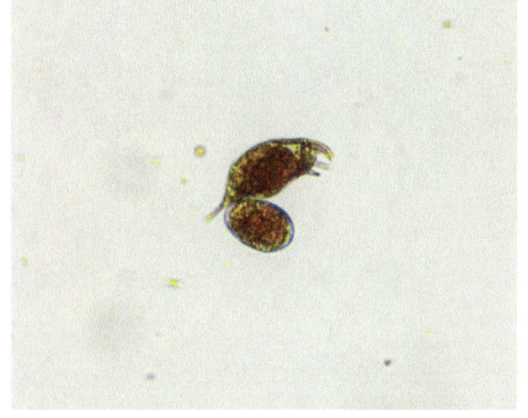　　　　螺形龟甲轮虫（*Keratella cochlearis*）

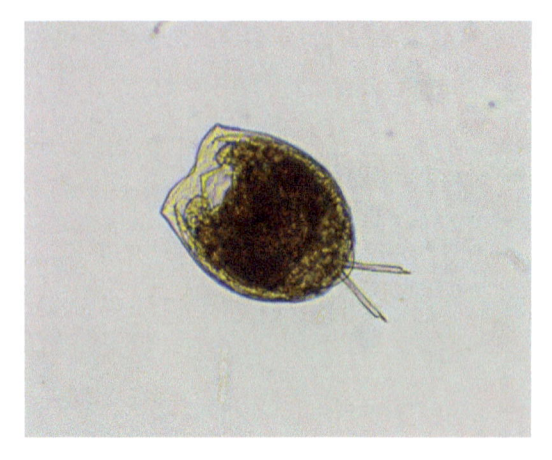

月形腔轮虫（*Lecane luna*）

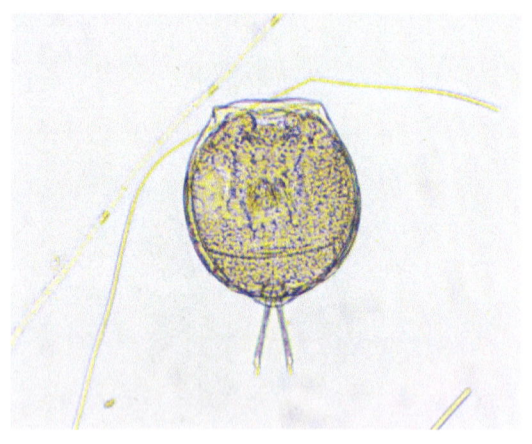

蹄形腔轮虫（*Lecane ungulata*）

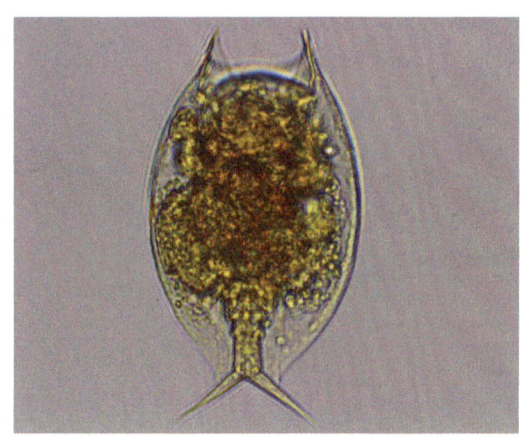

盘状鞍甲轮虫（*Lepadella patella*）

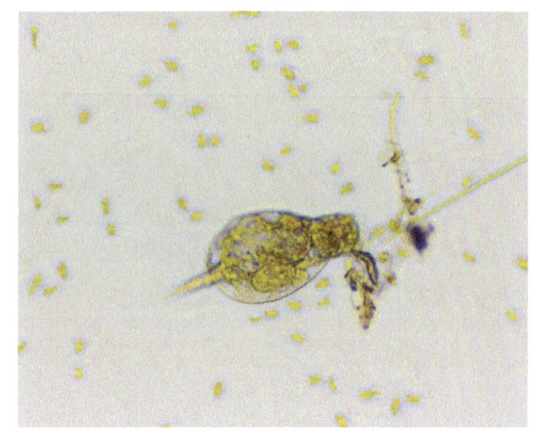

三翼鞍甲轮虫（*Lepadella triplera*）

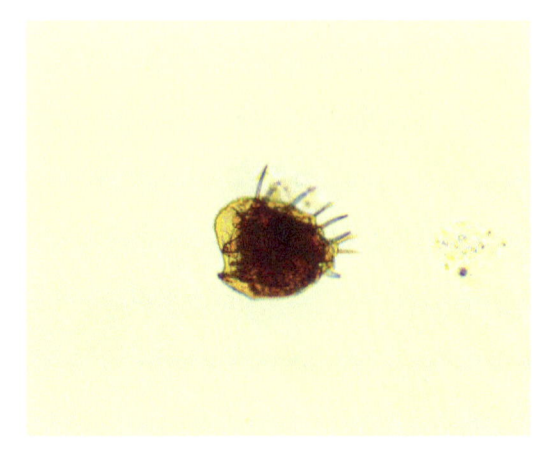

多棘轮虫属一种（*Macrochaetus* sp.）

梨形单趾轮虫（*Monostyla pyriformis*）

| 附　录 |

长肢多肢轮虫（*Polyarthra dolichoptera*）

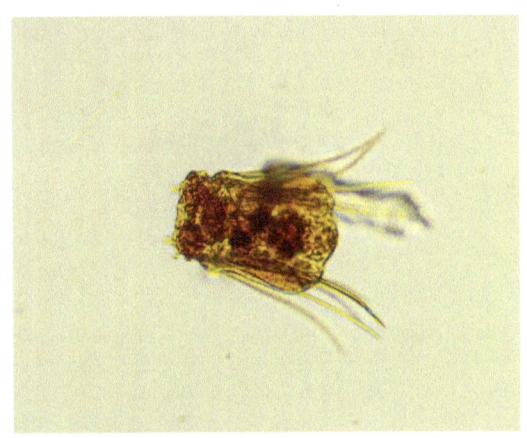

针簇多肢轮虫（*Polyarthra trigla*）

懒轮虫（*Rotaria tardigrada*）

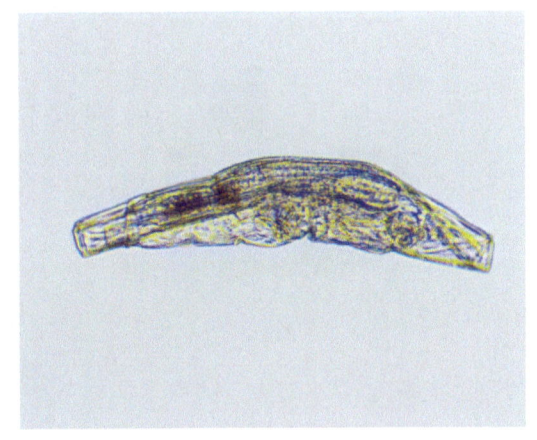

长足轮虫（*Rotaria neptunia*）

暗小异尾轮虫（*Trichocerca pusilla*）

方块鬼轮虫（*Trichotria letractis*）

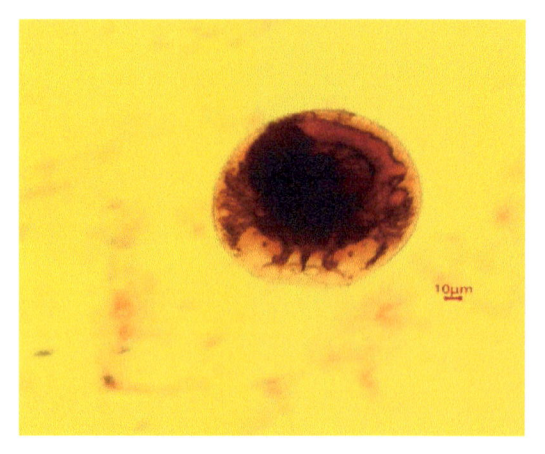

盘镜轮虫（*Testudinella patina*） 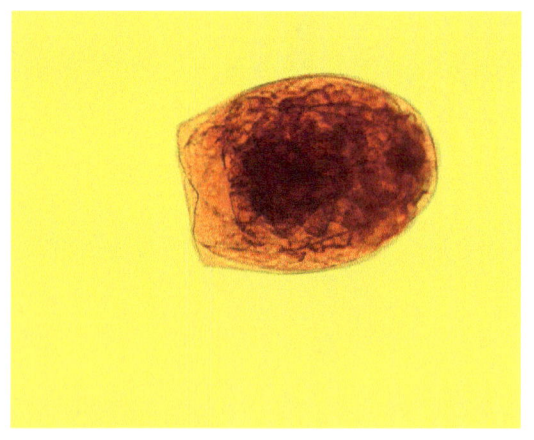　　　　　　凹顶腔轮虫（*Lecane papuana*）

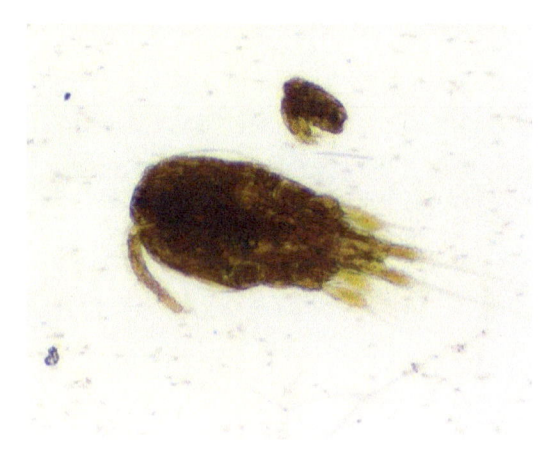

粗壮温剑水蚤（*Thermocyclops dybowskii*） 　　毛饰拟剑水蚤（*Paracyclops fimbriatus*）

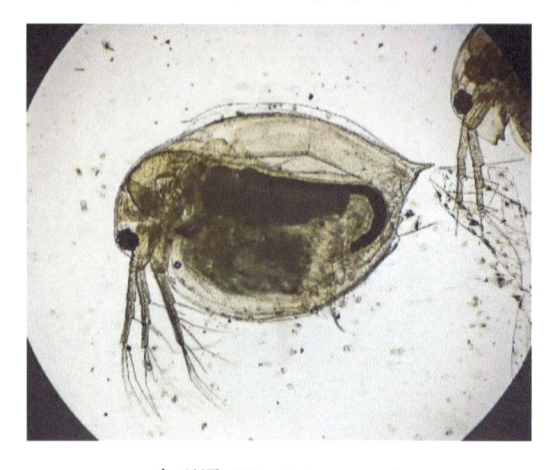

大型溞（*Daphnia magna*） 　　　　　　　　点滴尖额溞（*Alona guttata*）

| 附　录 |

长额象鼻溞（*Bosmina longirostris*）

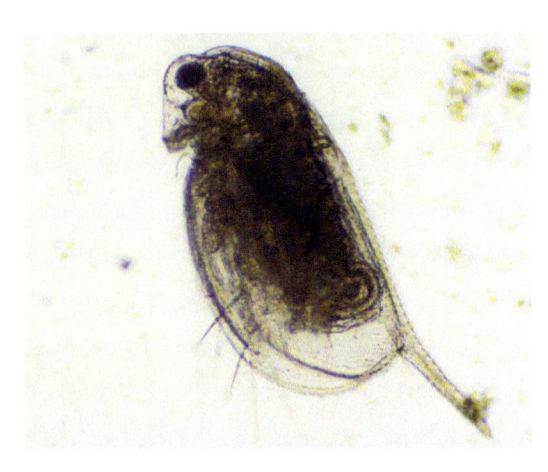

长刺溞（*Daphnia longispina*）

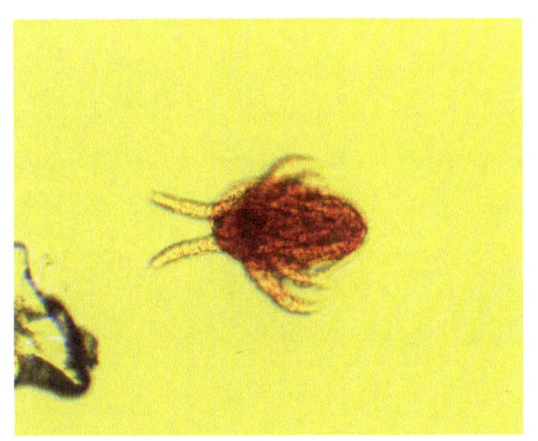

多刺裸腹溞（*Moina macrocopa*）

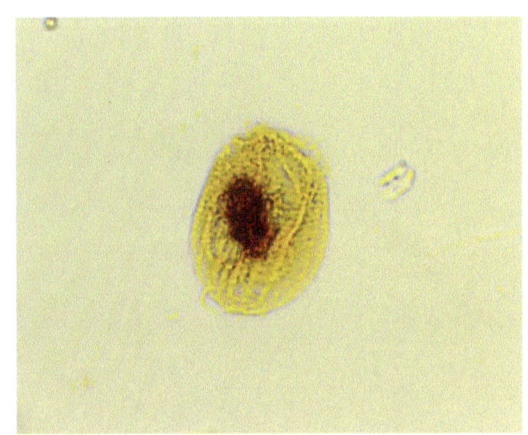

阔口游仆虫（*Euplotes eurystomus*）

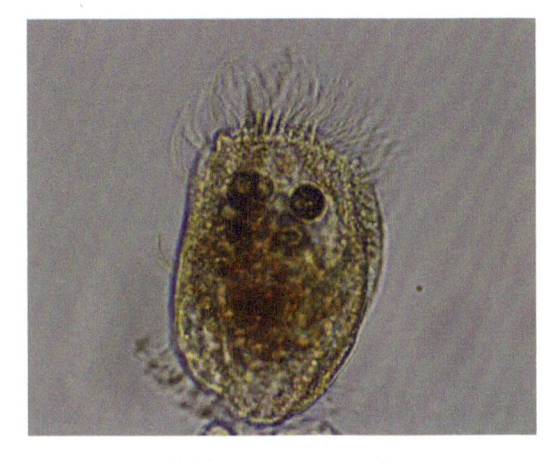

游仆虫（*Euplotes* sp.）

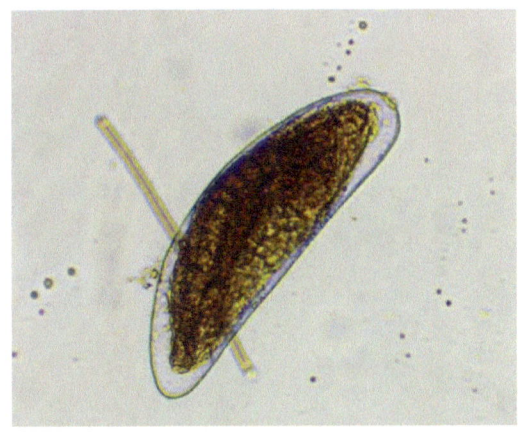

斜叶虫（*Loxophyllum* sp.）

杯形拟铃虫（*Tintinnopsis cratera*） 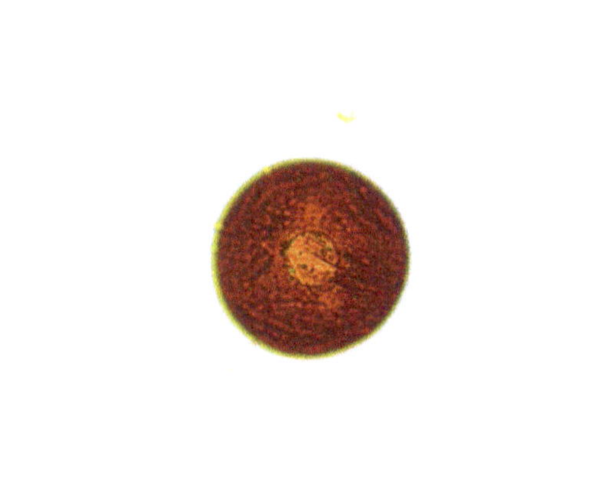　　　　　　　　普通表壳虫（*Arcella vulgaris*）

线虫（*Caenorhabditis* sp.）　　　　　　　　义棘刺孢虫（*Acanthocystis chaetophora*）

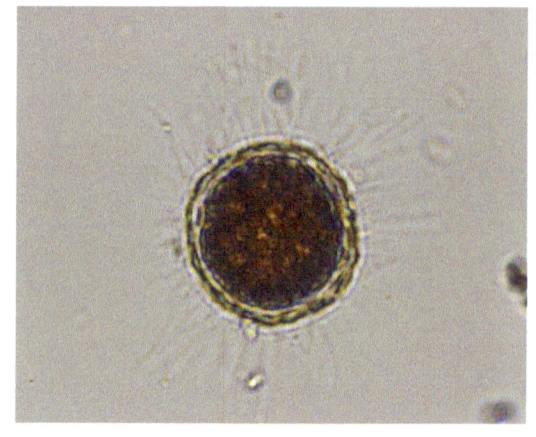

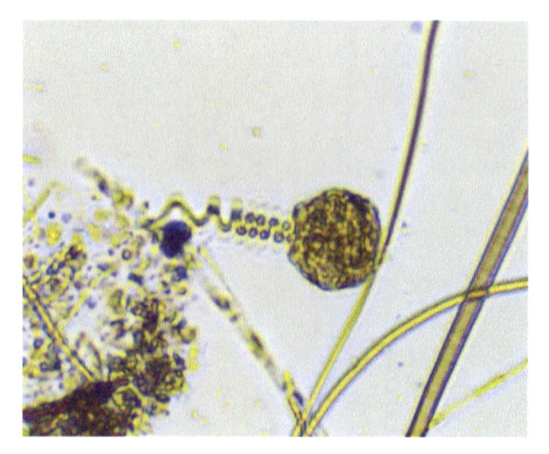

钟形钟虫（*Vorticella campanula*） 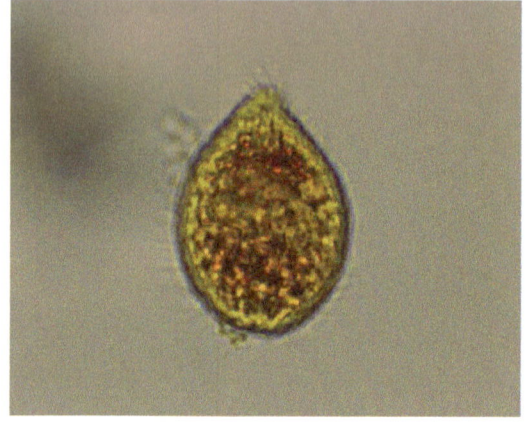　　　　　　　　卵形柔页虫（*Sathrophilus oviformis*）

| 附 录 |

陀螺侠盗虫（*Strobilidium velox*） 　　　　　旋回侠盗虫（*Strobilidium gyrans*）

厢壳虫（*Pyxidicula* sp.） 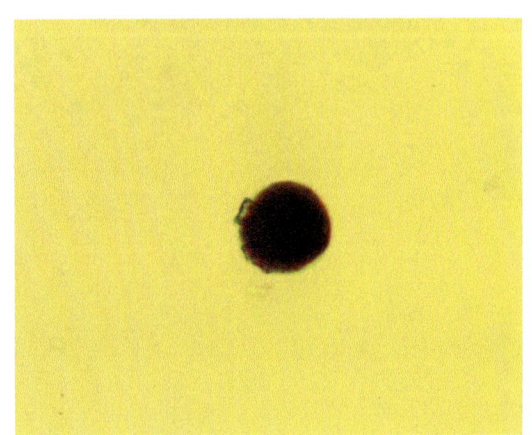　　　　　砂壳虫（*Difflugia* sp.）

辐射变形虫（*Amoeba radiosa*） 　　　　　卤虫（*Artemia salina*）

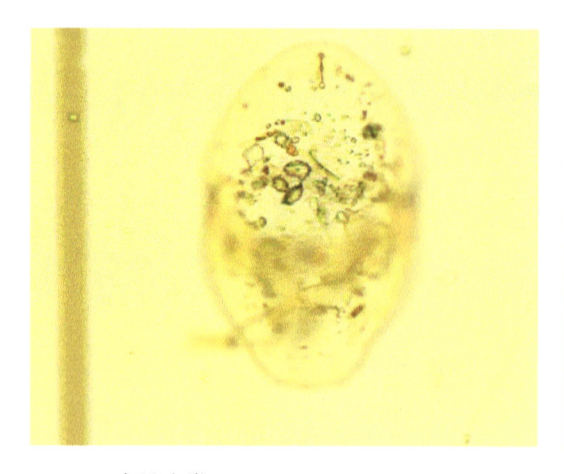

肉足虫类（*Plagiophrys scutiformis*） 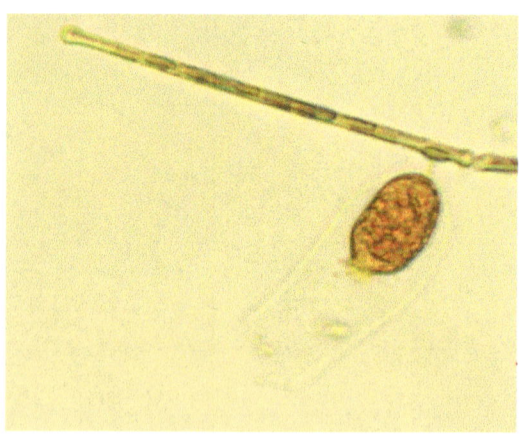　　　　尖底类瓮虫（*Amphorellopsis acuta*）

附录 7　青土湖底栖生物图谱

椭圆萝卜螺（*Radix swinboei*)

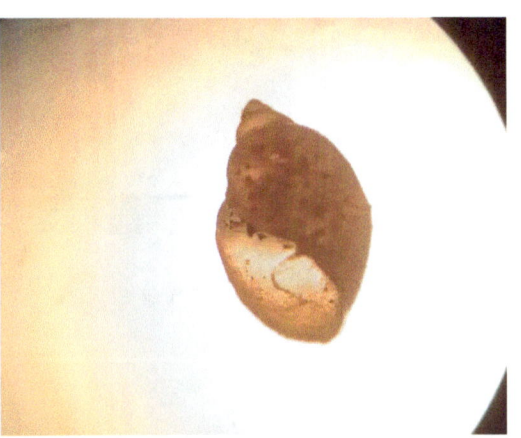

泉膀胱螺（*Physa fontinalis*）

白旋螺（*Gyraulus albus*）

钩虾（*Gammarus* sp.）

日本沼虾（*Macrobrachium nipponense*）

中华齿米虾（*Caridina denticulate sinensis*）

龙虱（*Cybister* sp.）

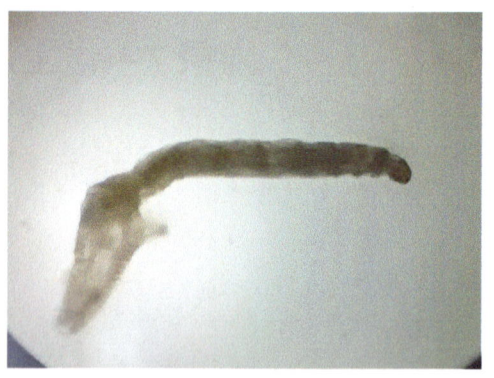

原伪蚊（*Protanyderus* sp.）

家蝇（*Musca domestica*）

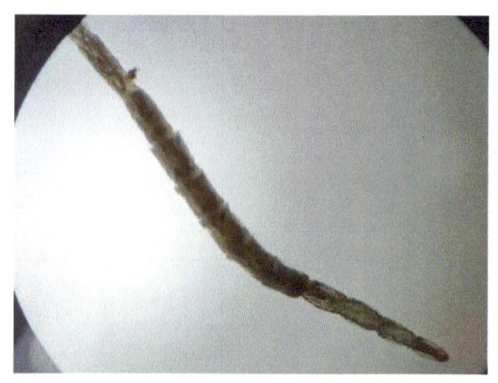

蠓科一种（*Ceratopogonidae* sp.）

管蚜蝇（*Eristalis* sp.）

双大蚊（*Dicranota* sp.）

范氏枝长跗摇蚊（*Cladotanytarsus vanderwulpi*）

附录8 青土湖区域维管植物名录

序号	中文名	学名	属名	科名	濒危级别	中国特有
1	芦苇	*Phragmites australis*	芦苇属	禾本科	无危（LC）	否
2	沙鞭	*Psammochloa villosa*	沙鞭属	禾本科	无危（LC）	否
3	沙生针茅	*Stipa glareosa*	针茅属	禾本科	无危（LC）	否
4	扁秆荆三棱	*Bolboschoenus planiculmis*	三棱草属	莎草科	无危（LC）	否
5	蝎虎驼蹄瓣	*Zygophyllum mucronatum*	驼蹄瓣属	蒺藜科	—	—
6	白刺	*Nitraria tangutorum*	白刺属	白刺科	无危（LC）	是
7	骆驼蓬	*Peganum harmala*	骆驼蓬属	白刺科	—	—
8	红砂	*Reaumuria songarica*	琵琶柴属	柽柳科	无危（LC）	否
9	柽柳	*Tamarix chinensis*	柽柳属	柽柳科	—	—
10	黄花补血草	*Limonium aureum*	补血草属	白花丹科	无危（LC）	否
11	盐爪爪	*Kalidium foliatum*	盐爪爪属	苋科	无危（LC）	否
12	梭梭	*Haloxylon ammodendron*	梭梭属	苋科	无危（LC）	否
13	珍珠猪毛菜	*Salsola passerina*	碱猪毛菜属	苋科	无危（LC）	否
14	尖叶盐爪爪	*Kalidium cuspidatum*	盐爪爪属	苋科	无危（LC）	否
15	盐地碱蓬	*Suaeda salsa*	碱蓬属	苋科	无危（LC）	否
16	沙蓬	*Agriophyllum squarrosum*	沙蓬属	苋科	—	—
17	刺沙蓬	*Salsola ruthenica*	碱猪毛菜属	苋科	—	—
18	雾冰藜	*Bassia dasyphylla*	沙冰藜属	苋科	—	—
19	兴安虫实	*Corispermum chinganicum*	虫实属	苋科	无危（LC）	否
20	合头草	*Sympegma regelii*	合头草属	苋科	—	—
21	猪毛菜	*Salsola collina*	碱猪毛菜属	苋科	—	—
22	盐生草	*Halogeton glomeratus*	盐生草属	苋科	—	—
23	灰绿藜	*Chenopodium glaucum*	藜属	苋科	无危（LC）	否
24	戟叶鹅绒藤	*Cynanchum sibiricum*	鹅绒藤属	夹竹桃科	无危（LC）	否
25	刺旋花	*Convolvulus tragacanthoides*	旋花属	旋花科	无危（LC）	否
26	黑果枸杞	*Lycium ruthenicum*	枸杞属	茄科	无危（LC）	否
27	内蒙古旱蒿	*Artemisia xerophytica*	蒿属	菊科	无危（LC）	否
28	黑沙蒿	*Artemisia ordosica*	蒿属	菊科	无危（LC）	否
29	猪毛蒿	*Artemisia scoparia*	蒿属	菊科	—	—
30	乳苣	*Mulgedium tataricum*	乳苣属	菊科	—	—

附录9 样方调查点信息表

序号	调查区域	样方类型	样方编号	调查日期	经度（°）	纬度（°）	海拔/m
1	荒漠区	草本	hm1	20210821	103.624894	39.140715	1256.17
2	荒漠区	草本	hm2	20210821	103.603425	39.144479	1258.02
3	荒漠区	草本	hm3	20210821	103.602637	39.122658	1253.54
4	荒漠区	草本	hm4	20210821	103.58942	39.123639	1253.83
5	荒漠区	草本	hm5	20210821	103.596109	39.114399	1255.92
6	荒漠区	草本	hm6	20210821	103.666258	39.091131	1255.39
7	荒漠区	草本	hm9	20210822	103.464566	39.113474	1269.2
8	荒漠区	草本	hm11	20210822	103.529595	39.133054	1267.79
9	荒漠区	草本	hm12	20210822	103.515092	39.169583	1257.81
10	荒漠区	草本	hm14	20210822	103.603846	39.167262	1254.43
11	荒漠区	草本	hm15	20210822	103.664231	39.171461	1259.24
12	荒漠区	草本	hm19	20210820	103.606955	39.101366	1259.18
13	荒漠区	草本	hm20	20210822	103.657789	39.151748	1270.86
14	荒漠区	草本	hm21	20210822	103.531399	39.122697	1260.42
15	荒漠区	草本	hm22	20210822	103.538077	39.102939	1260.42
16	盐化草甸区	草本	yhcd1	20210821	103.616869	39.14678	1254.2
17	盐化草甸区	草本	yhcd2	20210821	103.606507	39.142689	1256.86
18	盐化草甸区	草本	yhcd3	20210821	103.606369	39.142658	1254.93
19	盐化草甸区	草本	yhcd4	20210821	103.593025	39.124346	1255.81
20	盐化草甸区	草本	yhcd5	20210821	103.59008	39.118284	1240.28
21	盐化草甸区	草本	yhcd6	20210820	103.615504	39.098171	1261.89
22	盐化草甸区	草本	yhcd7	20210820	103.615339	39.080837	1262.9
23	盐化草甸区	草本	yhcd8	20210820	103.618321	39.093009	1264.54
24	盐化草甸区	草本	yhcd10	20210820	103.628468	39.141425	1256.16
25	草甸区	草本	cd1	20210821	103.616869	39.14678	1254.2
26	草甸区	草本	cd2	20210821	103.60619	39.141312	1253.9
27	草甸区	草本	cd3	20210821	103.598544	39.132864	1257.05
28	草甸区	草本	cd4	20210821	103.595166	39.124796	1256.52
29	草甸区	草本	cd5	20210821	103.591641	39.11739	1250.66
30	草甸区	草本	cd7	20210820	103.618687	39.103154	1246.19

续表

序号	调查区域	样方类型	样方编号	调查日期	经度（°）	纬度（°）	海拔/m
31	草甸区	草本	cd8	20210820	103.624222	39.102252	1240.92
32	草甸区	草本	cd9	20210820	103.61736	39.115359	1243.97
33	草甸区	草本	cd10	20210820	103.624581	39.121805	1248.6
34	草甸区	草本	cd11	20210820	103.629361	39.126154	1257.29
35	草甸区	草本	cd12	20210820	103.622247	39.13651	1254.84
36	草甸区	草本	cd13	20210820	103.625263	39.117877	1261.16
37	草甸区	草本	cd14	20210821	103.617858	39.132562	1258.32
38	草甸区	草本	cd15	20210821	103.609539	39.128407	1258.74
39	草甸区	草本	cd16	20210821	103.60266	39.122793	1255.85
40	草甸区	草本	cd17	20210821	103.595186	39.111337	1252.52
41	梭梭人工林	草本	ss2	20210822	103.656362	39.178003	1252.2
42	梭梭人工林	草本	ss4	20210822	103.480515	39.138429	1264.03
43	梭梭人工林	草本	ss5	20210822	103.525615	39.138489	1257.91
44	梭梭人工林	草本	ss6	20210822	103.464679	39.111912	1269.63
45	荒漠区	灌木	hm1	20210821	103.614845	39.148129	1256.42
46	荒漠区	灌木	hm2	20210821	103.603489	39.144449	1258.24
47	荒漠区	灌木	hm3	20210821	103.595996	39.133797	1260.06
48	荒漠区	灌木	hm4	20210821	103.589203	39.123699	1256.54
49	荒漠区	灌木	hm5	20210821	103.588656	39.119013	1254.21
50	荒漠区	灌木	hm6	20210821	103.666109	39.091347	1262.56
51	荒漠区	灌木	hm7	20210822	103.590028	39.079199	1262.73
52	荒漠区	灌木	hm8	20210822	103.522382	39.052432	1262.87
53	荒漠区	灌木	hm9	20210822	103.464281	39.113221	1260.71
54	荒漠区	灌木	hm10	20210822	103.481125	39.139111	1266
55	荒漠区	灌木	hm11	20210822	103.529785	39.133044	1260.73
56	荒漠区	灌木	hm12	20210822	103.51484	39.169681	1255.07
57	荒漠区	灌木	hm13	20210822	103.567951	39.151772	1258.07
58	荒漠区	灌木	hm14	20210822	103.603608	39.167305	1251.39
59	荒漠区	灌木	hm15	20210822	103.664417	39.171426	1252.16
60	荒漠区	灌木	hm16	20210821	103.672463	39.2149	1261.47
61	荒漠区	灌木	hm17	20210822	103.642983	39.204511	1249.84
62	荒漠区	灌木	hm19	20210820	103.529785	39.133045	1260.72
63	荒漠区	灌木	hm20	20210821	103.657799	39.151659	1256.54

续表

序号	调查区域	样方类型	样方编号	调查日期	经度（°）	纬度（°）	海拔/m
64	荒漠区	灌木	hm21	20210822	103.531492	39.122955	1265.01
65	荒漠区	灌木	hm22	20210822	103.538088	39.103103	1261.06
66	荒漠区	灌木	hm24	20210822	103.501831	39.195562	1259.11
67	盐化草甸区	灌木	yhcd1	20210821	103.615983	39.147349	1256.33
68	盐化草甸区	灌木	yhcd2	20210821	103.606507	39.142689	1256.86
69	盐化草甸区	灌木	yhcd3	20210821	103.597486	39.133129	1255.16
70	盐化草甸区	灌木	yhcd4	20210821	103.593119	39.124444	1258.94
71	盐化草甸区	灌木	yhcd5	20210821	103.59008	39.118284	1240.28
72	盐化草甸区	灌木	yhcd6	20210820	103.615584	39.098144	1233.28
73	盐化草甸区	灌木	yhcd7	20210820	103.615465	39.08082	1231.08
74	盐化草甸区	灌木	yhcd8	20210820	103.618347	39.093058	1223.44
75	盐化草甸区	灌木	yhcd10	20210820	103.628545	39.141292	1261.15
76	梭梭人工林	灌木	ss2	20210822	103.656117	39.177604	1250.19
77	梭梭人工林	灌木	ss3	20210821	103.671785	39.08494	1258.34
78	梭梭人工林	灌木	ss4	20210822	103.48067	39.138153	1264.25
79	梭梭人工林	灌木	ss5	20210822	103.525431	39.138611	1254.8
80	梭梭人工林	灌木	ss6	20210822	103.464434	39.111823	1252.81

附录10 样方调查表

序号	调查区域	样方类型	样方编号	种名	盖度/%	多度	高度/cm
1	荒漠区	草本	hm1	芦苇	0.5	1	28.0
2	荒漠区	草本	hm1	盐地碱蓬	6	12	15.0
3	荒漠区	草本	hm2	芦苇	3	2	16.0
4	荒漠区	草本	hm2	戟叶鹅绒藤	2	2	17.5
5	荒漠区	草本	hm3	芦苇	0.5	3	22.7
6	荒漠区	草本	hm4	芦苇	8	6	26.0
7	荒漠区	草本	hm5	芦苇	0.5	1	31.0
8	荒漠区	草本	hm6	沙蓬	0.5	1	2.0
9	荒漠区	草本	hm6	骆驼蓬	1	6	6.0
10	荒漠区	草本	hm9	刺沙蓬	8	4	7.0
11	荒漠区	草本	hm11	骆驼蓬	9	8	12.7
12	荒漠区	草本	hm12	骆驼蓬	4	3	9.0
13	荒漠区	草本	hm14	芦苇	2	2	52.7
14	荒漠区	草本	hm14	雾冰藜	6	7	14.7
15	荒漠区	草本	hm15	刺沙蓬	4	3	11.3
16	荒漠区	草本	hm15	沙鞭	3	3	61.3
17	荒漠区	草本	hm19	骆驼蓬	1	8	6.7
18	荒漠区	草本	hm19	黄花补血草	4	1	16.0
19	荒漠区	草本	hm20	兴安虫实	5	3	5.7
20	荒漠区	草本	hm21	刺沙蓬	1	1	7.0
21	荒漠区	草本	hm21	沙蓬	0.5	1	2.0
22	荒漠区	草本	hm21	猪毛蒿	0.1	1	13.0
23	荒漠区	草本	hm21	骆驼蓬	8	11	8.3
24	荒漠区	草本	hm22	沙蓬	0.5	2	3.0
25	荒漠区	草本	hm22	猪毛菜	5	7	7.7
26	荒漠区	草本	hm22	盐生草	1	11	8.0
27	荒漠区	草本	hm22	雾冰藜	1	2	4.5
28	盐化草甸区	草本	yhcd1	芦苇	35	11	60.0
29	盐化草甸区	草本	yhcd2	芦苇	25	19	35.0
30	盐化草甸区	草本	yhcd3	芦苇	14	13	34.0

续表

序号	调查区域	样方类型	样方编号	种名	盖度/%	多度	高度/cm
31	盐化草甸区	草本	yhcd4	芦苇	20	8	17.3
32	盐化草甸区	草本	yhcd5	芦苇	10	7	35.0
33	盐化草甸区	草本	yhcd6	芦苇	20	12	41.7
34	盐化草甸区	草本	yhcd7	芦苇	40	40	61.3
35	盐化草甸区	草本	yhcd7	乳苣	2	15	6.1
36	盐化草甸区	草本	yhcd7	灰绿藜	1	8	6.0
37	盐化草甸区	草本	yhcd8	芦苇	25	18	49.7
38	盐化草甸区	草本	yhcd8	兴安虫实	0.5	3	12.0
39	盐化草甸区	草本	yhcd8	刺沙蓬	10	8	14.3
40	盐化草甸区	草本	yhcd8	戟叶鹅绒藤	0.5	2	14.0
41	盐化草甸区	草本	yhcd10	芦苇	10	18	28.7
42	草甸区	草本	cd1	芦苇	100	100	140.0
43	草甸区	草本	cd2	芦苇	100	72	151.0
44	草甸区	草本	cd3	芦苇	75	199	110.0
45	草甸区	草本	cd3	戟叶鹅绒藤	1	4	54.0
46	草甸区	草本	cd4	芦苇	100	92	113.0
47	草甸区	草本	cd5	芦苇	65	210	112.0
48	草甸区	草本	cd7	芦苇	55	72	163.3
49	草甸区	草本	cd7	乳苣	15	38	68.7
50	草甸区	草本	cd8	芦苇	60	88	96.7
51	草甸区	草本	cd9	芦苇	75	221	159.0
52	草甸区	草本	cd10	芦苇	100	420	180.0
53	草甸区	草本	cd11	芦苇	100	27	206.7
54	草甸区	草本	cd12	芦苇	100	15	162.0
55	草甸区	草本	cd13	芦苇	100	160	226.7
56	草甸区	草本	cd14	芦苇	100	120	174.0
57	草甸区	草本	cd15	芦苇	100	84	168.0
58	草甸区	草本	cd16	芦苇	60	211	162.7
59	草甸区	草本	cd17	芦苇	80	210	139.7
60	梭梭人工林	草本	ss2	盐地碱蓬	6	5	6.0
61	梭梭人工林	草本	ss4	蝎虎驼蹄瓣	7	8	6.7
62	梭梭人工林	草本	ss5	骆驼蓬	7	6	14.7
63	梭梭人工林	草本	ss6	刺沙蓬	4	3	7.7

续表

序号	调查区域	样方类型	样方编号	种名	盖度/%	多度	高度/cm
64	梭梭人工林	草本	ss6	沙生针茅	7	4	5.7
65	荒漠区	灌木	hm1	白刺	25	7	34.3
66	荒漠区	灌木	hm1	盐爪爪	10	38	26.3
67	荒漠区	灌丛	hm2	白刺	30	76	36.3
68	荒漠区	灌丛	hm2	黑果枸杞	0.1	5	22.7
69	荒漠区	灌丛	hm2	盐爪爪	2	7	19.7
70	荒漠区	灌丛	hm3	白刺	41	19	34.0
71	荒漠区	灌丛	hm4	白刺	30	160	37.7
72	荒漠区	灌木	hm5	白刺	20	9	22.3
73	荒漠区	灌木	hm5	盐爪爪	16	14	33.0
74	荒漠区	灌丛	hm6	白刺	25	96	48.3
75	荒漠区	灌丛	hm7	白刺	0.1	3	22.7
76	荒漠区	灌丛	hm7	柽柳	45	99	108.0
77	荒漠区	灌丛	hm8	尖叶盐爪爪	10	80	37.7
78	荒漠区	灌丛	hm8	柽柳	10	80	33.7
79	荒漠区	灌丛	hm8	红砂	5	36	37.3
80	荒漠区	灌木	hm9	白刺	10	10	18.0
81	荒漠区	灌木	hm9	内蒙古旱蒿	8	160	36.7
82	荒漠区	灌木	hm10	白刺	10	20	35.3
83	荒漠区	灌木	hm10	盐爪爪	3	85	17.3
84	荒漠区	灌木	hm10	红砂	2	43	25.7
85	荒漠区	灌木	hm11	白刺	5	4	22.0
86	荒漠区	灌木	hm11	黑果枸杞	5	120	22.3
87	荒漠区	灌木	hm11	红砂	2	30	42.0
88	荒漠区	灌木	hm12	白刺	11	12	21.0
89	荒漠区	灌木	hm12	黑果枸杞	0.1	7	30.3
90	荒漠区	灌木	hm12	红砂	15	242	28.3
91	荒漠区	灌丛	hm13	白刺	30	77	32.0
92	荒漠区	灌木	hm14	白刺	50	8	28.7
93	荒漠区	灌木	hm15	白刺	12	9	20.0
94	荒漠区	灌木	hm15	梭梭	2	12	57.7
95	荒漠区	灌丛	hm16	白刺	10	50	21.0
96	荒漠区	灌丛	hm16	内蒙古旱蒿	10	78	36.3

续表

序号	调查区域	样方类型	样方编号	种名	盖度/%	多度	高度/cm
97	荒漠区	灌丛	hm17	盐爪爪	15	328	15.0
98	荒漠区	灌木	hm19	白刺	6	8	29.7
99	荒漠区	灌木	hm19	盐爪爪	1	7	31.3
100	荒漠区	灌木	hm19	红砂	34	61	71.3
101	荒漠区	灌木	hm20	白刺	4	5	23.0
102	荒漠区	灌木	hm20	黑沙蒿	31	108	66.7
103	荒漠区	灌木	hm20	梭梭	1	4	96.3
104	荒漠区	灌丛	hm21	白刺	30	119	19.0
105	荒漠区	灌丛	hm22	白刺	40	85	14.7
106	荒漠区	灌丛	hm24	白刺	1	16	20.3
107	荒漠区	灌丛	hm24	珍珠猪毛菜	6	32	11.3
108	荒漠区	灌丛	hm24	红砂	10	100	16.7
109	荒漠区	灌丛	hm24	黑果枸杞	1	40	9.3
110	盐化草甸区	灌丛	yhcd1	白刺	30	69	28.0
111	盐化草甸区	灌丛	yhcd1	盐爪爪	10	35	33.0
112	盐化草甸区	灌丛	yhcd2	白刺	20	37	29.0
113	盐化草甸区	灌丛	yhcd2	盐爪爪	10	11	38.7
114	盐化草甸区	灌木	yhcd3	白刺	28	9	24.0
115	盐化草甸区	灌丛	yhcd4	白刺	15	6	38.7
116	盐化草甸区	灌丛	yhcd4	盐爪爪	10	4	31.0
117	盐化草甸区	灌丛	yhcd4	黑果枸杞	5	56	16.7
118	盐化草甸区	灌木	yhcd5	白刺	10	11	55.7
119	盐化草甸区	灌木	yhcd5	盐爪爪	4	7	27.0
120	盐化草甸区	灌木	yhcd6	白刺	26	8	63.0
121	盐化草甸区	灌木	yhcd6	盐爪爪	1	6	23.3
122	盐化草甸区	灌木	yhcd7	白刺	5	14	146.3
123	盐化草甸区	灌木	yhcd7	黑沙蒿	3	24	94.0
124	盐化草甸区	灌木	yhcd7	柽柳	9	8	185.0
125	盐化草甸区	灌木	yhcd8	柽柳	6	15	193.3
126	盐化草甸区	灌木	yhcd10	白刺	35	74	38.0
127	盐化草甸区	灌木	yhcd10	盐爪爪	1	1	30.0
128	梭梭人工林	灌木	ss2	白刺	6	4	22.3
129	梭梭人工林	灌木	ss2	梭梭	26	25	149.3

续表

序号	调查区域	样方类型	样方编号	种名	盖度/%	多度	高度/cm
130	梭梭人工林	灌木	ss3	白刺	2	2	45.3
131	梭梭人工林	灌木	ss3	盐爪爪	12	95	31.3
132	梭梭人工林	灌木	ss3	梭梭	22	20	264.7
133	梭梭人工林	灌木	ss4	白刺	3	4	21.7
134	梭梭人工林	灌木	ss4	盐爪爪	1	30	15.0
135	梭梭人工林	灌木	ss4	红砂	3	12	24.7
136	梭梭人工林	灌木	ss4	梭梭	5	27	126.7
137	梭梭人工林	灌木	ss5	白刺	12	2	23.7
138	梭梭人工林	灌木	ss5	红砂	1	4	46.3
139	梭梭人工林	灌木	ss5	梭梭	15	1	81.3
140	梭梭人工林	灌木	ss6	梭梭	10	24	146.7
141	梭梭人工林	灌木	ss6	内蒙古旱蒿	2	1	40.3

附录11 土壤理化性质调查表

序号	调查区域	样方编号	有机碳/%	总氮/%	含水量/%	pH
1	荒漠区	hm1	0.57	0.03	2.72	9.2
2	荒漠区	hm2	0.63	0.02	2.72	7.63
3	荒漠区	hm3	0.67	0.03	3.93	8.53
4	荒漠区	hm4	0.65	0.04	6.73	7.62
5	荒漠区	hm5	0.61	0.03	8.56	8.84
6	荒漠区	hm6	1.60	0.07	11.42	7.78
7	荒漠区	hm7	0.35	0.03	7.10	7.71
8	荒漠区	hm8	0.19	0.03	1.13	7.66
9	荒漠区	hm9	0.21	0.06	1.84	7.7
10	荒漠区	hm10	0.26	0.03	1.45	7.51
11	荒漠区	hm11	0.54	0.03	2.70	7.92
12	荒漠区	hm12	0.62	0.04	1.49	7.94
13	荒漠区	hm13	1.45	0.06	15.91	8.29
14	荒漠区	hm14	0.26	0.03	0.86	7.67
15	荒漠区	hm15	0.07	0.03	0.97	7.29
16	荒漠区	hm16	0.04	0.03	0.69	7.74
17	荒漠区	hm17	0.39	0.02	18.98	8.01
18	荒漠区	hm19	0.12	0.03	1.19	7.8
19	荒漠区	hm20	0.12	0.04	0.55	7.75
20	荒漠区	hm21	0.19	0.02	2.18	7.79
21	荒漠区	hm22	0.11	0.03	0.46	7.87
22	荒漠区	hm24	0.05	0.03	0.98	7.58
23	盐化草甸区	yhcd1	1.16	0.05	43.08	7.82
24	盐化草甸区	yhcd2	1.70	0.06	31.10	8.41
25	盐化草甸区	yhcd3	0.67	0.08	22.06	8.82
26	盐化草甸区	yhcd4	1.52	0.06	29.76	8.2
27	盐化草甸区	yhcd5	1.60	0.07	35.19	8.69
28	盐化草甸区	yhcd6	0.52	0.04	16.47	7.93
29	盐化草甸区	yhcd7	0.37	0.03	3.59	7.63
30	盐化草甸区	yhcd8	0.16	0.02	1.91	7.67

续表

序号	调查区域	样方编号	有机碳/%	总氮/%	含水量/%	pH
31	盐化草甸区	yhcd10	0.04	0.03	3.78	7.62
32	草甸区	cd1	0.98	0.04	20.70	7.98
33	草甸区	cd2	1.17	0.03	18.10	8.4
34	草甸区	cd3	1.61	0.05	20.59	8.31
35	草甸区	cd4	0.42	0.04	24.32	8.3
36	草甸区	cd5	0.81	0.03	16.29	8.55
37	草甸区	cd7	0.34	0.03	1.89	7.24
38	草甸区	cd8	0.34	0.03	6.47	7.42
39	草甸区	cd9	1.51	0.04	39.47	8.05
40	草甸区	cd10	0.97	0.04	25.35	8.26
41	草甸区	cd11	0.73	0.03	19.60	8.93
42	草甸区	cd12	0.81	0.05	22.42	8.49
43	草甸区	cd13	1.26	0.04	43.89	8.29
44	草甸区	cd14	0.78	0.05	18.56	8.54
45	草甸区	cd15	1.63	0.04	40.67	8.35
46	草甸区	cd16	0.09	0.04	6.49	8.57
47	草甸区	cd17	0.88	0.03	8.38	8.36
48	梭梭人工林	ss2	0.08	0.03	1.16	7.4
49	梭梭人工林	ss3	0.60	0.08	11.12	7.76
50	梭梭人工林	ss4	0.33	0.04	3.03	7.63
51	梭梭人工林	ss5	0.25	0.03	2.75	7.68
52	梭梭人工林	ss6	0.15	0.02	1.15	7.69

附录12　灌木样方照片

hm1　　　　　　　　hm2　　　　　　　　hm3

hm4　　　　　　　　hm5　　　　　　　　hm6

hm7　　　　　　　　hm8　　　　　　　　hm9

hm10　　　　　　　hm11　　　　　　　hm12

| hm13 | hm14 | hm15 |

| hm15 | hm17 | hm19 |

| hm20 | hm21 | hm22 |

| hm24 | yhcd1 | yhcd2 |

| 附 录 |

yhcd3　　　　　　　　yhcd4　　　　　　　　yhcd5

yhcd6　　　　　　　　yhcd7　　　　　　　　yhcd8

yhcd10　　　　　　　　ss2　　　　　　　　ss3

ss4　　　　　　　　ss5　　　　　　　　ss6

附录13　草本样方照片

hm1　　　　　　　　　　　hm2　　　　　　　　　　　hm3

hm4　　　　　　　　　　　hm5　　　　　　　　　　　hm6

hm9　　　　　　　　　　　hm11　　　　　　　　　　hm12

hm14　　　　　　　　　　hm15　　　　　　　　　　hm19

附 录

hm20	hm21	hm22
yhcd1	yhcd2	yhcd3
yhcd4	yhcd5	yhcd6
yhcd7	yhcd8	yhcd10

cd1

cd2

cd3

cd4

cd5

cd7

cd8

cd9

cd10

cd11

cd12

cd13

cd14　　　　　　　　　　cd15　　　　　　　　　　cd16

cd17

附录14　部分植物照片

白刺（*Nitraria tangutorum*）

红砂（*Reaumuria soongarica*）

盐爪爪（*Kalidium foliatum*）

梭梭（*Haloxylon ammodendron*）

芦苇（*Phragmites australis*）

黑果枸杞（*Lycium ruthenicum*）

| 附　　录 |

戟叶鹅绒藤（*Cynanchum sibiricum*） 　　　　黄花补血草（*Limonium aureum*）

刺沙蓬（*Salsola tragus*） 　　　　蓼子朴（*Inula salsoloides*）

内蒙古旱蒿（*Artemisia xerophytica*） 　　　　甘肃驼蹄瓣（*Zygophyllum kansuense*）

尖叶盐爪爪（*Kalidium cuspidatum*） 　　　　盐生草（*Halogeton glomeratus*）

骆驼蓬（*Peganum harmala*） 　　　　旋覆花（*Inula japonica*）

柽柳（*Tamarix chinensis*） 　　　　戈壁藜（*Iljinia regelii*）

| 附 录 |

盐地碱蓬（*Suaeda salsa*）　　　　　沙蓬（*Agriophyllum squarrosum*）

附录15 部分航拍照片

有水面的草甸区

无水面的草甸区

水面干涸后的草甸区

盐化草甸区

盐化草甸区向荒漠区过渡

荒漠区

附录 16 青土湖生物多样性动态调查（机构和农户）

青土湖生物多样性动态调查

（机构问卷）

采 访 地 点：甘肃省武威市民勤县

_____街道/乡镇_____村/庄

受访人姓名：_____

所 在 单 位：_____职务：_____

手 机 号：_____

访问员姓名：_____

采 访 日 期：_____

问卷1-1 对生物多样性的主观态度

序号	题目	答案	补充说明
1	您对生物多样性的基本含义了解吗？	代码1	
2	通过何种方式了解的？	代码2	
3	何时开始了解的？	具体年份	
4	当地是否有生物多样性的相关宣传？	0＝没有；1＝偶尔；2＝经常	
5	宣传方式主要有哪些？	代码2	
6	最早何时开始宣传？	具体年份	
7	宣传频次如何？	次/年	
8	您参与或组织过保护生物多样性的相关活动吗？	0＝没有；1＝偶尔；2＝经常	
9	参与过何种活动？	代码3	
10	主要承担什么角色？	代码4	
11	平均每年参与几次？	具体次数	
12	是否会给相关活动参与人（主要是社区居民或周边农村农户）给予报酬？	0＝没有；1＝偶尔；2＝经常	
13	给予报酬的方式主要是什么？	代码5	
14	您认为保护生物多样性重要吗？	0＝不清楚；1＝无关紧要；2＝一般；3＝重要	
15	您了解生物多样性与健康的重要性吗？	代码1	
16	您了解生物多样性与天气的重要性吗？	代码1	

续表

序号	题目	答案	补充说明
17	您了解生物多样性与水源的重要性吗？	代码1	
18	您了解生物多样性与土地的重要性吗？	代码1	
19	您认为保护生物多样性对当地经济发展是否有影响？	0=不清楚；1=是；2=否	
20	您认为保护生物多样性和经济活动（如放牧、采草药、垦荒）哪个更重要？	代码6	
21	您认为当地居民或周边农村的农户对生物多样性保护政策或活动的支持度如何？	代码7	
22	不支持的原因主要是什么？	代码8	
23	您认为生物多样性减少的后果严重吗？	代码6	
24	您对当前生产生活环境满意度如何？	代码9	
25	您对所在生活区未来环境的设想如何？	代码10	

代码1【了解程度】1=很不了解；2=一般了解；3=非常了解。

代码2【了解、宣传方式】1=实物材料（书籍、宣传册、专题图板、宣传条幅等）；2=广播电视（手机短信）；3=互联网；4=专题活动（教育学习、现场咨询等）；5=其他，请说明。

代码3【保护活动】1=种草植树；2=封山育林；3=节水灌溉；4=防沙网（草方格沙障）；5=教育宣传（学习培训）；6=垃圾合理处理；7=其他，请说明。

代码4【承担角色】1=普通劳动者；2=网络协管员；3=基层联系人；4=巡逻点监督人；5=其他，请说明。

代码5【报酬】0=无任何报酬；1=按规定时间给付工资；2=按次数给付工资；3=无工资，但有其他物质报酬；4=其他，请说明。

代码6【重要性判断】0=不清楚；1=植被保护；2=经济活动；3=两者同样重要。

代码7【支持程度】0=不清楚；1=十分反对；2=无关紧要；3=勉强支持；4=十分支持。

代码8【不支持原因】0=不清楚（不想说）；1=报酬太少或没有给予相应补贴；2=没兴趣或没时间与精力，不愿参与相关活动；3=实施效果较差，没必要；4=其他，请说明。

代码9【满意度】0=不清楚（不想说）；1=很不满意；2=不太满意；3=一般；4=比较满意；5=非常满意。

代码10【环境设想】1=不好说，持观望态度；2=沙漠化加剧；3=生态环境越来越好；4=其他，请说明。

问卷1-2 对湖区生物多样性的客观认知

序号	题目	答案	补充说明
1	您了解的湖区核心及周围人类生产生活活动有哪些？	代码1	
2	您认为湖区核心及周围人类的生产生活活动强度如何？		
3	和五年前相比（2015年）	代码2	
4	和十年前相比（2010年）	代码2	
5	和二十年前相比（2001年）	代码2	

续表

序号	题目	答案	补充说明
6	您了解当地实施的生物多样性保护政策吗?	1=很不了解;2=一般了解;3=非常了解	
7	您认为现行政策的落实实施是否到位?	代码3	
8	还未完全到位的原因主要是?	代码4	
9	您所在的机构有哪些生物多样性保护政策(工程、措施)?	代码5	
10	是否将上述政策对当地农户进行宣传?	0=不清楚;1=是;2=否	
11	主要宣传方式有哪些?	代码6	
12	您认为现阶段最能改善生物多样性问题的渠道是什么?	代码7	
13	您认为现阶段工作对生物多样性保护的效果如何?	0=不清楚;1=较差;2=一般;3=很好	
14	您认为当地生物多样性保护工作是否存在困难?	0=不清楚;1=是;2=否	
15	主要存在哪些困难?	代码8	
16	您在进行生物多样性保护活动时,当地居民(农户)配合情况如何?	1=很少配合;2=一般配合;3=积极配合	
17	您所了解的近几年农户外出务工和留村务农的比例变化如何?	代码9	
18	您认为现在推行生物多样性保护相关政策的重点是什么?	代码10	
19	您所了解近十年来您所在的机构对生物多样性保护工作的时间投入变化情况?	代码2	
20	您所了解近十年来您所在的机构对生物多样性保护工作的资金投入变化情况?	代码2	
21	您平时是否有进入湖区核心或保护地内?	0=没有;1=偶尔;2=经常	
22	是什么原因或事由进入的?	代码1	
23	平均每年能去几次?	具体次数	
24	您认为近年来对保护生物多样性的违法行为打击力度(执法力度)变化如何?	代码2	

代码1【活动类型】1=沙生作物种植;2=科研活动;3=核心区作业;4=外围区垦荒;5=湖区种青;6=去除芦苇丛中的杂草;7=保护地维护;8=修路;9=推广经济植物;10=人工增雨;11=清塘;12=其他,请说明。

代码2【强度变化】0=不清楚;1=减小很多;2=减小一些;3=没变;4=增大一些;6=增大很多。

代码3【是否到位】0=不清楚;1=很不到位;2=勉强到位;3=十分到位。

代码4【未到位原因】1=人力不足;2=资金有限;3=工作人员意识不强;4=其他,请说明。

代码5【政策类型】1=封禁保护区;2=退耕还林;3=生态公益林;4=三北防护林;5=退牧还草;6=其他,请说明。

代码6【了解、宣传类型】1=实物材料（书籍、宣传册、专题图板、宣传条幅等）；2=广播电视（手机短信）；3=互联网；4=专题活动（教育学习、现场咨询等）；5=其他，请说明。

代码7【改善渠道】1=个人力量；2=社会公益组织；3=政府机构。

代码8【困难类型】1=缺乏专业人才；2=当地居民配合程度低；3=对生物多样性保护重视不足；4=资金不足；5=其他，请说明。

代码9【比例变化】0=保持不变；1=务农人数增加；2=务工人数增加。

代码10【工作重点】1=加大宣传教育；2=增加资金投入；3=补足专业型人才；4=加大执法力度；5=其他，请说明。

问卷1-2-1 植被总量与分布变化情况

是否了解	植被种类	分布情况 代码1	总量情况 代码2	是否新增 代码3	变化最快时段 代码4
	梭梭草				
	鹿角草				
	红砂草				
	冰草				
	霸王草				
	珍珠草				
	芦草				
	锁阳				
	肉苁蓉				
	白刺				
	绵刺				
	泡泡刺				
	骆驼刺				
	沙葱				
	沙米				
	盐爪爪				
	罗布麻				
	花花柴				
	针茅				
	沙蓬				
	沙拐枣				
	苦豆子				
	黑果枸杞				
	胡杨				
	其他1				
	其他2				

问卷 1-2-2　动物总量与分布变化情况

是否了解	动物种类	种类情况 代码 2	总量情况 代码 2	是否新增 代码 3	变化最快时间段 代码 4
	鲫鱼				
	麦穗鱼				
	棒花鱼				
	鲢鱼				
	草鱼				
	鳙鱼				
	大鳞副泥鳅				
	鮎				
	小黄黝鱼				
	褐吻鰕虎鱼				
	重口裂腹鱼				
	极边扁咽齿鱼				
	野骆驼				
	野马				
	野驴				
	雪豹				
	荒漠猫				
	鹅喉羚				
	羚牛				
	岩羊				
	灰斑鸠				
	山斑鸠				
	金翅雀				
	麻雀				
	苍鹭				
	赤麻鸭				
	翘鼻麻鸭				
	白眼潜鸭				
	青头潜鸭				
	斑尾榛鸡				

续表

是否了解	动物种类	种类情况 代码2	总量情况 代码2	是否新增 代码3	变化最快时间段 代码4
	壁虎				
	其他1				
	其他2				

代码1【分布情况】0=不清楚；1=零星分布；2=块状分布；3=连片分布。

代码2【变化情况】0=不清楚；1=减少很多；2=减少一些；3=没变；4=增加一些；5=增加很多v

代码3【是否判断】0=不清楚；1=是；2=否。

代码4【时间段】0=不清楚；1=2006年以前；2=2006~2010年；3=2010~2015年；4=2015年以来。

问卷1-3 湖区生物多样性与生产生活影响

序号	题目	答案	补充说明
1	近十年降水量变化如何？	代码1	
2	近十年耕地/植树/湖区补水等工作用水量变化如何？	代码1	
3	近十年耕地/植树/湖区补水等工作用水花费变化如何？	代码1	
4	近十年种植作物/植树造林过程中的除草量变化如何？	代码1	
5	近十年种植作物的难易程度变化如何？（花费时间、精力、金钱等）	代码2	
6	您认为对湖区生态保护工作是否起到了一定作用？	0=不清楚；1=是；2=否	
7	当地现有耕地/林场/草场/湖泊面积是多少？	具体数值（亩）	
8	近几年耕地/林场/草场/湖泊质量变化如何？	代码3	
9	您认为近几年耕地/林场/草场/湖泊质量变化和地区实施生态保护措施是否相关？	代码4	
10	当地主要种植哪些农作物？（按收入大小排序）	代码5	
11	主要农作物的产量变化如何？（依据排序逐个写出变化情况）	代码1	
12	近几年当地耕地/林场/草场/湖泊是否有被沙漠侵蚀的情况？	0=没有；1=偶尔；2=经常	
13	被沙漠侵蚀的耕地/林场/草场/湖泊面积变化情况如何？	代码1	
14	自2010年以来，总计被侵蚀多少亩？	具体数值（亩）	
15	平均每年土地沙漠化导致耕地/林场/草场/湖泊受损造成的经济损失多少？	具体数值（万元）	
16	您每年主要的工作时间或精力是否有用于生物多样性保护的工作？	0=没有；1=偶尔；2=经常	

续表

序号	题目	答案	补充说明
17	平均每月有多少工作日用于生物多样性保护工作？	个/月	
18	您所在单位每年主要的资金投入是否有用于生物多样性保护工作？	0=没有；1=较少；2=较多	
19	每年用于生物多样性保护工作的资金投入是多少？	万元	
20	对湖区生物多样性保护工作有什么建议？		

代码1【变化情况】0=不清楚；1=减少很多；2=减少一些；3=没变；4=增加一些；5=增加很多。

代码2【难易程度】0=不清楚；1=难很多；2=难一些；3=没变；4=简单一些；5=简单很多。

代码3【质量变化】0=不清楚；1=好很多；2=好一些；3=没变；4=差一些；5=差很多。

代码4【相关度】0=不清楚；1=完全不相关；2=比较相关；3=十分相关。

代码5【作物种类】1=小麦；2=玉米；3=土豆；4=豆类；5=胡麻；6=绿叶蔬菜；7=水果；8=其他，请说明。

问卷2-1 沙漠化治理客观认知

题目	答案	补充说明
01. 治理效果的认知		
您认为沙化最严重的的时候是什么时候？	具体年份	
您认为当地沙尘天气平均每年发生多少次？	具体次数	
和五年前相比（2015年）次数变化如何？	代码1	
和十年前相比（2010年）次数变化如何？	代码1	
和二十年前相比（2001年）次数变化如何？	代码1	
二十年来，沙尘天气的强度变化如何？	代码1	
您认为湖区或村周围的固定（半固定、流动等）沙丘的面积变化如何？	代码1	
2010年至今，固定（半固定、流动等）沙丘的推进速度变化如何？	代码2	
您认为沙漠中绿洲对阻挡沙漠化扩大的作用变化如何？	代码3	
您认为沙漠地区人类的生产生活活动强度如何？		
和五年前相比（2015年）	代码3	
和十年前相比（2010年）	代码3	
和二十年前相比（2001年）	代码3	
您所在的机构是否组织过沙漠治理和生态保护等集体活动？	0=不清楚；1=是；2=否	
具体措施有哪些？	代码4	

续表

题目	答案	补充说明
从哪一年开始组织这些活动？	具体年份	
平均每年组织几次？	具体次数	
您认为村民们是否有必要参与以上活动？	0＝不清楚；1＝是；2＝否	
您是否参与到上述活动中？	0＝没有；1＝偶尔；2＝经常	
从未参与的原因主要是什么？	代码5	
您认为这些生态治理工程对沙漠化治理的效果如何？	代码6	
您认为目前政府或相关组织对沙漠化治理的重视程度如何？	代码7	
如何重视的？	代码8	
02. 治理环境变化（代码9）		
沙尘暴发生频率		
沙漠植被覆盖度		
沙尘暴强度		
沙化土地		
河流水量		
河床高度		
其他，请说明：		

代码1【总量变化】0＝不清楚；1＝减少很多；2＝减少一些；3＝没变；4＝增加一些；5＝增加很多。

代码2【速度变化】0＝不清楚；1＝加快很多；2＝加快一些；3＝没变；4＝变慢一些；5＝变慢很多。

代码3【强度变化】0＝不清楚；1＝减弱很多；2＝减弱一些；3＝没变；4＝增强一些；6＝增强很多。

代码4【保护活动】1＝种草植树；2＝封山育林；3＝节水灌溉；4＝防沙网；5＝教育宣传（学习培训）；6＝其他，请说明。

代码5【未参与原因】1＝没兴趣；2＝没时间与精力；3＝报酬太少；4＝其他，请说明。

代码6【效果类型】0＝不清楚；1＝没任何效果；2＝没达到预期效果；3＝达到预期效果；4＝超出预期效果。

代码7【重视程度】0＝不清楚；1＝不重视；2＝一般，还应加大重视力度；3＝很重视。

代码8【重视方式】1＝治理沙漠化的政策多；2＝生态保护工程多；3＝宣传力度大；4＝培训增加；5＝政府处罚破坏生态环境责任人的案例增多；6＝生态补偿款增多；7＝其他，请说明。

代码9【变化情况】1＝减少许多；2＝减少一些；3＝没变化；4＝增加一些；5＝增加许多。

青土湖生物多样性动态调查

（农户问卷）

采 访 地 点：甘肃省武威市民勤县

_____街道/乡镇_____村/庄

受访人姓名：_____

手 机 号：_____

访问员姓名：_____

采 访 日 期：_____

问卷3-1 2021年家庭人口情况（个人编码从101编起，102，103……）

1	2	3	4	5	6	7	8	9	10	11	12	13	14
个人编码	与户主关系	性别	出生年份	民族	婚姻状况	户口类型	如果是非农户口，哪一年变更的	变更原因	受教育状况	2021年的主要职业	2021年及之前是否担任村干部或村级以上干部	主要居住地（按居住时间）	健康状况
代码1		1=男；0=女	周岁	代码2	代码3	代码4	年份	代码5	代码6	代码7	代码8	代码9	代码10

代码1【家庭关系代码】1=户主；2=配偶；3=孩子；4=孙子辈；5=父母；6=兄弟姐妹；7=女婿，儿媳，姐夫，嫂子；8=公婆，岳父母；9=其他，请说明。

代码2【民族代码】1=汉族；2=回族；3=裕固族；4=维吾尔族；5=哈萨克族；6=满族；7=蒙古族；8=藏族；9=其他，请说明。

代码3【婚姻状况】1=未婚；2=已婚；3=离婚；4=丧偶。

代码4【户口类型】1=农业；2=非农业；3=没户口。

代码5【变更原因】1=上学；2=工作；3=结婚；4=其他，请说明。

代码6【受教育状况】0=未上过学；1=小学；2=初中；3=高中（中专）；4=大专及以上。

代码7【职业编码】0=无工作；1=自家种植业；2=自家畜牧业；3=农牧业务工；4=工厂工人；5=建筑业工人；6=工匠（木匠、水泥匠）；7=矿业工人；8=其他工人；9=商业员工；10=服务业员工（美容、理发、餐厅、司机、厨师、保安等）；11＝办事人员（秘书、勤杂人员）；12＝各类专业技术人员（教师、医生）；13＝党政企事业单位负责人；14＝个体商贩；15＝企业的管理人员；16＝自营工业；17＝自营商业；18＝自营服务业（自家跑运输、开理发店等）；19＝学生；20＝其他，请说明。

  代码 8【干部类型】0＝否；1＝村干部；2＝乡镇干部；3＝县级以上干部；4＝其他，请说明。

  代码 9【居住地点】1＝村集中安置点；2＝牧区；3＝乡镇；4＝县城；5＝其他，请说明。

  代码 10【健康状况】1＝健康；2＝小病；3＝大病；4＝病重。

问卷 3-2　目前家庭的成员变化情况（个人编码以 1 开头的，只回答问题 2、3）

  2010 年以来，家庭人数是否发生过变动？1＝是；2＝否（　　　）。选择 2 则填下表

2	3	4	5	6	7	8	9	10	11	12	13	14	15	16	17
个人编码不在问卷 3-1 的人（减少的人）从 201 开始编码	何种变化	何年发生	与户主关系	性别	变动那一年他/她多大？	民族	婚姻状况	户口类型	非农户口，何年变更？	变更原因	受教育状况	2021 年的主要职业	2021 年及之前是否担任村或以上干部	主要居住地（按居住时间）	健康状况
	代码 1	年份	代码 2	1＝男 0＝女	周岁	代码 3	代码 4	代码 5	年份	代码 6	代码 7	代码 8	代码 9	代码 10	代码 11

  代码 1【变化代码】1＝出生；2＝死亡；3＝娶媳妇；4＝离婚；5＝出嫁；6＝其他，请说明。

  代码 2【家庭关系代码】1＝户主；2＝配偶；3＝孩子；4＝孙子辈；5＝父母；6＝兄弟姐妹；7＝女婿，儿媳，姐夫，嫂子；8＝公婆，岳父母；9＝其他，请说明。

  代码 3【民族代码】1＝汉族；2＝回族；3＝裕固族；4＝维吾尔族；5＝哈萨克族；6＝满族；7＝蒙古族；8＝藏族；9＝其他，请说明。

  代码 4【婚姻状况】1＝未婚；2＝已婚；3＝离婚；4＝丧偶。

  代码 5【户口类型】1＝农业；2＝非农业；3＝没户口。

  代码 6【变更原因】1＝上学；2＝工作；3＝结婚；4＝其他，请说明。

  代码 7【受教育状况】0＝未上过学；1＝小学；2＝初中；3＝高中（中专）；4＝大专及以上。

  代码 8【职业编码】0＝无工作；1＝自家种植业；2＝自家畜牧业；3＝农牧业务工；4＝工厂工人；5＝建筑业工人；6＝工匠（木匠、水泥匠）；7＝矿业工人；8＝其他工人；9＝商业员工；10＝服务业员工（美容、理发、餐厅、司机、厨师、保安等）；11＝办事人员（秘书/勤杂人员）；12＝各类专业技术人员（教师、医生）；13＝党政企事业单位负责

人；14＝个体商贩；15＝企业的管理人员；16＝自营工业；17＝自营商业；18＝自营服务业（自家跑运输、开理发店等）；19＝学生；20＝其他，请说明。

代码9【干部类型】0＝否；1＝村干部；2＝乡镇干部；3＝县级以上干部；4＝其他，请说明。

代码10【居住地点】1＝村集中安置点；1＝牧区；3＝乡镇；4＝县城；5＝其他，请说明。

代码11【健康状况】1＝健康；2＝小病；3＝大病；4＝病重。

问卷4-1　对生物多样性的主观态度

序号	题目	答案	补充说明
1	您对生物多样性的基本含义了解吗？	代码1	
2	通过何种方式了解的？	代码2	
3	何时开始了解的？	具体年份	
4	居住地是否有生物多样性的相关宣传？	0＝没有；1＝偶尔；2＝经常	
5	宣传方式主要有哪些？	代码2	
6	最早何时开始宣传？	具体年份	
7	您参与过保护生物多样性的相关活动吗？	0＝没有；1＝偶尔；2＝经常	
8	参与过何种活动？	代码3	
9	主要承担什么角色？	代码4	
10	平均每年参与几次？	具体次数	
11	参与上述活动获得何种报酬？	代码5	
12	未能参与的主要原因是什么？	代码6	
13	您认为保护生物多样性重要吗？	代码7	
14	您认为生物多样性与健康是否相关？	0＝不清楚；1＝是；2＝否	
15	您认为生物多样性与天气是否相关？	0＝不清楚；1＝是；2＝否	
16	您认为生物多样性与水源是否相关？	0＝不清楚；1＝是；2＝否	
17	您认为生物多样性与土地是否相关？	0＝不清楚；1＝是；2＝否	
18	您是否支持在您的居住区实施保护生态多样性的政策（或工程）？	0＝否；1＝是；2＝无关紧要	
19	不支持的原因主要是什么？	代码8	
20	您认为生物多样性减少的后果严重吗？	代码7	
21	您对当前生产生活环境满意度如何？	代码9	
22	您对所在生活区未来环境的设想如何？	代码10	

代码1【了解程度】1＝很不了解；2＝一般了解；3＝非常了解。

代码2【了解、宣传方式】1＝实物材料（书籍、宣传册、专题图板、宣传条幅等）；2＝广播电视（手机短信）；3＝互联网；4＝专题活动（教育学习、现场咨询等）；5＝其他，请说明。

代码3【保护活动】1＝种草植树；2＝封山育林；3＝节水灌溉；4＝防沙网（草方格沙障）；5＝教育宣传（学习培

训）；6＝垃圾合理处理；7＝其他，请说明。

代码4【承担角色】1＝普通劳动者；2＝网络协管员；3＝基层联系人；4＝巡逻点监督人；5＝其他，请说明。

代码5【报酬】0＝无任何报酬；1＝按规定时间给付工资；2＝按次数给付工资；3＝无工资，但有其他物质报酬；4＝其他，请说明。

代码6【未参与原因】1＝没兴趣；2＝没时间与精力；3＝报酬太少；4＝其他，请说明。

代码7【重要程度】0＝不清楚；1＝无关紧要；2＝一般；3＝重要。

代码8【不支持原因】0＝不清楚（不想说）；1＝没有给予相应补贴；2＝不愿参与相关活动；3＝实施效果较差，没必要；4＝其他，请说明。

代码9【满意度】0＝不清楚（不想说）；1＝很不满意；2＝不太满意；3＝一般；4＝比较满意；5＝非常满意。

代码10【环境设想】1＝不好说，持观望态度；2＝沙漠化加剧；3＝生态环境越来越好；4＝其他，请说明。

问卷4-2 对湖区生物多样性的客观认知

序号	题目	答案	补充说明
1	您了解的湖区核心及周围人类生产生活活动有哪些？	代码1	
2	您认为湖区核心及周围人类的生产生活活动强度如何？		
3	和五年前相比（2015年）	代码2	
4	和十年前相比（2010年）	代码2	
5	和二十年前相比（2001年）	代码2	
6	您了解当地实施的生物多样性保护政策吗？	代码3	
7	您了解哪些生物多样性保护政策（工程、措施）？	代码4	
8	通过何种方式所了解？	代码5	
9	您对现行政策是否满意？	0＝不满意；1＝满意	
10	不满意的原因主要是？	代码6	
11	您认为保护生物多样性对您的生活是否有经济价值？	0＝不清楚；1＝是；2＝否	
12	您认为保护生物多样性和经济活动（如放牧、采草药、垦荒）哪个更重要？	代码7	
12	您家是否从事沙产业活动？	0＝否；1＝是	
12	主要类型是什么？	代码8	
13	您认为现阶段谁对改善生物多样性问题的作用更大？	代码9	
14	您平时有食用（或其他用途）野生动植物吗？	0＝没有；1＝偶尔；2＝经常	
15	主要食用（或其他用途）哪些动植物？	代码10	
16	您平时是否有进入湖区核心或保护地内？	0＝没有；1＝偶尔；2＝经常	
17	是什么原因或事由进入的？	代码1	

续表

序号	题目	答案	补充说明
18	平均每年能去几次？	具体次数	
19	进出湖区核心或保护地是否方便？（方便的原因）	0＝是；1＝否	
20	您是否见过除政府工作人员外的其他人进入？	0＝是；1＝否	

代码1【活动类型】1＝太阳能发电；2＝风力发电；3＝沙生作物种植；4＝挖矿；5＝采砂或取土；6＝垦荒；7＝放牧；8＝樵采；9＝挖草药；10＝核心区作业；11＝缓冲区放牧；12＝外围区垦荒；13＝进入保护区野钓；14＝湖区露营烧烤；15＝湖区采砂；16＝湖区种青；17＝去除芦苇丛中的杂草；18＝捕捉蛇、鼠等动植物天敌；19＝修路；20＝广泛推广经济植物；21＝施肥；22＝人工增雨；23＝拾柴火；24＝清塘；25＝其他，请说明。

代码2【强度变化】0＝不清楚；1＝减弱很多；2＝减弱一些；3＝没变；4＝增强一些；6＝增强很多。

代码3【了解程度】1＝很不了解；2＝一般了解；3＝非常了解。

代码4【政策类型】1＝封禁保护区；2＝退耕还林；3＝生态公益林；4＝三北防护林；5＝退牧还草；6＝其他，请说明。

代码5【了解、宣传类型】1＝实物材料（书籍、宣传册、专题图板、宣传条幅等）；2＝广播电视（手机短信）；3＝互联网；4＝专题活动（教育学习、现场咨询等）；5＝其他，请说明。

代码6【不满意原因】1＝没取得预期效果；2＝资金有限；3＝自身未受益；4＝生态环境恶化；5＝其他，请说明。

代码7【重要性判断】0＝不清楚；1＝植被保护；2＝经济活动；3＝两者同样重要。

代码8【沙产业类型】1＝种植沙生植物；2＝采取药材；3＝采砂或取土；4＝其他，请说明。

代码9【作用主体】1＝个人力量；2＝社会公益组织；3＝企业；4＝政府机构。

代码10【动植物种类】1＝锁阳；2＝肉苁蓉；3＝沙葱；4＝苜蓿；5＝苦苦菜；6＝野兔；7＝野鸡野鸭；8＝其他，请说明。

问卷4-2-1 植被总量与分布变化情况

是否了解	植被种类	分布情况 代码1	总量情况 代码2	是否新增 代码3	变化最快时间段 代码4
	梭梭草				
	鹿角草				
	红砂草				
	冰草				
	霸王草				
	珍珠草				
	芦草				
	锁阳				
	肉苁蓉				

续表

是否了解	植被种类	分布情况 代码1	总量情况 代码2	是否新增 代码3	变化最快时间段 代码4
	白刺				
	绵刺				
	泡泡刺				
	骆驼刺				
	沙葱				
	沙米				
	盐爪爪				
	罗布麻				
	花花柴				
	针茅				
	沙蓬				
	沙拐枣				
	苦豆子				
	黑果枸杞				
	胡杨				
	其他1				
	其他2				

问卷 4-2-2 动物总量与种类变化情况

是否了解	动物种类	种类情况 代码2	总量情况 代码2	是否新增 代码3	变化最快时间段 代码4
	鲫鱼				
	麦穗鱼				
	棒花鱼				
	鲢鱼				
	草鱼				
	鳙鱼				
	大鳞副泥鳅				
	鲇				
	小黄黝鱼				
	褐吻鰕虎鱼				

续表

是否了解	动物种类	种类情况 代码2	总量情况 代码2	是否新增 代码3	变化最快时间段 代码4
	重口裂腹鱼				
	极边扁咽齿鱼				
	野骆驼				
	野马				
	野驴				
	雪豹				
	荒漠猫				
	鹅喉羚				
	羚牛				
	岩羊				
	灰斑鸠				
	山斑鸠				
	金翅雀				
	麻雀				
	苍鹭				
	赤麻鸭				
	翘鼻麻鸭				
	白眼潜鸭				
	青头潜鸭				
	斑尾榛鸡				
	壁虎				
	其他1				
	其他2				

代码1【分布情况】0=不清楚；1=零星分布；2=块状分布；3=连片分布。

代码2【变化情况】0=不清楚；1=减少很多；2=减少一些；3=没变；4=增加一些；5=增加很多。

代码3【是否判断】0=不清楚；1=是；2=否。

代码4【时间段】0=不清楚；1=2006年以前；2=2006~2010年；3=2010~2015年；4=2015年以来。

问卷4-3 湖区生物多样性与生产生活影响

序号	题目	答案	补充说明
1	您家现有耕地面积是多少？	具体数值（亩）	
2	耕地类型和面积分别是？	代码1/具体数值（亩）	

续表

序号	题目	答案	补充说明
3	近几年耕地质量变化如何？	代码2	
4	您认为近几年耕地质量变化和地区实施生态保护措施是否相关？	0=不清楚；1=完全不相关；2=比较相关；3=十分相关	
5	您家主要种植哪些农作物？（按收入多少排序）	代码3	
6	主要农作物的产量变化如何？（依据排序逐个写出变化情况）	代码1	
7	您家耕地是否有被沙漠侵蚀的情况？	0=没有；1=偶尔；2=经常	
8	近十年您家是否有耕地转入或转出？	0=不清楚；1=是；2=否	
9	耕地质量在转入或转出结束后有何变化？	代码2	
10	耕地质量下降的主要原因或表现是什么？	代码4	
11	和十年前相比，降水量变化如何？	代码5	
12	和十年前相比，每亩耕地用水量变化如何？	代码5	
13	和十年前相比，每亩耕地用水花费变化如何？	代码5	
14	和十年前相比，每亩耕地浇水时间变化如何？	代码5	
15	是否当地降水量增加了？	0=不清楚；1=是；2=否	
16	是否浇地用水单价提高了？	0=不清楚；1=是；2=否	
17	是否地下水位上升了？	0=不清楚；1=是；2=否	
18	是否每亩耕地用水量变少了？	0=不清楚；1=是；2=否	
19	是否浇地可用水源更加充足了？	0=不清楚；1=是；2=否	
20	是否周围水利设施更加完善了？	0=不清楚；1=是；2=否	
21	是否抗旱节水的作物品种或抗旱保水的设备设施变多了？	0=不清楚；1=是；2=否	
22	和十年前相比，耕地中杂草数量变化如何？	代码5	
23	和十年前相比，农闲时间变化如何？	代码5	
24	种植作物的难易程度变化如何？（花费时间、精力、金钱等）	代码2	
25	难易程度变化的主要原因有哪些？	代码4	
26	农闲时是否从事其他工作或出门务工？	0=没有；1=偶尔；2=经常	
27	何时开始从事其他工作或出门务工？	具体年份	
28	平均每年从事其他工作或出门务工的时间有多久？（按月计算）	具体数值	
29	近几年从事其他工作或出门务工时间变化如何？	代码5	
30	是否耕地收入减少了（来钱比较慢）？	0=不清楚；1=是；2=否	

续表

序号	题目	答案	补充说明
31	是否外出务工收入更高了?	0=不清楚;1=是;2=否	
32	对湖区生物多样性保护工作有什么建议?		

代码1【土地分类】1=旱地;2=水浇地;3=其他,请说明。

代码2【质量、难易变化】0=不清楚;1=好(难)很多;2=好(难)一些;3=没变;4=差(简单)一些;5=差(简单)很多。

代码3【作物种类】1=小麦;2=玉米;3=土豆;4=豆类;5=胡麻;6=蔬菜;7=水果;8=其他,请说明。

代码4【变化原因】1=土地肥力下降;2=被沙漠侵蚀;3=盐碱化;5=水源充足;6=技术指导;7=农用设备更新;8=其他,请说明。

代码5【变化情况】0=不清楚;1=减少很多;2=减少一些;3=没变;4=增加一些;5=增加很多。

问卷5-1 对沙漠化治理的客观认知

序号	题目	答案	补充说明
01. 治理效果的认知			
1	您认为沙化最严重的的时候是什么时候?	具体年份	
2	您认为当地沙尘天气平均每年发生多少次?	具体次数	
3	和五年前相比(2015年)	代码1	
4	和十年前相比(2010年)	代码1	
5	和二十年前相比(2001年)	代码1	
6	您认为沙尘天气的强度变化如何?		
7	和五年前相比(2015年)	代码1	
8	和十年前相比(2010年)	代码1	
9	和二十年前相比(2001年)	代码1	
10	您认为沙漠中绿洲对阻挡沙漠化扩大的作用变化如何?	代码1	
11	您认为沙漠地区人类的生产生活活动强度如何?		
12	和五年前相比(2015年)	代码1	
13	和十年前相比(2010年)	代码1	
14	和二十年前相比(2001年)	代码1	
15	当地政府或者村委会是否组织过沙漠治理和生态保护等集体活动?	0=不清楚;1=是;2=否	
16	具体措施有哪些?	代码2	
17	从哪一年开始组织这些活动?	具体年份	

续表

序号	题目	答案	补充说明
18	平均每年组织几次？	具体次数	
19	您认为村民们是否有必要参与以上活动？	0＝不清楚；1＝是；2＝否	
20	您是否参与到上述活动中？	0＝没有；1＝偶尔；2＝经常	
21	从未参与的原因主要是什么？	代码3	
22	您认为这些生态治理工程对沙漠化治理的效果如何？	代码4	
23	您认为目前政府或相关组织对沙漠化治理的重视程度如何？	代码5	
24	如何重视的？	代码6	
25	您认为参与以上沙漠化治理政策或工程对您家有哪些不利影响？	代码7	

02. 个人收益变化（代码1）

可利用土地面积	
防沙治沙知识	
清沙费用	
出行便利	
身体健康	
收入	
其他，请说明	

03. 治理环境变化（代码1）

沙尘暴发生频率	
沙漠植被覆盖度	
沙尘暴强度	
沙化土地	
河流水量	
河床高度	
其他，请说明	

代码1【变化情况】0＝不清楚；1＝减少（弱）很多；2＝减少（弱）一些；3＝没变；4＝增加（强）一些；5＝增加（强）很多。

代码2【保护活动】1＝种草植树；2＝封山育林；3＝节水灌溉；4＝防沙网；5＝教育宣传（学习培训）；6＝其他，请说明。

代码3【未参与原因】1＝没兴趣；2＝没时间与精力；3＝报酬太少；4＝其他，请说明。

代码4【效果类型】0＝不清楚；1＝没任何效果；2＝没达到预期效果；3＝达到预期效果；4＝超出预期效果。

代码 5【重视程度】0＝不清楚；1＝不重视；2＝一般，还应加大重视力度；3＝很重视。

代码 6【重视方式】1＝治理沙漠化的政策多；2＝生态保护工程多；3＝宣传力度大；4＝培训增加；5＝政府处罚破坏生态环境责任人的案例增多；6＝生态补偿款增多；7＝其他，请说明。

代码 7【不利影响】1＝经济负担（人力、物力、财力投入）；2＝没有影响；3＝其他，请说明。

问卷 6-1　家庭物质资产

01. 生产性资产情况（农机具为主）

自有农业机械编码	1 资产名称 代码1	2 购置时间 年份	3 总花费 元	4 购买时获得补贴 元	5 每年的维修费 元	6 之后有没有新买过？ 1＝是 2＝否	7 哪一年新买的？ 年份
a							
b							
c							
d							
e							
f							
g							
h							

02. 消费性资产情况（以家用为主）

编码	项目	8 数量 个	9 最近一次购置时间 年份	编码	项目	8 数量 个	9 最近一次购置时间 年份
a	热水器（含太阳能）			f	摩托车		
b	汽车			g	电动车		
c	电视机			h	电脑		
d	洗衣机			i	电冰箱		
e	空调			j	其他（12）		

03. 2021 年固定资产情况

10	您家有几套住房？	套	
11	您家房屋如果现在要卖您觉得能卖多少钱？	元	

注：家里所有居住用房合计。

代码 1【资产分类】1＝拖拉机；2＝水泵；3＝喷雾器；4＝旋耕机；5＝播种机；6＝收割机；7＝打谷机/脱粒机；8＝扬场机；9＝米面磨坊/粮食加工机械；10＝三轮车/板车等；11＝仓储设施；12＝其他，请说明。

问卷 6-2 2017~2021 年家庭收入与支出情况

家庭收支分类		单位（元）	2021年	2020年	2019年	2018年	2017年
收入	务农收入	总收入					
	务工收入	总收入					
	财产性收入	总收入					
		其中最主要的是（代码1）					
	其他收入	养老金、退休金、子女提供的赡养费					
		新农合报销、大病医疗救助					
		人情往来收入					
		政府补贴或奖励					
		主要补贴类型是什么？（代码2）					
		亲朋好友捐赠、社会性救助					
		其他（请注明）_____					
支出	生活支出	教育支出（学费、生活费）					
		医疗（医疗保险费、家庭自付医疗费）					
		食品消费					
		水电费					
		燃料费（煤炭、柴火等）					
		通讯费					
		日常生活支出（衣着、文化娱乐、日常用品等）					
		人情往来支出					
		其他（请注明）_____					
	生产支出	化肥农药					
		农用机械					
		种子					
		畜牧					
		其他（请注明）_____					
	储蓄						

代码1【财产性收入分类】1=房屋、车辆、土地租赁；2=银行存款、有价证券等利息；3=投资理财收入；4=其他，请说明。

代码2【政府补贴类型】1=粮食直补；2=良种补贴；3=农机补助；4=低保补助；5=生态补偿；6=其他，请说明。